全国高等职业教育土木工程专业“十二五”规划教材

建筑工程测量

吕要宗 金荣耀 苏宇航 张小青 编著

清华大学出版社
北京

内容简介

本书是根据国家提出的《面向21世纪教育振兴行动计划》要求，编写的“全国高等职业教育土木工程专业‘十二五’规划教材”之一。

本书共分为10章，内容包括绪论、水准测量、角度测量、距离测量与直线定向、全站仪的使用、测量误差的基本知识、小区域控制测量、大比例尺地形图测绘及应用、施工测量的基本工作、工业与民用建筑施工测量，附录为课程实训指导，书末附课后思考题与练习题答案。

本书可作为高职、高专和职业技术学院建筑工程类专业的教材，也可作为建设行业工程技术人员的参考书。

图书在版编目(CIP)数据

建筑工程测量/吕要宗等编著.--北京：清华大学出版社，2014

全国高等职业教育土木工程专业“十二五”规划教材

ISBN 978-7-302-37227-1

Ⅰ.①建… Ⅱ.①吕… Ⅲ.①建筑测量—高等职业教育—教材 Ⅳ.①TU198

中国版本图书馆CIP数据核字(2014)第152095号

责任编辑：秦 娜 洪 英
封面设计：何凤霞
责任校对：王淑云
责任印制：刘海龙

出版发行：清华大学出版社
网 址：http://www.tup.com.cn，http://www.wqbook.com
地 址：北京清华大学学研大厦A座 邮 编：100084
社 总 机：010-62770175 邮 购：010-62786544
投稿与读者服务：010-62776969，c-service@tup.tsinghua.edu.cn
质 量 反 馈：010-62772015，zhiliang@tup.tsinghua.edu.cn

印 刷 者：清华大学印刷厂
装 订 者：北京市密云县京文制本装订厂
经 销：全国新华书店
开 本：185mm×260mm **印 张**：17.5 **字 数**：426千字
版 次：2014年10月第1版 **印 次**：2014年10月第1次印刷
印 数：1～2500
定 价：39.00元

产品编号：059111-01

总序

本套教材是根据国家提出的《面向21世纪教育振兴行动计划》，实施加强职业技术教育，提高高等职业和高等专科人才的培养质量，尽快满足建设类专业基层高素质技术管理干部的需要，本着建设工程实用性原则而编写的。

为适应我国建设类高等职业技术教育的发展，满足建设工程高级技术型人才培养的需要，清华大学出版社组织多年从事建设类高等职业技术教育、有着丰富教学和实践经验的北京建筑大学、北京市建设职工大学等院校的教师和建设施工企业的工程技术人员编写了本套"全国高等职业教育土木工程专业'十二五'规划教材"，可作为高职、高专和职业技术学院建设类专业的教材，也可作为建设行业工程技术人员的参考书。

本套教材包括《建筑制图与识图》、《房屋构造》、《建筑力学》、《建筑材料》、《建筑工程测量》、《混凝土结构基本构件》、《房屋地基基础》、《建筑结构抗震》、《建筑施工技术》、《建筑施工组织与管理》、《建筑工程造价》和《建筑工程法律法规》共12本，均按国家现行标准并采用我国法定计量单位编写。本套教材的主要特点是内容丰富、深入浅出、重点明确、理论联系实际，并编入新材料、新技术、新工艺和新设备"四新"的内容。书中附有必要的例题、案例，每章后还有思考题与练习题，供读者参考。

由于时间紧迫，又限于作者水平，书中难免有疏漏之处，恳请业内同仁和读者提出批评指正。

"全国高等职业教育土木工程专业'十二五'规划教材"编委会

2014年3月

前 言

本书是根据国家提出的《面向21世纪教育振兴行动计划》要求编写的“全国高等职业教育土木工程专业‘十二五’规划教材”之一。编者根据当前高职高专类教育阶段的实际情况，为了提高高等职业和高等专科人才的培养质量，达到培养建设类专业基层高素质技术管理干部和技术应用型人才的要求，并考虑科技日新月异的发展和社会需求的不断变化，编著了这本内容精炼、突出应用和实践的教材。

本书是编者在总结近年来课堂教学和企业实践经验的基础上，根据高职院校建筑工程专业的培养目标和教学大纲编写而成。在力求内容精炼的基础上，突出基本技能的训练及实用性。

本书主要介绍建筑工程测量中普遍采用的水准仪、经纬仪、钢尺等常规测绘技术，还详细介绍电子经纬仪、光电测距仪、全站仪、GPS等现代测绘技术。针对职业教育理论与实践并重、实训较少的情况，为提高职业技能，本书还编排了实训指导部分。

本书可供高职、高专和职业技术学院建筑工程类专业教学应用，也可作为建设行业工程技术人员的参考书。

全书共10章，教学时数按64学时分配，其中包括理论课36学时，实训课26学时，考试2学时。参加本书编写的有吕要宗(第1、9、10章，附录)，苏宇航(第2～5章)，张小青(第6～8章)。本书还精心准备了PPT课件和课后思考题与练习题答案。

本书由吕要宗统稿，由金荣耀主审，金老师对编写工作提出了宝贵的意见和建议，在此表示诚挚的感谢。此外，还要对常玉奎老师的帮助表示诚挚的感谢。

由于时间紧迫，编者水平有限，书中难免存在缺点和不当之处，恳请使用本教材的师生和技术人员批评指正。如有意见或建议请发邮件至 lvyaozong1986@163.com 与编者联系。

编 者

2014年4月

目录

第1章

绪论

本章学习要点

- 建筑工程测量的主要任务
- 测量工作的基准面和基准线
- 测量平面坐标系统和高程系统
- 测量工作的基本程序和原则
- 确定地面点位的三要素
- 用水平面代替水准面的限度

1.1 建筑工程测量学的任务

1.1.1 测绘学的研究对象及其分类

测绘学是研究地球形状和大小以及确定地球表面物体的空间位置,并将这些空间位置信息进行处理、储存和管理的科学。

测绘学按照研究范围、研究对象及采用技术手段的不同,分为以下几个主要分支学科。

(1) 大地测量学

研究地球的形状和大小,解决大范围地区的点位测定和地球重力场问题。由于人造地球卫星和空间技术的利用,大地测量又分为常规大地测量和卫星大地测量两种。

(2) 普通测量学

不顾及地球曲率的影响,研究在地球表面局部区域内测绘地形图的理论、技术和方法。

(3) 摄影测量与遥感

研究利用摄影或遥感技术获取被测物体的信息,以确定其形状、大小和空间位置。

(4) 工程测量学

研究工程建设在设计、施工和管理各个阶段进行测量工作的理论、技术和方法的学科。

(5) 地图制图学

研究各种地图的制作理论、原理、工艺技术和应用。

本教材主要介绍普通测量学和工程测量学的基本知识。

1.1.2 建筑工程测量学的主要任务

建筑工程测量学是测绘学的一个组成部分，它是研究建筑工程在勘测设计、施工和运营管理阶段所进行的各种测量工作的理论、技术和方法的学科，它的主要任务如下。

(1) 大比例尺地形图测绘(测定)

在工程设计的各个阶段，为了对建筑物的具体设计提供各种地形资料，需要在建筑地区进行地形图的测绘。在规划设计阶段，应测绘建筑工程所在地区的大比例尺地形图，以便详细地表达地物和地貌的现状，为规划设计提供依据。在施工阶段，有时需要测绘更详细的局部地形图，或者根据施工现场变化的需要，测绘反映某施工阶段现状的地形图，作为施工组织管理和土方等工程量预结算的依据。在竣工验收阶段，应测绘编制全面反映竣工时所有建筑物、道路、管线和园林绿化等方面现状的地形图，为验收以及运营管理工作提供依据。

(2) 建筑物施工放样(测设)

在工程施工阶段，就需要根据建筑物的设计图，按照设计要求，通过测量的定位放线，将建筑物的平面位置和高程标定到施工的作业面上，为施工提供正确位置。放样工作，贯穿于施工的整个过程。例如，基础工程的基槽(基坑)开挖施工前，先将图纸上设计好的建筑物(构筑物)的轴线标定到地面上，并引测到开挖范围以外保护起来，再放样出开挖边线和±0.000 的设计标高，才能进行开挖；主体工程的墙砌体施工前，应先将墙体轴线和边线在建筑物(构筑物)或地面上弹出线来，并立好高度标志，再进行砌筑；装饰工程的墙(地)面砖施工前，应先将纵横分缝线和水平标高线弹出来，再进行铺装。每道工序施工完成后，还要及时对施工各部位的尺寸、位置和标高进行检核，作为检查、验收和竣工资料的依据。

(3) 变形观测

对于一些大型的、重要的或者位于不良地基上的建筑物(构筑物)，在施工阶段和运营阶段，要定期进行变形观测，以监测其稳定性和安全性。建筑物(构筑物)的变形一般有沉降、水平位移、倾斜、裂缝等，通过测量掌握这些变形的出现、发展及变化规律，对保证建筑物(构筑物)的安全有重要作用。

1.1.3 建筑工程测量的现状与发展方向

建筑业是我国的支柱产业之一。在建筑业的发展过程中，建筑工程测量为其做出了应有的贡献，同时建筑工程测量的技术也得到了发展和提高。目前，除常规的仪器工具(如光学的水准仪、光学经纬仪和钢尺等)在建筑工程测量中发挥作用外，现代化的测量仪器(如电子水准仪、电子经纬仪、全站仪等)也已普及，提高了测量工作的速度、精度和可靠性。一些专用的激光测量设备(如激光垂直仪、激光扫平仪以及激光经纬仪等)的应用，为现代高层建筑和地下建筑施工提供高效准确的测量技术服务。由于不受气候、地形及通视条件的限制，全球定位系统(GPS)也正在被广泛地应用在建筑工程测量中。计算机技术目前已经普及，在测量数据的处理、计算机辅助制图以及测量仪器的控制等方面正在不断发展，未来将向一体化、自动化和智能化方向发展。

1.2 地球的形状和大小

1.2.1 地球的自然形体

测量工作是在地球表面进行的，所以首先需要研究地球的形状和大小。地球的自然表面有高山、丘陵、平原、海洋等起伏状态，是一个不规则的曲面。就整个地球而言，海洋面积约占 71%，陆地面积约占 29%。世界上最高的山峰珠穆朗玛峰高度为 8844.43m，最深的海沟马里亚纳深达 11 022m。尽管地球表面有如此大的落差变化，但与地球半径 6371km 相比，这样的起伏还是很小的。这样，在地球表面进行测量工作所获得的距离、角度、高差等成果，不可能在这样不规则的曲面上进行数据处理和绘制地形图。因此，人们就要寻找一个理想几何体来代表地球的形状和大小，要求这个理想几何体与地球的自然形体十分接近，而且又能用数学模型来表示。

1.2.2 大地体

1. 铅垂线

如图 1-1 所示，地球表面任意一个质点都同时受到两个作用力：其一是地球自转产生的离心力；其二是地球产生的引力。这两种力的合力称为重力。重力的作用线称为铅垂线，见图 1-2，它是测量工作的一条重要基准线。在地球上任何一点悬挂一个垂球，其静止时所示的方向即为铅垂线的方向。

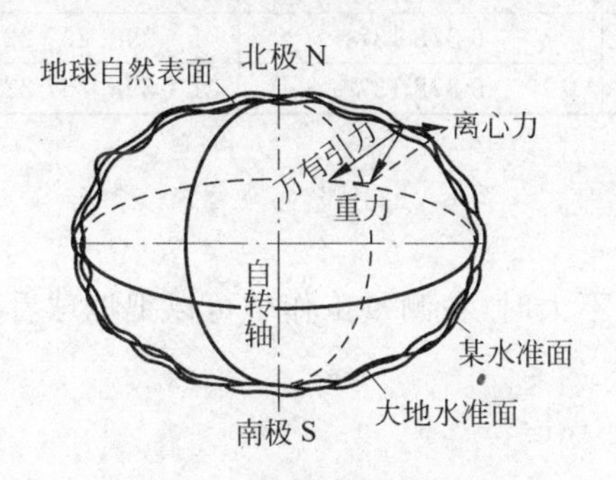

图 1-1 地球的自然表面

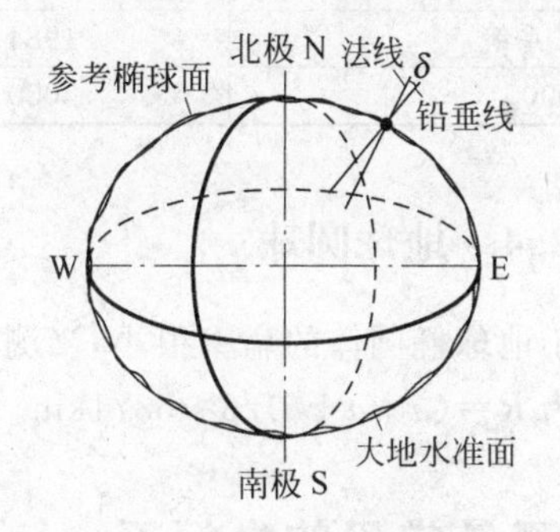

图 1-2 大地水准面

2. 水准面

自由静止状态的水面延伸而穿过陆地，包围整个地球，形成一个闭合曲面，称为水准面。由物理学知道，这个面是一个重力等位面，水准面上处处与铅垂线方向垂直。水面可高可低，故而水准面有无穷多个。

3. 大地水准面

与平均海水面相吻合的水准面，称为大地水准面。它是测量工作的一个重要基准面。

4. 大地体

大地水准面包围的形体称为大地体。大地体是十分接近地球的自然形体。由于地球内部的质量分布不均匀，使得大地体的表面是一个略有起伏变化的不规则曲面，它不能用数学模型来表示。

1.2.3 地球椭球体

人们发现,地球的自然形体十分接近一个旋转的椭球体,如图1-3所示。旋转椭球体是一个长半轴为 a 和短半轴为 b 的椭圆绕短半轴 b 旋转而成的几何体。它符合理想几何体的两个条件,用它来表示地球的形状和大小。地球椭球体的3个参数是长半轴 a,短半轴 b 和扁率 f。

$$f=\frac{a-b}{a} \tag{1-1}$$

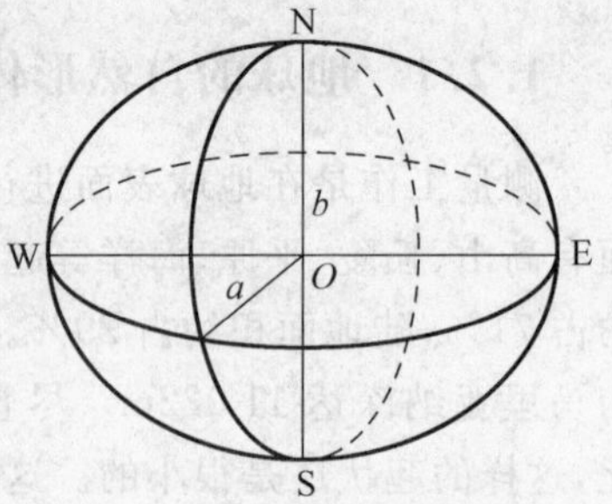

在几何大地测量中地球椭球体的形状和大小常用 a、f 来表示。

图1-3 地球椭球体

地球椭球体,可以用数学公式表示为

$$\frac{x^2}{a^2}+\frac{y^2}{a^2}+\frac{z^2}{b^2}=1 \tag{1-2}$$

几个世纪以来,许多国家曾分别计算出地球椭球体的参数值,表1-1为最近几次有代表性的测量成果。

表1-1 地球椭球体的几何参数

椭球名称	年份	a/m	f
克拉索夫斯基	1940	6 378 245	1∶298.3
1975年大地测量参考系统	1975	6 378 140	1∶298.257
WGS-84系统	1984	6 378 137	1∶298.257 223 563
CGCS2000	2000	6 378 137	1∶298.257 222 101

1.2.4 地球圆球

由于地球椭圆体的扁率很小,当测区面积不大时,在测量工作中可以把地球看成圆球,其半径为 $R=(a+a+b)/3\approx 6371\text{km}$。

1.3 测量常用的坐标系

地面点的空间位置与一定的坐标系统对应。在测量上常用的平面(球面)坐标系有小区域的测量坐标系、高斯平面直角坐标系、大地坐标系等;高程系有绝对高程系、相对高程系、大地高等。

1.3.1 小区域的测量平面直角坐标系和高程系

1. 测量平面直角坐标系

当测区面积较小(如 100km^2)时,如图1-4所示,可以用测区中心点 c 的切平面来代替曲面。通过 c 点的子午线投影在切平面上,形成纵轴 x',纵向北为正值;过 c 点垂直于 x' 轴方向形成横轴 y',横轴向东为正。为了使测区内纵、横坐标都为正值,将坐标原点移至测区西南角,形成测量平面直角坐标系 xoy。如 P 点的平面坐标 $p(x_p,y_p)$。

数学平面直角坐标系与测量平面直角坐标系(图 1-5)异同：x 轴与 y 轴位置互换；象限编号不同，测量平面直角坐标系象限按顺时针方向编号；数学坐标系中的所有公式可以直接用到测量坐标系的计算上。

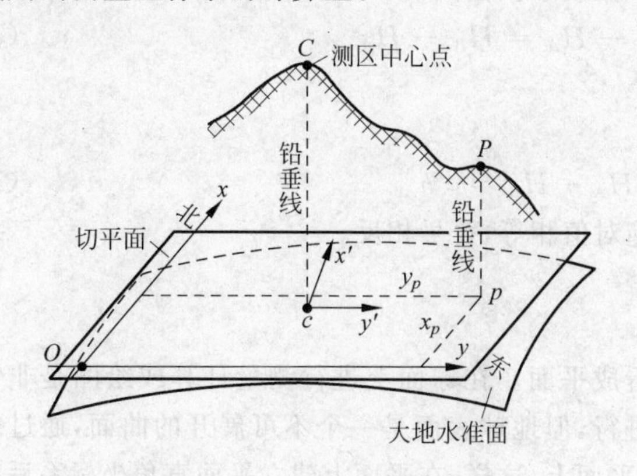

图 1-4 假定平面直角坐标系

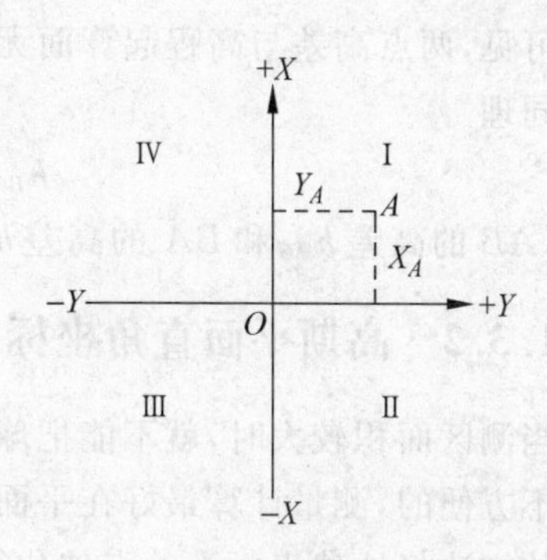

图 1-5 测量平面直角坐标系

2. 高程系统

(1) 绝对高程(海拔)

地面点到大地水准面的铅垂距离称为绝对高程，用 H 表示。如图 1-6 所示，A 点绝对高程为 H_A。

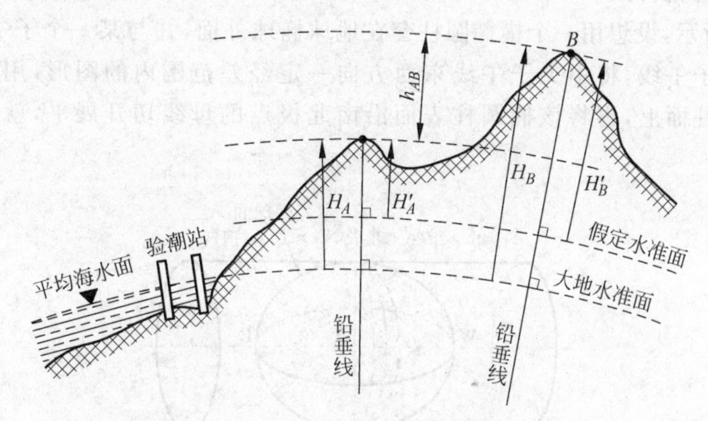

图 1-6 高程与高差的定义及其相互关系

我国利用青岛验潮站 1952—1979 年的资料，取其平均海水面的位置作为大地水准面的位置，其高程为零，过该点的大地水准面即为我国计算高程的基准面。为了便于观察和使用，在青岛建立了我国的水准原点，其高程为 72.260m。全国各地的高程都以它为基准进行测算，称为 1985 国家高程基准。我国自 1987 年 5 月起开始采用 1985 年国家高程基准作为高程起算的统一基准。

(2) 相对(假定)高程

当有些地区引用绝对高程有困难，或者为了计算和使用上的方便，可采用相对高程系统。相对高程是采用假定的水准面作为起算高程的基准面。地面点到某一假定水准面的铅垂距离称为相对高程，用 H' 表示。如图 1-6 所示，A 点高程为 $H_{A'}$。相对高程系统与国家高程系统联测后，可以把地面点的相对高程换算成绝对高程。

(3) 高差

地面两点的高程之差称为高差，用 h 来表示。由图 1-6 可以看出：

$$h_{AB} = H_B - H_A = H_{B'} - H_{A'} \tag{1-3}$$

由此可见，两点高差与高程起算面无关。

同理

$$h_{BA} = H_A - H_B = - h_{AB} \tag{1-4}$$

可见，AB 的高差 h_{AB} 和 BA 的高差 h_{BA} 绝对值相等，符号相反。

1.3.2 高斯平面直角坐标系

当测区面积较大时，就不能把球面看成平面。在球面上进行测量计算或绘图是非常复杂和不方便的，测量计算最好在平面上进行，但地球表面是一个不可展开的曲面，通过地图投影的方法将地球表面上的点位化算到平面上，这样，在平面上建立平面直角坐标系后就可以采用简单公式计算点的平面坐标。

1. 地图投影的方法

地球投影有等角投影（又称正形投影）、等面积投影和任意投影等多种投影方法，我国通常采用等角横轴切椭圆柱投影，称为高斯-克吕格投影，简称高斯投影。

2. 高斯投影的方法

如图 1-7 所示，设想用一个横椭圆柱套在地球椭球外面，并与某一个子午线相切，此子午线称为中央子午线，将中央子午线东西方向一定经差范围内的图形，用高斯投影的方法投影到椭圆柱面上，再将该椭圆柱表面沿南北极点的母线切开展平，就得到平面上的图形。

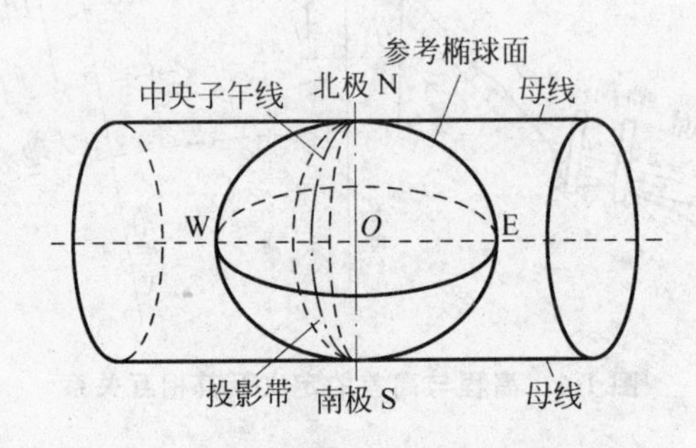

图 1-7 高斯平面直角坐标系的投影图

3. 高斯投影的特点

(1) 球面上的图形，投影前后角度相等。

(2) 中央子午线投影后为一条直线，且长度不变。离中央子午线越远的子午线，投影后长度变形越大，形状是弧形，凹向中央子午线。

(3) 离开赤道的纬线是弧线，凸向赤道。

(4) 投影后赤道是一条直线，并与中央子午线的投影保持正交。

4. 分带投影方法

为了控制长度变形，测量中采用限制投影带宽度的方法，即将投影区域限制在中央子午线的两侧狭长地带，这种方法称为分带投影。投影带宽度是利用相邻两个子午线的经差来划分，有6°带、3°带等不同分带方法。

5. 6°带和3°带的划分

6°带投影的划分是从英国格林尼治子午线开始，自西向东，每隔6°投影一次。这样将椭球分成60个带，编号为1～60带；3°带投影是从东经1°30′的子午线开始，每3°划分为一带，如图1-8所示。

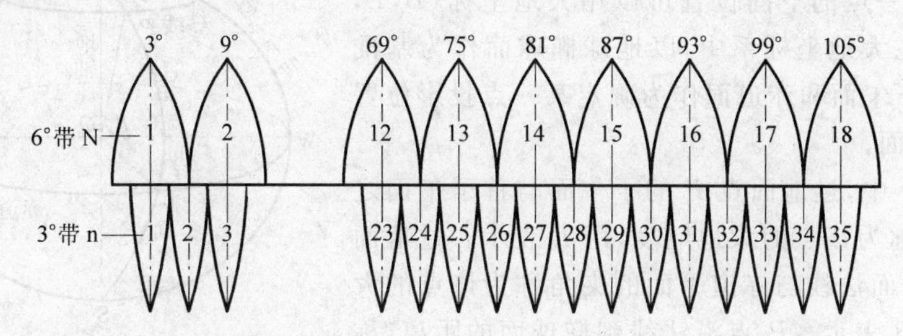

图1-8 统一6°带投影与统一3°带投影高斯平面直角坐标系的关系

6. 高斯平面直角坐标系的建立

以赤道和中央子午线的交点作为坐标原点 O，中央子午线方向为 x 轴，北方向为正，赤道投影线为 y 轴，东方向为正。象限按顺时针Ⅰ、Ⅱ、Ⅲ、Ⅳ排列，图1-9(a)在这个坐标系里的地面点位坐标值，称为坐标自然值。

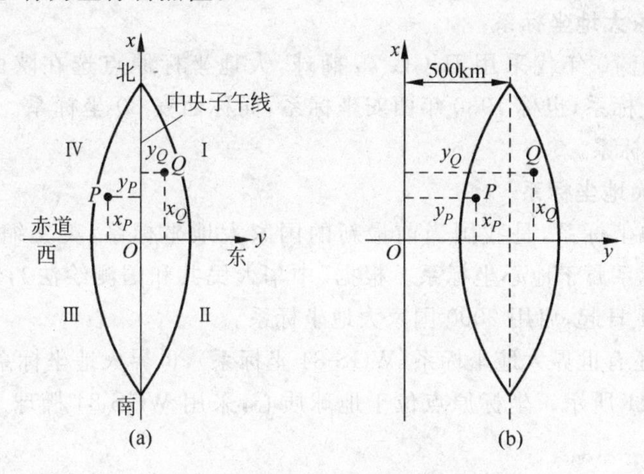

图1-9 高斯平面直角坐标系

在同一投影带内横坐标有正值、有负值，这对坐标的计算和使用很不方便。为了使 y 值都为正，将纵坐标 x 轴西移500km，并在 y 坐标前面冠以带号，如在第21带，中央子午线以西的 P 点，在高斯平面直角坐标系中的坐标自然值为

$$\begin{cases} x_P = 4\,429\,757.075\text{m} \\ y_P = -58\,269.593\text{m} \end{cases}$$

而 P 点坐标的通用值为

$$\begin{cases} x_P = 4\,429\,757.075\text{m} \\ y_P = 21\,441\,730.407\text{m} \end{cases}$$

1.3.3 大地坐标系

在研究全球测量问题时，一般采用大地坐标系。

地面上一点的空间位置可以用大地坐标(B,L,H)表示。在大地坐标系中，以地球椭球面作为基准面，以起始子午面和赤道面作为确定某一点投影位置的两个参考面。

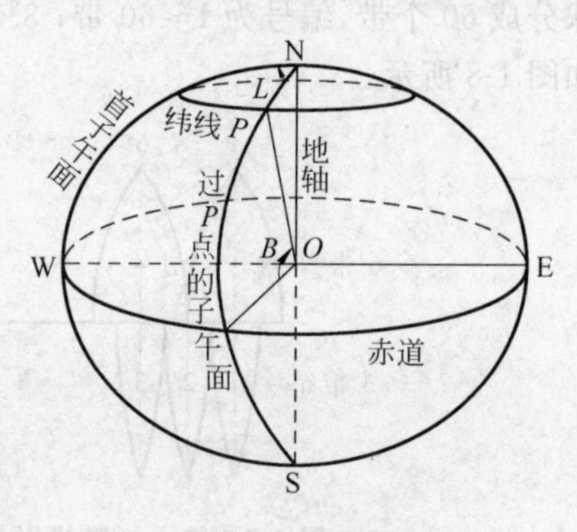

图 1-10 大地坐标系

图 1-10 中，过地面点 P 的子午面与首子午面之间的夹角，称为该点的大地经度，用 L 表示。过地面点 P 的椭球面法线与赤道平面的夹角称为该点的大地纬度，用 B 表示。P 点沿法线到椭球面的距离，称为大地高，用 H 表示。

我国曾 3 次建立大地坐标系。

1. 1954 年北京坐标系

新中国成立初期采用克拉索斯基椭球建立的坐标系称为 1954 年北京坐标系。1954 年北京坐标系属于参心坐标系。

2. 1980 年国家大地坐标系

我国在 20 世纪 70 年代采用 IUGG-75 椭球，大地坐标原点选在陕西省永乐镇，称为 1980 年国家大地坐标系，也称 1980 年西安坐标系，简称西安 80 坐标系。1980 年国家大地坐标系属于参心坐标系。

3. 2000 国家大地坐标系

2000 国家大地坐标系，是我国当前最新的国家大地坐标系，英文缩写为 CGCS2000。2000 国家大地坐标系属于地心坐标系。根据《中华人民共和国测绘法》，经国务院批准，我国自 2008 年 7 月 1 日起，启用 2000 国家大地坐标系。

另外，常见的还有世界大地坐标系(WGS-84 坐标系)，世界大地坐标系采用的是空间直角坐标系，如图 1-11 所示。坐标原点位于地球质心，采用 WGS-84 椭球。WGS-84 坐标系属于地心坐标系。

1.4 测量工作的基本程序和原则

1.4.1 测绘地形图的程序和原则

进行测量工作，无论是测绘地形图或施工放样，要在某一点上测绘该地区所有的地物和地貌或测设建筑物的全部细部是不可能的。下面以测绘地形图为例介绍测绘工作的基本程序和原则。如图 1-12 所示，测区内有房屋、道路、桥梁等地物，还有高低起伏的地貌。为了把这些地物和地貌测绘到图纸上，我们应选择一些有代表性的地物和地貌的特征点(称为碎部点)，测量出它们与已知点之间的水平角度、水平距离和高差，然后根据这些数据，按照一

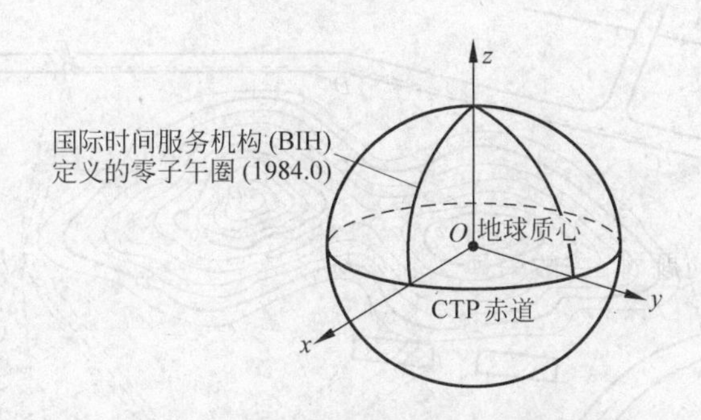

图 1-11 WGS-84 世界大地坐标系

定的比例在图纸上标出点的位置,最后将相关的点相连接,描绘成图,称为地形图,如图 1-13 所示。

在 A 点只能测绘附近的房屋、道路等的平面位置和高程,对于山的另一面或较远的地物就观测不到,因此必须连续逐个设站。

为了将整个测区的特征点全部测完,首先在整个测区内选择若干具有控制意义的点 A、B、C 等,称为控制点,用较精密的仪器和较严密的方法,测定各控制点间的水平距 D、水平角 β 和高差 h,精确地计算各控制点的坐标和高程。这些测量工作称为控制测量。

然后,根据控制点,用较低精度的仪器和一般方法,来测定碎部点,即地物、地貌特征点的坐标和高程,这些测量工作称为碎部测量。

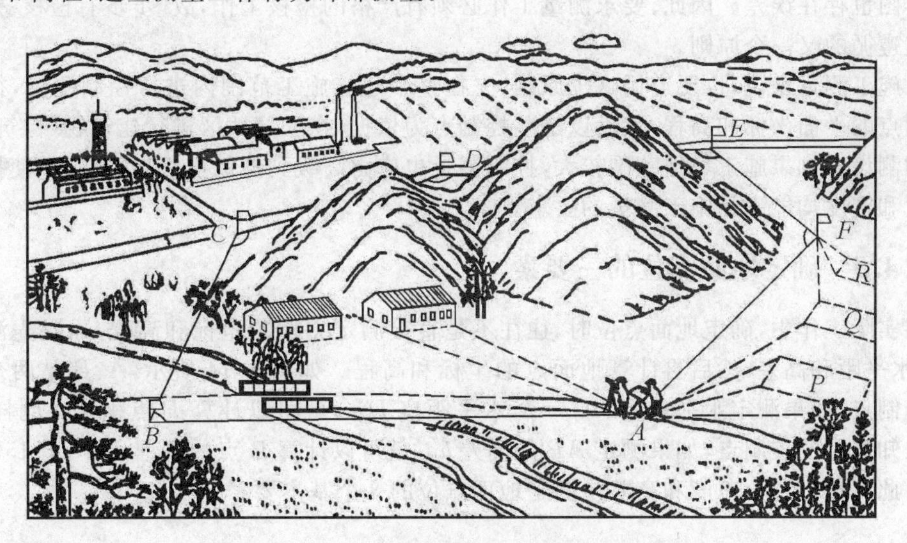

图 1-12 某地区地物地貌透视图

按照这个程序进行测图,不但可以保证成图的精度,而且由于在测区内建立了统一的坐标系统和高程系统,可以多个小组同时进行碎部测量,加快工作进程。

当测区面积较大时,如果仅做一级控制不能满足测图要求时,可以进行多级控制。做多级控制时,上一级的精度应比下一级的精度高一个层次,由高级到低级逐级布设,才能保证最后一级的精度满足要求。

上述的测量基本程序可归结为两步:第一步为控制测量,第二步为碎部测量。

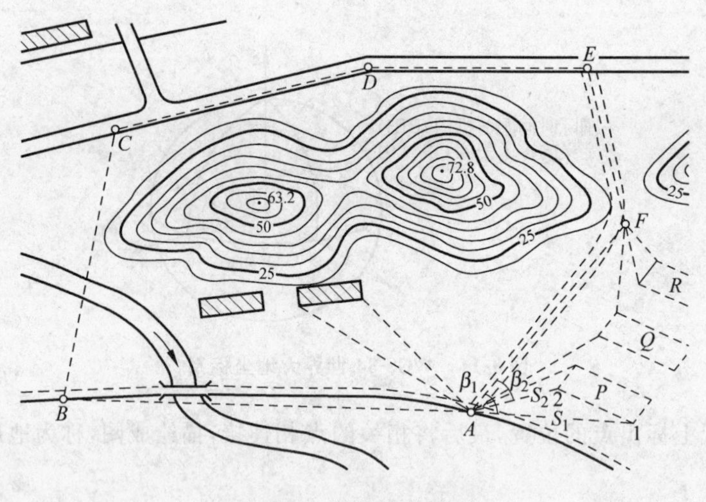

图 1-13 某地区地形图

1.4.2 测量的基本程序和原则

在测量的布局上，是“由整体到局部”，在测量次序上是“先控制后碎部”，在测量的精度上是“从高级到低级”，这是测量工作应遵循的一个基本原则。

另外，当控制测量有误差，以其为基础的碎部测量也会有误差；碎部测量有误差，就会使地形图也存在误差。因此，要求测量工作必须有严格的检核工作，故“步步有检核”是测量工作应遵循的又一个原则。

对施工测量来说，也要遵循这个原则，先在整个建筑施工范围内进行控制测量，得到一定控制点的平面坐标和高程，然后以这些控制点为依据，在局部地区进行建筑物(构筑物)轴线点的测设。如果施工场地范围较大，控制测量也应由高级到低级逐级加密布设，使控制点的精度和密度均能满足施工测量的要求。

1.4.3 确定地面点位的三要素

在实际工作中，确定地面点位时，往往不是直接测定它们的坐标和高程，而是先测出水平角、水平距和高差，然后再计算地面点的坐标和高程。如图 1-14 所示，A、B 是两个已知平面控制点，如果测定水平角$\angle BAP=\beta$，水平距离 D_{AP}，就可以计算 P 点坐标。同样 A 是一个已知高程的控制点，如果测定 AP 的高差 h_{AP} 就可以计算 P 点的高程，如图 1-15 所示。

由此可见，距离、角度和高差是测定地面点位的 3 个基本要素。

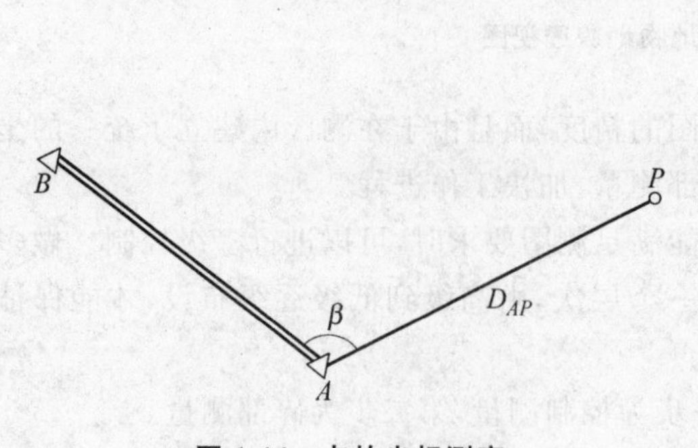

图 1-14 点的坐标测定

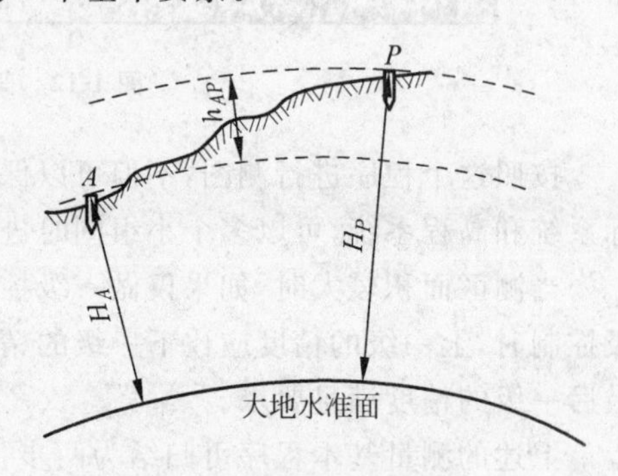

图 1-15 点的高程测定

1.5 用水平面代替水准面的限度

测区面积小，地球曲率对测量结果影响则小。当地球曲率的影响小于测量误差时，才允许用水平面来代替水准面，而不考虑地球曲率的影响。下面来讨论用水平面代替水准面范围大小的限度。

1.5.1 地球曲率对水平距离的影响

如图 1-16 所示，AB 投影在大地水准面上是弧形长 S，投影在水平面上直线长度为 D，两者之差 $\Delta S=D-S$，即是用水平面代替水准面所引起的距离误差。将大地水准面近似地看成半径为 R 的球面，圆弧 S 所对圆心角为 θ，则有

$$\Delta S = D - S = R(\tan\theta - \theta) \tag{1-5}$$

$\tan\theta=\theta+\frac{1}{3}\theta^3+\frac{2}{15}\theta^5+\cdots$，因为 θ 角很小，只取前两项代入式(1-5)，得

$$\Delta S = R\left(\theta+\frac{1}{3}\theta^3-\theta\right)$$

由于 $\theta=\frac{S}{R}$，所以

$$\Delta S = \frac{S^3}{3R^2} \tag{1-6}$$

或

$$\frac{\Delta S}{S} = \frac{S^2}{3R^2} \tag{1-7}$$

式中，$\Delta S/S$ 称为相对差数，用 $1/M$(代为分子为 1 的分数形式)形式表示。

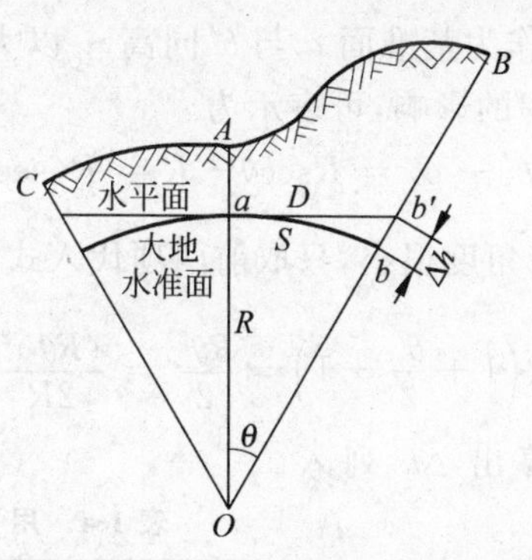

图 1-16　用水平面代替水准面对距离和高程的影响

地球半径 $R=6371$km，以不同距离代入式(1-6)、式(1-7)得到表 1-2 中数据。

表 1-2　用水平面代替水准面引起距离误差

S/km	ΔS/mm	$\Delta S/S$
5	1.0	1∶4 900 000
10	8.2	1∶1 220 000
20	65.7	1∶300 000

由上述计算可知,当水平距离为10km时,用水平面代替水准面所产生的距离相对误差为1∶1 220 000。现代最精密的距离丈量时允许误差为其长度的1∶1 000 000。故此可得结论:在半径为10km的圆面积内进行距离测量时,不必考虑地球曲率的影响。

1.5.2 地球曲率对水平角的影响

地球上一个多边形投影在大地水准面上得到球面多边形,其内角和为 $\sum\beta_{球}$;投影在水平面上,得到一个平面多边形,其内角和为 $\sum\beta_{平}$。由球面三角学知道

$$\sum\beta_{球}=\sum\beta_{平}+\varepsilon''$$

式中,ε为球面角超,其计算公式为

$$\varepsilon''=\rho''\frac{P}{R^2} \tag{1-8}$$

式中,P为球面多边形的面积;R为地球半径;ρ''为1弧度的秒数,其值是206 265″。

用不同的面积代入,把求出的球面角超列入表中1-3中,由上述计算可知,当面积为100km² 时,用水平面代替水准面,所产生的角度误差为0.51″,这种误差只有精密工程测量中才需要考虑。故此可得结论:在面积为100km² 的范围内进行水平角测量时,不必考虑地球曲率的影响。

表1-3 水平面代替水准面引起的角度误差

P/km²	ε/(″)
50	0.25
100	0.51
200	1.02

1.5.3 地球曲率对高程的影响

由图1-16所示,以水平面作为基准面a与b'同高;以大地水准面为基准面a与b同高。两者之差为Δh即为对高程的影响,可表示为

$$\Delta h=ob'-ob=R\sec\theta-R=R(\sec\theta-1) \tag{1-9}$$

$\sec\theta=1+\frac{\theta^2}{2}+\frac{5}{24}\theta^2+\cdots$,因为$\theta$角度很小,只取前两项代入式(1-9),得

$$\Delta h=R\left(1+\frac{\theta^2}{2}-1\right)=\frac{R\theta^2}{2}=\frac{(R\theta)^2}{2R}=\frac{S^2}{2R} \tag{1-10}$$

用不同的距离代入,计算出Δh列入表1-4中。

从表1-4中可以看出,用水平面代替水准面对高程的影响很大。当距离为0.2km时,Δh=3mm,这种误差在高程测量中是不允许的。因此可得出结论:即使在很短的距离上进行高程测量,也必须要考虑地球曲率的影响。

表1-4 用平面代替水准面对高程的影响

S/km	Δh/mm
10	7848
5	1962
1	78
0.5	20
0.2	3

思考题与练习题

1-1　建筑工程测量的主要任务是什么？

1-2　测量的基准线和基准面是什么？

1-3　测量上如何建立小地区的平面直角坐标？它们与数学上的平面直角坐标系有何异同？

1-4　在高斯平面直角坐标系中，某点的坐标通用值为 x=3 236 108m，y=20 443 897m，试求某点的坐标自然值。

1-5　什么是点的绝对高程、相对高程和高差？

1-6　我国工程中常用的坐标系有哪些？

1-7　测量工作应遵循哪些原则？

1-8　确定地面点的3个要素是什么？

1-9　在什么范围内可以忽略地球曲率对距离、水平角和高程的影响？

1-10　某宾馆首层室内地面±0.000的绝对高程为35.307m，室外地面设计高程为－1.523m，女儿墙设计高程为＋78.201m，问室外地面和女儿墙的绝对高程分别为多少？

第2章

水准测量

本章学习要点

- 水准测量的原理
- DS_3 水准仪的构造及使用
- 自动安平水准仪的构造及使用
- 水准测量的施测方法及成果整理
- 水准仪的检验
- 水准测量误差分析
- 电子水准仪的使用

2.1 水准测量原理

2.1.1 水准测量方法

如图 2-1 所示，已知 A 点的高程为 H_A，如何求 B 点高程 H_B？

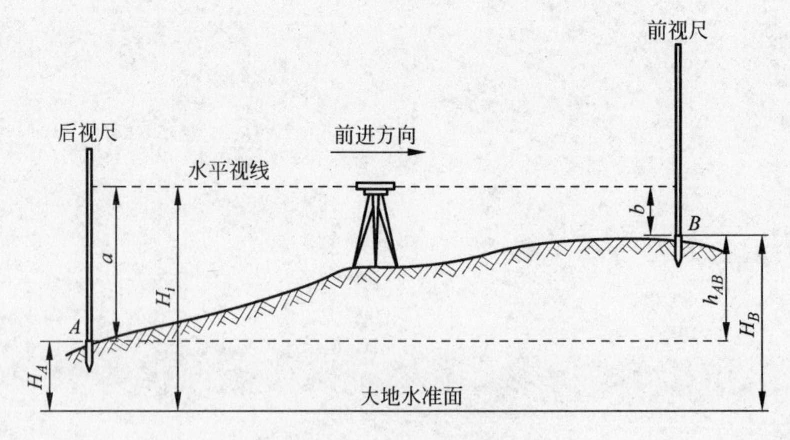

图 2-1 水准测量原理

1. 高差法

在 A、B 两点中间安置水准仪，A、B 两点立水准尺，用水准仪提供水平视线。

在后视点 A 尺上读数为 a——后视读数，在前视点 B 尺上读数为 b——前视读数。

由图 2-1 得 $a=b+h_{AB}$，因为

$$h_{AB}=a-b \tag{2-1}$$

所以

$$H_B=H_A+h_{AB}=H_A+a-b \tag{2-2}$$

高差法适用于测定一个前视点的高程。

h_{AB} 详解：

(1) $h_{AB}>0$，高差为正，前视点高；

(2) $h_{AB}<0$，高差为负，前视点低；

(3) 两点间的高差等于后视读数减前视读数，高差必须带“＋”、“－”号；

(4) h_{AB} 的下标次序必须与测量的前进方向一致。

如果水准测量是由 A 到 B 进行的，如图 2-1 中的箭头所示，则 A 点尺上的读数称为后视读数，记为 a；B 点为待定高程点，B 点尺上的读数称为前视读数，记为 b；两点间的高差等于后视读数减去前视读数，即 $h_{AB}=a-b$。若 $a>b$，则高差为正，B 点高于 A 点；反之高差为负，则 B 点低于 A 点。

［**例题 2-1**］ 图 2-1 中，已知 A 点高程 $H_A=452.624\text{m}$，后视读数 $a=1.571\text{m}$，前视读数 $b=0.685\text{m}$，求 B 点高程。

解：AB 的高差为

$$h_{AB}=1.571-0.685=0.886(\text{m})$$

B 点高程为

$$H_B=452.624+0.886=453.510(\text{m})$$

［**例题 2-2**］ 图 2-2 中，已知 A 点桩顶标高为 ±0.000，后视 A 点读数 $a=1.216\text{m}$，前视 B 点读数 $b=2.425\text{m}$，求 B 点标高。

解：AB 的高差为

$$h_{AB}=a-b=1.216-2.425=-1.209(\text{m})$$

B 点标高为

$$H_B=H_A+h_{AB}=0+(-1.209)=-1.209(\text{m})$$

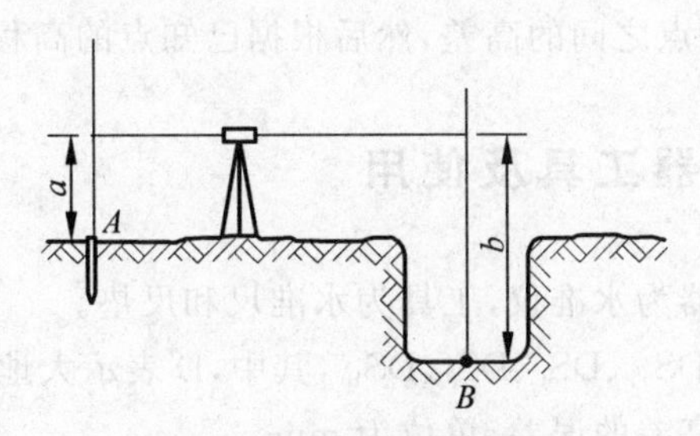

图 2-2 高差法测量高程

2. 视线高法

在实际工作中，有时要求安置一次仪器测出若干个前视点的高程，以提高工作效率，此时可采用视线高法，即通过水准仪的视线高 H_i 计算待定点 B 的高程 H_B，计算公式为

$$H_i = H_A + a \tag{2-3}$$

$$H_B = H_i - b \tag{2-4}$$

视线法适用于求多个前视点的高程。

［**例题 2-3**］ 图 2-3 中，已知 A 点高程 $H_A=423.518$m，要测出相邻 1、2、3 点的高程。先测得 A 点后视读数 $a=1.563$m，接着在各待定点上立尺，分别测得读数 $b_1=0.953$m，$b_2=1.152$，$b_3=1.328$m。

解：先计算出视线高程为

$$H_i = H_A + a = 423.518 + 1.563 = 425.081(\text{m})$$

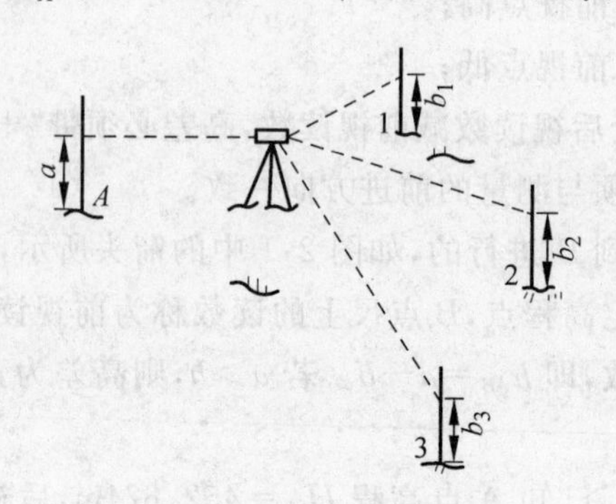

图 2-3 视线高法测量高程

各待定点高程分别为

$$H_1 = H_i - b_1 = 425.081 - 0.953 = 424.128(\text{m})$$

$$H_2 = H_i - b_2 = 425.081 - 1.152 = 423.929(\text{m})$$

$$H_3 = H_i - b_3 = 425.081 - 1.328 = 423.753(\text{m})$$

高差法和视线高法的测量原理是相同的，区别在于计算高程时公式形式的不同。在安置一次仪器需求出几个点的高程时，视线高法比高差法方便，因而视线高法在建筑施工中被广泛采用。

2.1.2 水准测量原理

水准测量的原理是利用水准仪提供的一条水平视线，对竖立在地面上两点的水准尺进行读数，据此测出地面上两点之间的高差，然后根据已知点的高程，推算出另一个点的高程。

2.2 水准测量的仪器工具及使用

水准测量所使用的仪器为水准仪，工具为水准尺和尺垫。

水准仪的等级可分为 DS_{05}、DS_1、DS_3、DS_{10}，其中，D 表示大地测量仪器；S 表示水准仪；下标数字表示每千米测量高差的误差，单位为 mm。

2.2.1 DS_3 水准仪

DS_3 水准仪主要由望远镜、水准器和基座 3 个部分构成。图 2-4 所示为我国生产的 DS_3 水准仪。

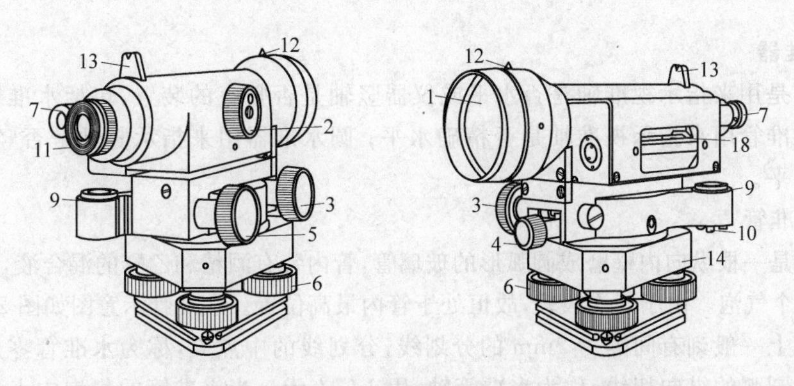

图 2-4　DS_3 型微倾式水准仪

1—物镜；2—物镜调焦螺旋；3—水平微动螺旋；4—水平制动螺旋；5—微倾螺旋；6—脚螺旋；7—管水准器泡观察窗；8—管水准器；9—圆水准器；10—圆水准器校正螺丝；11—目镜调焦螺旋；12—准星；13—照门；14—基座

1. 望远镜

望远镜的作用是能使我们看清不同距离的目标，并提供一条视线。

(1) 望远镜的结构

DS_3 型水准仪望远镜主要由物镜、目镜、对光透镜和十字丝分划板所组成，如图 2-5 所示。物镜和目镜多采用复合透镜组，十字丝分划板上刻有两条互相垂直的长线，竖直的一条称竖丝，横的一条称为中丝，用来瞄准目标和读数。在中丝的上下还对称地刻有两条与中丝平行的短横线，是用来测定距离的，称为视距丝。十字丝分划板是由平板玻璃圆片制成的，平板玻璃片装在分划板座上，分划板座固定在望远镜筒上。

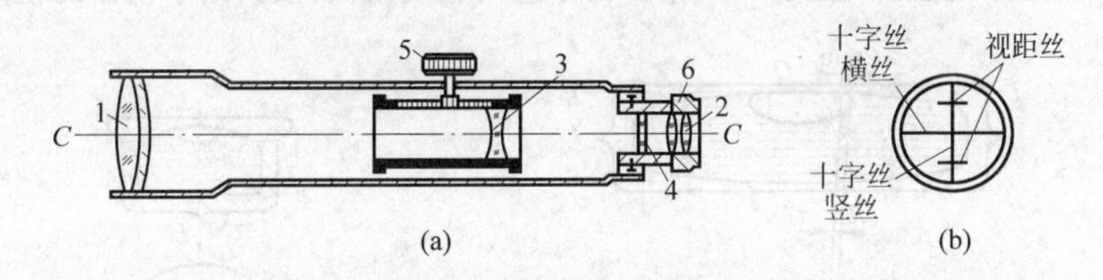

图 2-5　望远镜的结构

1—物镜；2—目镜；3—调焦透镜；4—十字丝分划板；5—物镜调焦螺旋；6—目镜调焦螺旋

十字丝交点与物镜光心的连线，称为视准轴或视线，用 *CC* 表示。水准测量是在视准轴水平时，用十字丝的中丝截取水准尺上的读数。

调焦凹透镜可使不同距离的目标均能成像在十字丝平面上。再通过目镜，便可看清同时放大了的十字丝和目标影像。从望远镜内所看到的目标影像的视角与肉眼直接观察该目标的视角之比，称为望远镜的放大率。DS_3 级水准仪望远镜的放大率一般为 28 倍。

(2) 目镜和物镜调焦的螺旋

物镜装在望远镜筒前面，其作用是与调焦透镜一起将远处的目标成像在十字丝分划板上，形成缩小的实像；目镜装在望远镜筒的后面，其作用是将物镜所成的像和十字丝一起放大。

(3) 照门和准星

通过照门和准星能够粗略的照准目标。

2. 水准器

水准器是用来指示视准轴是否水平或仪器竖轴是否竖直的装置，包括水准管和圆水准器两种。水准管用来指示视准轴是否精确水平；圆水准器用来指示竖轴是否竖直，视准轴是否大致水平。

(1) 水准管

水准管是一根纵向内壁磨成圆弧形的玻璃管，管内装有酒精和乙醚的混合液，加热融封冷却后留有一个气泡。由于气泡较轻，故恒处于管内最高位置。水准管示意图如图 2-6 所示。

水准管上一般刻有间隔为 2mm 的分划线，分划线的中点 O，称为水准管零点。通过零点作水准管圆弧的纵向切线，称为水准管轴，用 LL 表示。当水准管的气泡中点与水准管零点重合时，称为气泡居中，这时水准管轴处于水平位置。水准管圆弧 2mm 所对的圆心角称为水准管分划值，用 τ 来表示，用公式表示为 $\tau=\frac{2}{R}\times\rho$。水准管分划值越小，视线置平精度越高。安装在 DS_3 型水准仪上的水准管，其分划值不大于 20″/2mm。

微倾式水准仪在水准管的上方安装有一组符合棱镜，通过符合棱镜的反射作用，使气泡两端的像反映在望远镜旁的符合气泡观察窗中。若气泡两端的半像吻合时，就表示气泡居中；若气泡的半像错开，则表示气泡不居中；这时，应转动微倾螺旋，使气泡的半像吻合。

(2) 圆水准器

圆水准器示意图如图 2-7 所示。其顶面的内壁是球面，其中有圆分划圈，圆圈的中心为水准器的零点。通过零点的球面法线为圆水准器轴线，用 $L'L'$ 表示。当圆水准器气泡居中时，该轴线处于竖直位置；当气泡不居中时，气泡中心偏移零点 2mm，轴线所倾斜的角值，称为圆水准器的分划值，一般为 8′～10′。由于它的精度较低，故只用于仪器的粗略整平。

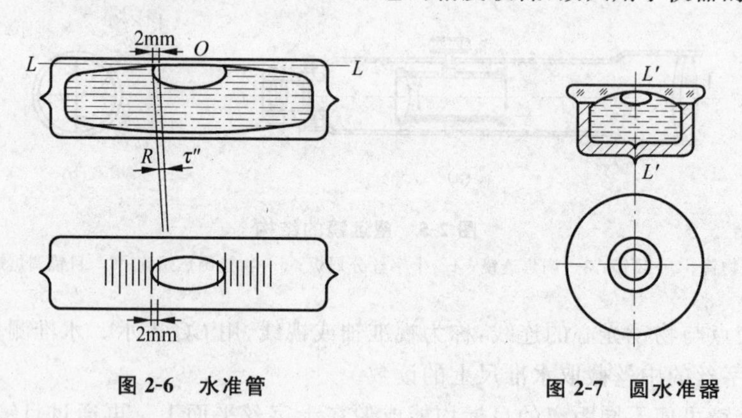

图 2-6 水准管

图 2-7 圆水准器

3. 基座

基座的作用是支撑仪器的上部并与三脚架连接。它主要由轴座、脚螺旋、底板和三角压板构成。通过调节 3 个脚螺旋，可以使圆水准气泡居中。

4. DS_3 微倾式水准仪的使用及操作步骤

打开三脚架，按观测者的身高调节好三脚架的高度，为便于整平仪器，还要求使三脚架的架头面大致水平，并将三脚架的 3 个脚尖踩入土中，使脚架稳定。然后从仪器箱内取出水准仪，放在三脚架的架头面，并立即用中心螺旋旋入仪器基座的螺孔内，以防止仪器从三脚架头上摔下来。

DS_3 水准仪测量的操作步骤如下。

(1) 安置水准仪

安置水准仪时,前后视距离大致相等,仪器目估大致水平。

(2) 粗平

粗平即粗略整平仪器。旋转脚螺旋使圆水准器气泡居中,仪器的竖轴大致铅垂,使望远镜的视准轴大致水平。旋转脚螺旋方向与圆水准器气泡移动方向的规律是:用左手旋转脚螺旋,则左手大拇指移动方向即为水准气泡移动方向;用右手旋转脚螺旋,则右手食指移动方向即为水准气泡移动方向。初学者一般先练习用一只手操作,熟练后再练习用双手操作。圆水准器整平示意图如图 2-8 所示。

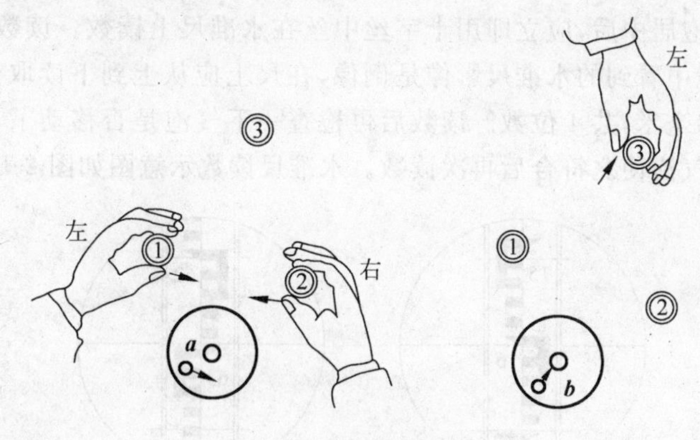

图 2-8 圆水准器整平

(3) 瞄准水准尺

首先进行目镜对光。用目镜调焦螺旋,使十字丝清楚。用望远镜的照门和准星粗找目标,再用物镜调焦螺旋,使目标清晰。眼睛在目镜处上下移动,观察读数是否改变。若读数在变,这种现象称为视差,其产生原因是像平面与十字丝平面不重合,如图 2-9 所示。消除视差的方法是微调目镜和物镜的调焦螺旋。

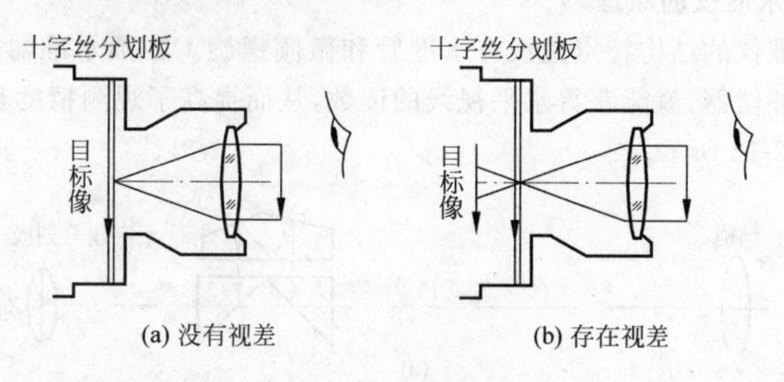

(a) 没有视差 (b) 存在视差

图 2-9 视差现象

(4) 精平

从望远镜的一侧观察水准管气泡偏离零点的方向,旋转微倾螺旋,使气泡大致居中,这时再从目镜左边的符合气泡观察窗中查看两个气泡影像是否吻合,如不吻合,再慢慢旋转微倾螺旋直至完全吻合为止,如图 2-10 所示。

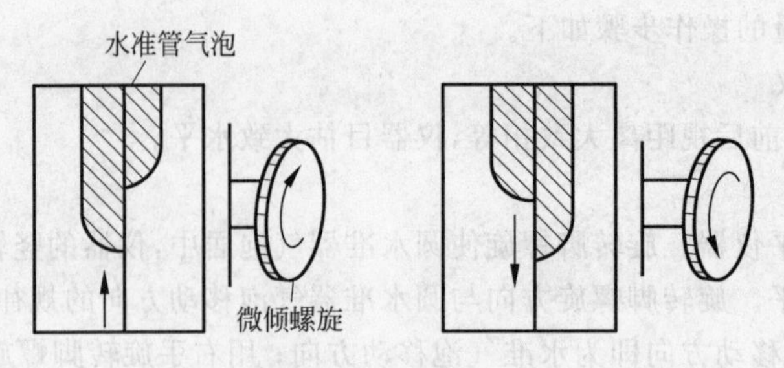

图 2-10　精确整平

（5）读数

符合水准器气泡居中后，应立即用十字丝中丝在水准尺上读数。读数时应从小数向大数读，如果从望远镜中看到的水准尺影像是倒像，在尺上应从上到下读取。直接读取米、分米和厘米，并估读出毫米，共 4 位数。读数后再检查一下气泡是否移动了，如有移动则需重新用微倾螺旋调整气泡使之符合后再次读数。水准尺读数示意图如图 2-11 所示。

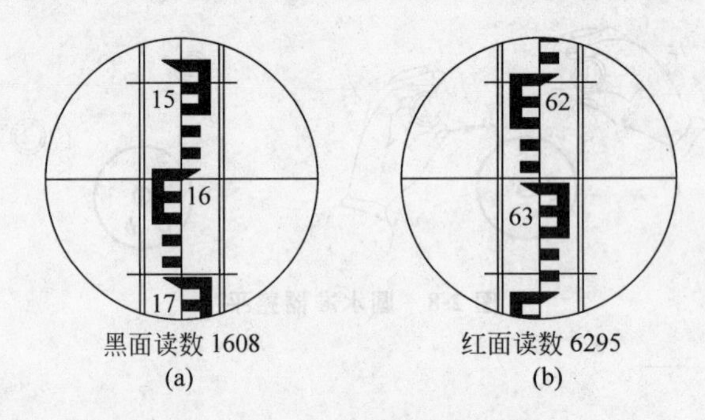

图 2-11　水准尺读数

2.2.2　自动安平水准仪

1. 自动安平水准仪的原理

自动安平水准仪的结构特点是没有水准管和微倾螺旋。在圆水准器居中后，利用仪器内部的自动安平补偿器，就能获得水平视线的读数，从而提高了观测精度和速度。视线安平原理示意图如图 2-12 所示。

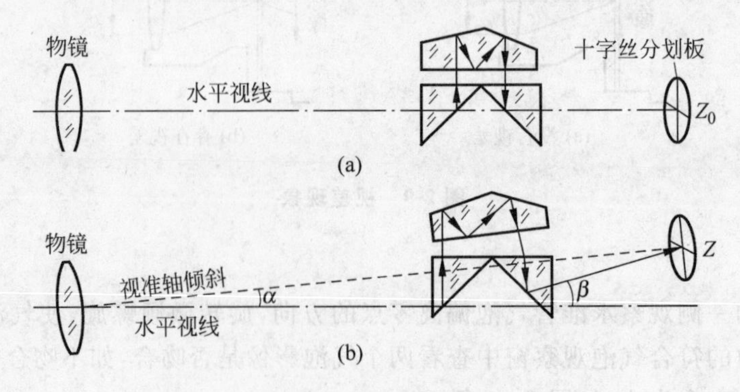

图 2-12　视线安平原理

自动安平水准仪由望远镜、自动安平补偿器、竖轴系、制微动机构及基座等部分组成，如图 2-13 所示。

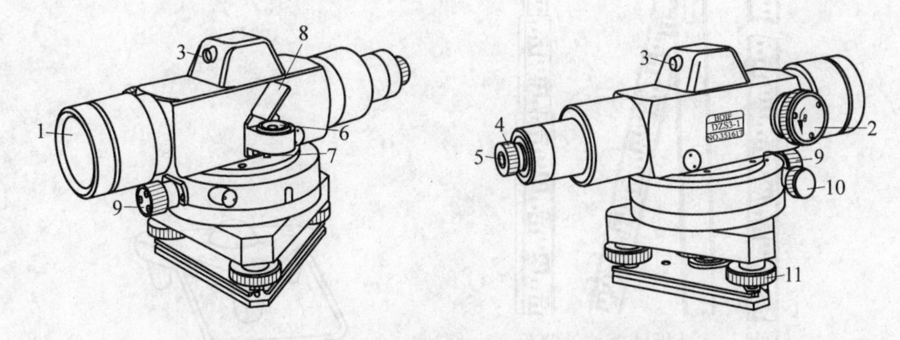

图 2-13 北京博飞仪器公司 DZS3-1 自动安平水准仪

1—物镜；2—物镜调焦螺旋；3—粗瞄准；4—目镜调焦螺旋；5—目镜；6—圆水准器；7—圆水准器校正螺旋；8—圆水准器反光镜；9—制动螺旋；10—微动螺旋；11—脚螺旋

望远镜为内调焦式的正像望远镜，大物镜采用单片加双胶透镜形式，具有良好的成像质量，结构简单。调焦机构采用齿轮齿条形式，操作方便，望远镜上有光学粗瞄器。

自动安平水准仪采用标准圆柱轴，转动灵活。基座起支撑和安平作用。脚螺旋中丝母和安平丝杠的间隙，可以利用调节螺丝来调节，以保证脚螺旋舒适无晃动。基座上还设有水平金属度盘，望远镜竖轴旋转时指标随之旋转，转过的角度可以从度盘上读出。利用度盘，可以测量两个目标间的水平角。

DZS3-1 自动安平水准仪补偿器正常有效工作范围为±5′，也就是仪器竖轴偏离铅垂线的倾角 $\alpha<\pm 5'$，补偿器才能正常工作。由于补偿器相当于一个垂球，粗平后，十字丝横丝有些晃动，几秒钟后趋于稳定，即可对水准尺读数。

2. 自动安平水准仪的使用及操作步骤

使用自动安平水准仪时，首先将圆水准器气泡居中，然后瞄准水准尺，等待 2～4s 后，即可进行读数。有的自动安平水准仪配有一个补偿器检查按钮，每次读数前按一下该按钮，确认补偿器能正常作用再读数。

自动安平水准仪水准测量的操作步骤与微倾水准仪操作步骤一样，只是缺少精平这一步骤，具体操作见 DS_3 微倾式水准仪的使用及操作步骤。

2.2.3 水准尺

水准尺是在进行水准测量时使用的标尺，其质量的好坏直接影响水准测量的精度。因此，水准尺需用不易变形且干燥的优质木材制成，要求尺长稳定，分划准确。常用的水准尺有塔尺和双面尺两种，如 2-14 所示。塔尺多用于等外水准测量，其长度有 2m 和 5m 两种，用两节或三节套接在一起。尺的底部为零点，尺上黑白格相间，每格宽度一般为 1cm，有的为 0.5cm，每 1m 和 1dm 处均有注记。双面水准尺多用于三、四等水准测量，其长度有 2m 和 3m 两种，且两根尺为一对。尺的两面均有刻划，一面为红白相间，称红面尺；另一面为黑白相间，称黑面尺（也称主尺）。两面的刻划均为 1cm，并在分米处注字。两根尺的黑面均由零开始；而红面，一根尺由 4.687m 开始至 6.687m 或 7.687m，另一根由 4.787m 开始至 6.787m 或 7.787m。在水准测量中读数可以直接读到厘米，估读到 1mm。

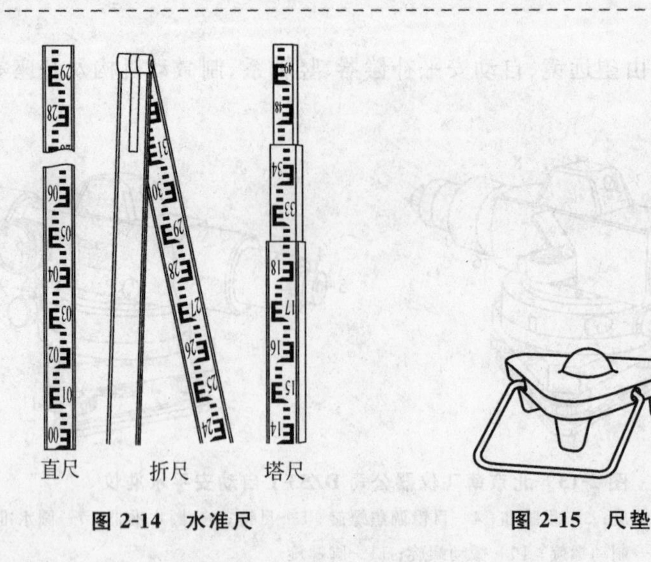

图 2-14 水准尺　　图 2-15 尺垫

2.2.4 尺垫

尺垫用来在转点处放置水准尺，它用生铁铸成，一般为三角形，中央有一突起的半球体，下方有 3 个支脚，如图 2-15 所示。在使用时，将其支脚牢固地插入土中，以防下沉，上方突起的半球形顶点作为竖立水准尺和标志转点之用。

2.3 水准测量方法

为了统一全国的高程系统和满足各种测量的需要，测绘部门在全国各地埋设并用水准测量方法测定了很多高程点，这些点称为水准点（bench mark，BM）。水准测量通常是从水准点引测其他点的高程。水准点有永久性和临时性两种。国家等级水准点一般用石料或钢筋混凝土制成，深埋到地面冻结线以下。在标石的顶面设有用不锈钢或其他不易锈蚀材料制成的半球状标志。有些水准点也可设置在稳定的墙脚上，称为墙上水准点。

建筑工地上的永久性水准点一般用混凝土或钢筋混凝土制成，临时性的水准点可用地面上突出的坚硬岩石或用大木桩打入地下，桩顶钉半球形铁钉。

埋设水准点后，应绘出水准点与附近固定建筑物或其他地物的关系图，在图上还要写明水准点的编号和高程，称为点之记，以便于日后寻找水准点位置之用。水准点编号前通常加 BM 字样，作为水准点的代号，如图 2-16 所示。

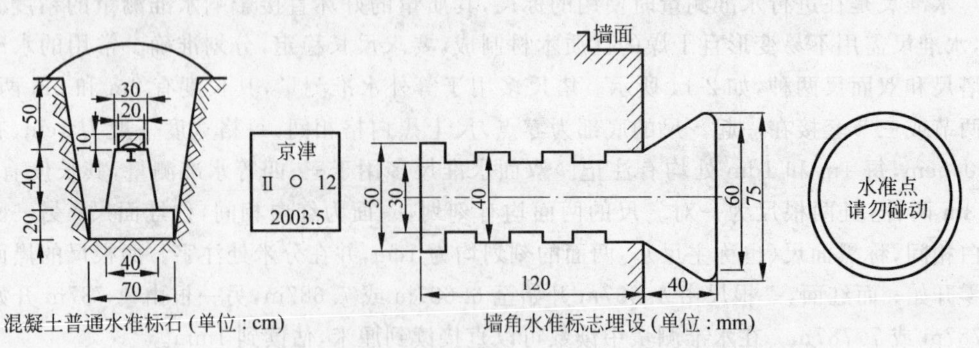

图 2-16 水准点

2.3.1　水准测量施测

施测方法：当距离 $D_{AB} \leqslant 200$m，观测一测站；当距离 $D_{AB} > 200$m，分段测量。中间设置一些传递高程的点称为转点，用 TP 表示。连续水准测量原理如图 2-17 所示。

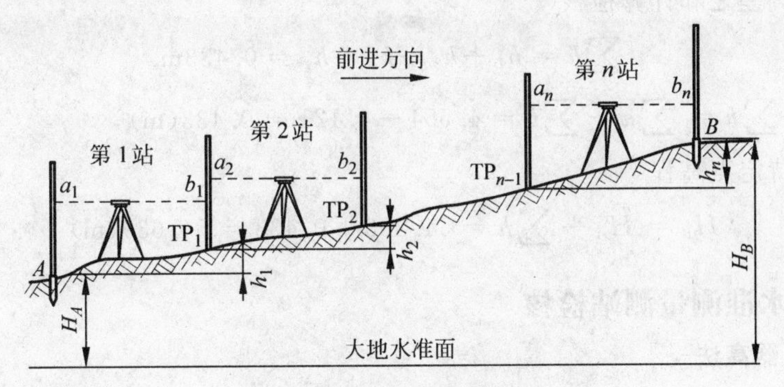

图 2-17　连续水准测量原理

已知水准点 A 点高程 H_A，求待定点 B 点高程 H_B 的方法如下。

(1) 观测每站高差

第 1 站：$h_1 = a_1 - b_1$

第 2 站：$h_2 = a_2 - b_2$

…

第 n 站：$h_n = a_n - b_n$

将各式相加，可得

$$\sum h = \sum a - \sum b \tag{2-5}$$

$$\sum h = h_1 + h_2 + \cdots + h_n \tag{2-6}$$

$\sum h$ 用两种公式进行计算检核，其作用是保证计算正确。

(2) 计算 B 点高程

$$H_B = H_A + h_{AB} = H_A + \sum h \tag{2-7}$$

［**例题 2-4**］　已知：A 点高程 $H_A = 54.206$m，共测 4 站，a_n、b_n 列入表 2-1 中。试求：B 点高程 H_B。

表 2-1　水准测量手簿

测站	测点	读数		高差 h/m	高程 H/m
		后视 a/m	前视 b/m		
1	A	1.364		+0.385	54.206
	TP_1		0.979		
2	TP_1	1.259		+0.547	
	TP_2		0.712		
3	TP_2	1.278		+0.712	
	TP_3		0.566		
4	TP_3	0.653		−1.211	54.639
	B		1.864		
计算检核	$\sum a = 4.554$m，$\sum b = 4.121$m，$\sum h = 0.433$m，$\sum a - \sum b = \sum h$				

(1) 计算高差

$$h_i = a_i - b_i (i = 1,2,3,4)$$

$$h_1 = 0.385\text{m}, \quad h_2 = 0.547\text{m}, \quad h_3 = 0.712\text{m}, \quad h_4 = -1.211\text{m}$$

(2) 计算高差之和计算检核

$$\sum h = h_1 + h_2 + h_3 + h_4 = 0.433\text{m}$$

计算检核 $\sum h = \sum a - \sum b = 4.554 - 4.121 = 0.433(\text{m})$

(3) 计算待定点高程

$$H_B = H_A + \sum h = 54.206 + 0.433 = 54.639(\text{m})$$

2.3.2 水准测量测站检核

1. 变动仪器高法

在每一测站上,变动仪器高,测定两次高差 h' 和 h''。要求 $|h' - h''| \leqslant$ 允许值,取其平均值作为最后结果。

2. 双面尺法

在每一测站上,仪器高度不变,分别测出两点黑面尺高差 $h_{黑}$ 和红面尺高差 $h_{红}$。要求 $|h_{黑} - h_{红}| \leqslant$ 允许值,其平均值作为最后结果。

3. 作用

水准测量测站检核的作用是保证每站高差测量正确。

2.3.3 水准路线成果检核

为了保证一条水准路线高差测量的正确性,可采用附合水准路线测量方法、闭合水准路线测量方法和支水准测量的方法。3 种水准路线形式如图 2-18 所示。

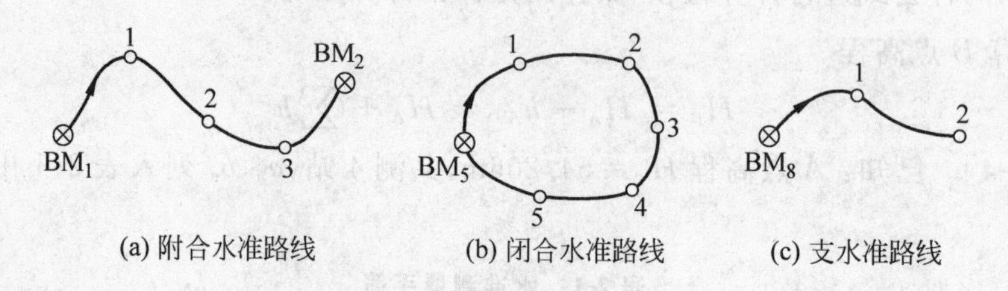

图 2-18 三种水准路线形式

1. 附合水准路线

从一个已知水准点出发,经过若干个待定水准点进行水准测量,最后附合到另一个已知水准点上,称为附合水准路线。

附合水准路线高差闭合差的理论值 $\sum h_{测} - (H_{终} - H_{起}) = 0$ 。由于测量高差存在误差,使得理论值不等于零。这个差值称为水准路线的高差闭合差 f_h, $f_h = \sum h_{测} - (H_{终} - H_{起})$,要求其值不应超过允许的高差闭合差 $f_{h允}$ 。

2. 闭合水准路线

从一个已知水准点出发，经过若干个待定水准点进行水准测量，最后回到原来的已知水准点，称为闭合水准路线。

其理论值为 $\sum h_{测}=0$，高差闭合差为 $f_h=\sum h_{测}$，要求 $f_h \leqslant f_{h允}$。

3. 支水准路线

从一已知水准点出发，经过若干待定水准点进行水准测量，最后不附合到已知水准点上，称为支水准路线。支水准路线进行往返测量。往返测量的高差总和分别为 $\sum h_{往}$、$\sum h_{返}$。

其理论值为 $\sum h_{往}+\sum h_{返}=0$，高差闭合差为 $f_h=\sum h_{往}+\sum h_{返}$，要求 $f_h \leqslant f_{h允}$。

4. 允许的高差闭合差 $f_{h允}$

图根水准测量规定的 $f_{h允}$ 为

$$\begin{cases} f_{h允}=\pm 40\sqrt{\sum L}\ \text{mm}, & \text{适用于平地} \\ f_{h允}=\pm 12\sqrt{\sum n}\ \text{mm}, & \text{适用于山地} \end{cases} \tag{2-8}$$

式中，$\sum L$ 为水准路线的总长度，km；$\sum n$ 为水准路线的总测站数。

2.4 水准测量路线内业计算

2.4.1 闭合水准路线

［**例题 2-5**］ 已知：闭合水准路线 $H_A=37.141$m，各段水准路线的长度 L_i 和高差 h_i 列入表 2-2 中。试求：1、2、3 的高程。

解：

1. 思路

(1) 闭合水准路线的高程闭合差 f_h

要计算 1、2、3 点的高程，高差的必要观测量 h_1、h_2、h_3，即必要观测量 $t=3$，题目中高差的总共观测量 h_1、h_2、h_3、h_4，高差的总共观测量 $n=4$，高差的多余观测量 $r=n-t=1$。

因此产生一个高差闭合差，即

$$f_h=\sum h_{测} \tag{2-9}$$

产生原因是观测高差有误差，如图 2-20 所示。

(2) 消除高差闭合差的方法

对观测高差加改正数 V_i。

(3) 高差闭合差的分配原则

改正数 V_i 与高差闭合差 f_h 符号相反，改正数 V_i 的大小与测站数(或距离)成正比例分配。

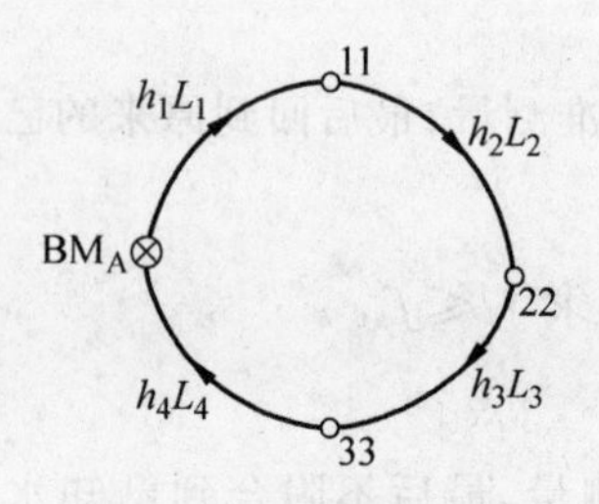

图 2-19 闭合水准路线

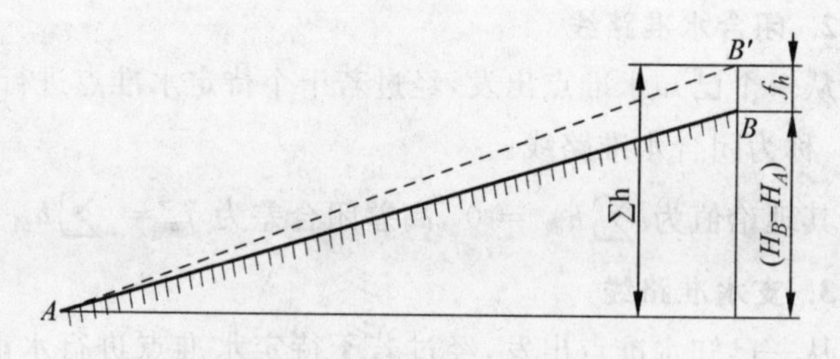

图 2-20 高差闭合差的产生原因

表 2-2 闭合水准路线计算

测点	距离 L/km	实测高差 h/m	高差改正数 v/m	改正后高差 $\bar{h}$/m	高程 H/m
A					37.141
	1.1	−1.999	+0.012	−1.987	
11					35.154
	0.8	−1.420	+0.009	−1.411	
12					33.743
	1.2	+1.825	+0.012	+1.837	
13					35.580
	1.0	+1.550	+0.011	+1.561	
A					37.141
$\sum$	4.1	−0.044	+0.044	0.000	
计算检核	$f_h=\sum h=-0.044\text{m}, f_{h允}=\pm 40\sqrt{\sum L}=\pm 40\sqrt{4.1}=\pm 80(\text{mm})$				

2. 计算步骤

绘草图，表中填写测点、距离 L_i、h_i 以及 H_A。

解：(1) 计算高差闭合差 f_h 及高差闭合差允许值的 $f_{h允}$

$$f_h=\sum h=-0.044\text{m}$$

$$f_{h允}=\pm 40\sqrt{\sum L}=\pm 40\sqrt{4.1}=\pm 80(\text{mm})$$

$f_h<f_{h允}$，合格。

(2) 高差闭合差的调整

$$V_i=-\frac{f_h\times L_i}{\sum L}$$

式中，$-f_h/\sum L$ 表示每千米的高差改正数。

计算检核 1：

$$\sum V=-f_h=0.044\text{m}$$

改正后的高差为

$$\bar{h}_i = h_i + V_i (i = 1,2,3,4)$$

(3) 计算各点高程

$$H_{i+1} = H_i + \bar{h}_i (i = 1,2,3,4)$$

计算检核 2:

$$H_{A(推算)} = H_{A(已知)}$$

2.4.2 附合水准路线

附合水准路线的计算基本上同闭合水准路线,不同之处如下。

(1) 高差闭合差计算

$$f_h = \sum h - (H_B - H_A) \tag{2-10}$$

(2) 高差改正数计算

$$V_i = -\frac{f_h \times n_i}{\sum n_i} \tag{2-11}$$

或者

$$V_i = -\frac{f_h \times L_i}{\sum L_i} \tag{2-12}$$

式中,L_i 为每段水准路线的长度;n_i 为每段水准路线的测站数。

[**例题 2-6**] 已知: A 点高程 $H_A = 42.365$m,B 点高程 $H_B = 32.509$m,各段水准路线测站数 n_i,高差 h_i 列入表 2-3 中。试求: 1、2、3 点高程 H_1、H_2、H_3。

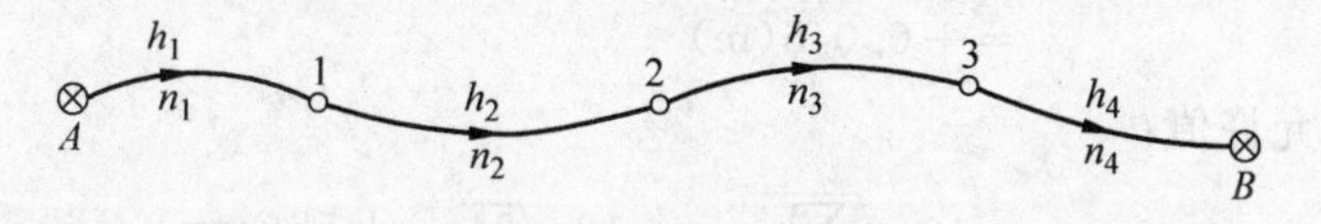

图 2-21 附合水准路线

解:

1. 思路

(1) 附合水准路线的高程闭合差 f_h

$$f_h = \sum h_{测} - (H_B - H_A) \tag{2-13}$$

产生原因: 观测高差有误差,如图 2-20 所示。

(2) 消除高差闭合差的方法

对观测高差加改正数 V_i。

(3) 高差闭合差的分配原则

改正数 V_i 与高差闭合差 f_h 符号相反,改正数 V_i 的大小与测站数(或距离)成正比例分配。

2. 计算步骤

绘草图,在表 2-3 中填写测点、测站数 n_i、高差 h_i、高程 H_A 和 H_B。

表 2-3 附合水准路线计算

测点	测站数 n_i	实测高差 h/m	高差改正数 V/m	改正后高差 $\bar{h}$/m	高程 H/m
A					42.365
	6	−2.515	−0.011	−2.526	
1					39.839
	6	−3.227	−0.011	−3.238	
2					36.601
	4	+1.378	−0.008	+1.370	
3					37.971
	8	−5.447	−0.015	−5.462	
B					32.509
$\sum$	24	−9.811	−0.045		
计算检核	$f_h = \sum h_{测} - (H_B - H_A) = +0.045\text{m}, f_{h允} = \pm 12\sqrt{\sum n} = \pm 58\text{mm}$				

(1) 计算高差闭合差 f_h 和高差闭合差允许值 $f_{h允}$

高差闭合差：

$$
\begin{aligned}
f_h &= \sum h - (H_B - H_A) \\
&= -9.811 - (32.509 - 42.365) \\
&= +0.045(\text{m})
\end{aligned}
$$

高差闭合差允许值：

$$f_{h允} = \pm 12\sqrt{\sum n} = \pm 12\sqrt{24} = \pm 58(\text{mm})$$

$f_h < f_{h允}$，合格。

(2) 高差闭合差的调整

每段高差改正数为

$$V_i = -\frac{f_h \times n_i}{\sum n_i}$$

计算检核 1：

$$\sum V = -f_h = -0.045\text{m}$$

改正后的高差为

$$\bar{h}_i = h_i + V_i (i = 1,2,3,4)$$

(3) 计算 1、2、3 点高程

$$H_{i+1} = H_i + \bar{h}_i (i = 1,2,3,4)$$

计算检核 2：

$$H_{终(推算)} = H_{终(已知)}$$

2.4.3　支水准路线的计算

［**例题 2-7**］　已知：A 点高程 $H_A=186.785\text{m}$，往测高差总和 $\sum h_{往}=-1.375\text{m}$，返测高差总和 $\sum h_{返}=1.396\text{m}$，单程站数 $n=16$ 站。试求：P 点高程 H_P。

解：(1) 计算高差闭合差 f_h

$$f_h=\sum h_{往}+\Sigma h_{返}=0.021\text{m}$$

$$f_{h允}=\pm 12\sqrt{n}=\pm 12\sqrt{16}=\pm 48(\text{mm})$$

$f_h<f_{h允}$，合格。

(2) 计算往返测高差平均值

$$\sum \bar{h}=\frac{\sum h_{往}-\sum h_{返}}{2}=-1.386(\text{m})$$

(3) 计算 P 点高程 H_P

$$H_P=H_A+\sum \bar{h}=186.785+(-1.386)=185.399(\text{m})$$

2.5　水准仪的检验

2.5.1　水准仪应满足的条件

根据水准测量原理，水准仪必须提供一条水平视线才能正确地测出两点间高差。为此，水准仪应满足如下几何条件(图 2-22)。

(1) 圆水准器轴 $L'L'$ 应平行于仪器的竖轴 VV；

(2) 十字丝的横丝应垂直于仪器的竖轴 VV；

(3) 水准管轴 LL 平行于视准轴 CC，这是水准仪应满足的主要条件。

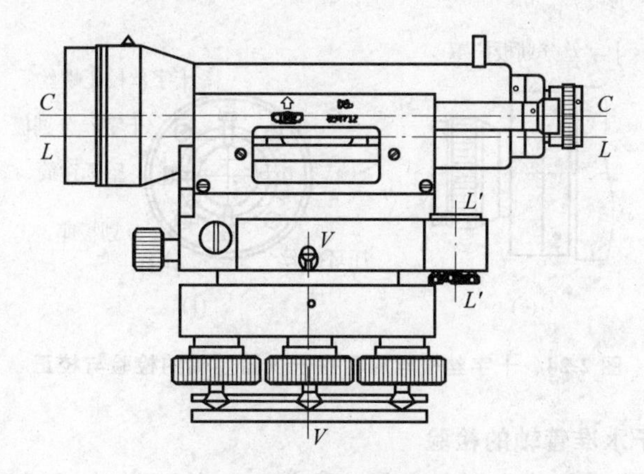

图 2-22　水准仪的轴线

2.5.2 水准仪的检验

1. 圆水准器轴平行于仪器竖轴的检验

检验方法：用脚螺旋使圆水准器气泡居中，将仪器绕竖轴旋转 180°，如果气泡居中，则该项条件满足；如果气泡不居中，表明圆水准轴不平行于竖轴，存在一个夹角为 δ，此时圆水准器轴偏角铅垂线的角度为 2δ，如图 2-23 所示。

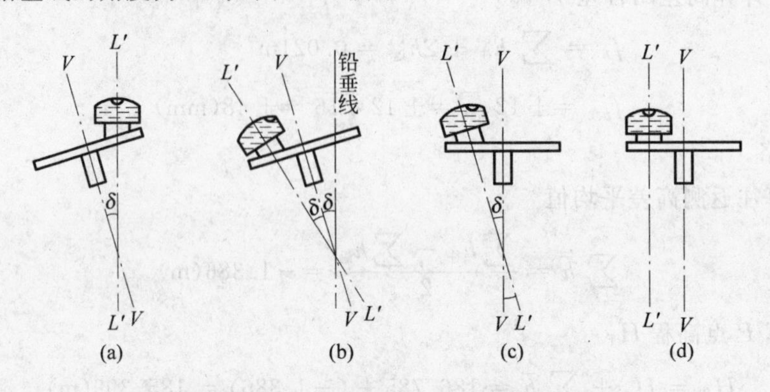

图 2-23 圆水准器轴平行于仪器竖轴的检验

2. 十字丝横丝应垂直于仪器竖轴的检验

检验方法：水准仪置平后，先将横丝一端对准一个明显的点状目标 P，固定制动螺旋，转动微动螺旋，如果标志点 P 不离开横丝，说明横丝垂直于竖轴，否则需要校正，如图 2-24 所示。

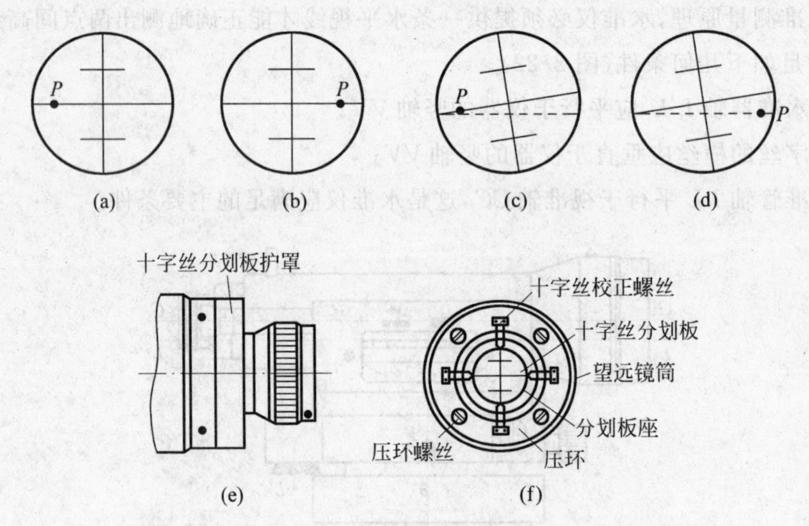

图 2-24 十字丝横丝应垂直于仪器竖轴的检验与校正

3. 视准轴平行于水准管轴的检验

如图 2-25 所示，在平坦的地面上选定相距为 80m 的两点 A、B，打木桩或放置尺垫，取中点 C，安置水准仪。

(1) 在 C 处用变动仪高法，测出 A、B 两点的高差。若两次测得的高差之差不超过

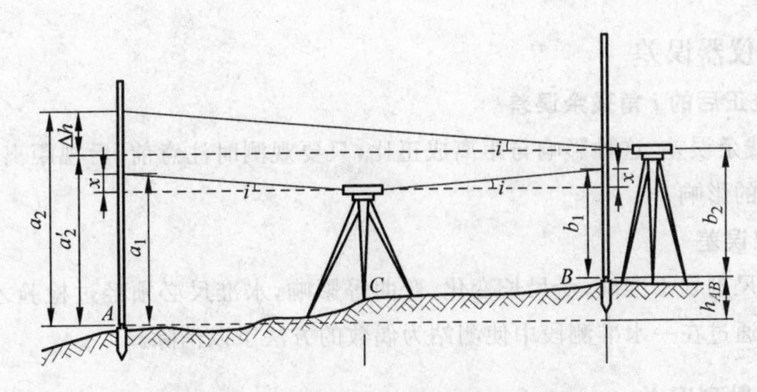

图 2-25　管水准器平行于视准轴的检验

3mm，则取其平均值 h_{AB} 作为最后结果。由于距离相等，两轴不平行的误差 Δh 可在高差计算中自动消除，故 h 值不受视准轴误差的影响。

(2) 安置仪器于 B 点附近，距离 B 点约 3m，精平后读得 B 点水准尺上的读数为 b_2，因仪器距离 B 点很近，两轴不平行引起的读数误差可忽略不计。故根据 b_2 和 A、B 两点的正确高差 h_{AB} 计算出 A 点尺上正确读数为

$$a_2' = b_2 + h_{AB} \tag{2-14}$$

然后，瞄准 A 点水准尺，读数为 a_2，如果 a_2' 与 a_2 相等，说明两轴平行，否则存在 i 角，其值为

$$i = \frac{(a_2 - a_2') \times \rho''}{D_{AB}} = \frac{(h_2 - h_1) \times \rho''}{D_{AB}} \tag{2-15}$$

对于 DS_3 级微倾水准仪，i 值不得大于 20″。

[**例题 2-8**]　已知 A、B 两点的水平距离 $D_{AB}=80\text{m}$，仪器置中，在 A 点上水准尺的读数 $a_1=1.321\text{m}$，在 B 点上水准尺的读数 $b_1=1.117\text{m}$。仪器搬至 B 点附近，在 A 点上水准尺的读数 $a_2=1.695\text{m}$，在 B 点上水准尺的读数 $b_2=1.466\text{m}$。试求水准仪的 i 角并简述 i 角校正的方法。

解：(1) 水准仪检验

$$h_1 = a_1 - b_1 = +0.204\text{m}$$
$$h_2 = a_2 - b_2 = +0.229\text{m}$$
$$a'_2 = b_2 + h_1 = 1.466 + 0.204 = 1.670(\text{m})$$
$$i = \frac{(a_2 - a'_2) \times \rho''}{D_{AB}} = \frac{(1.695 - 1.670) \times 206\,265''}{80} = +64''$$

(2) 水准仪 i 角校正

① 用微倾螺旋使读数由 $a_2=1.695\text{m}$ 变为 $a_2'=1.670\text{m}$。

② 用水准管校正螺旋，使气泡居中。

③ 再测一次 i 角。

2.6　水准测量误差分析

水准测量误差来源包括仪器误差、观测误差和外界条件影响 3 个方面。

2.6.1 仪器误差

1. 仪器校正后的 i 角残余误差

i 角校正残余误差，这种影响与距离成正比，只要观测时注意前、后视距离相等，便可消除或减弱此项的影响。

2. 水准尺误差

由于水准尺刻划不准确，受尺长变化、弯曲等影响，水准尺必须经过检验才能使用。标尺的零点差可通过在一水准测段中使测站为偶数的方法予以消除。

2.6.2 观测误差

1. 水准管气泡居中误差

设水准管分划值为 τ''，居中误差一般为 $\pm 0.15\tau''$，采用符合式水准器时，气泡居中精度可提高 1 倍，故居中误差为

$$m_\tau = \pm \frac{0.15\tau''}{2\rho''} \cdot D \tag{2-16}$$

若 $\tau''=20''$，$D=100\text{m}$，则 $m_\tau = \pm 0.7\text{mm}$。

2. 读数误差

在水准尺上估读毫米数的误差，与人眼的分辨能力、望远镜的放大倍率 V 以及视线长度 D 有关，通常可表示为

$$m_V = \frac{60''}{V} \cdot \frac{D}{\rho''} \tag{2-17}$$

若 $V=28$，$D=100\text{m}$，则 $m_V = \pm 1.0\text{mm}$。

3. 视差影响

当视差存在时，十字丝平面与水准尺影像不重合，若眼睛观察的位置不同，就会使读数相差几毫米，因而观测时应消除视差。

4. 水准尺倾斜影响

水准尺前后倾斜将使尺上读数增大，因此要求水准尺必须竖直。

2.6.3 外界条件的影响

1. 仪器下沉

由于仪器下沉，使视线降低，从而引起高差误差。采用"后、前、前、后"的观测程序，可减弱其影响。

2. 尺垫下沉

如果在转点发生尺垫下沉，将会使下一站后视读数增大。采用往返观测，取高差平均值的方法，可以减弱其影响。

3. 地球曲率及大气折光的影响

如图 2-26 所示，A、B 为地面上两点，大地水准面是一个曲面，如果水准仪的视线 $a'b'$ 平行于大地水准面，则 A、B 两点的正确高差为

$$h_{AB} = a' - b' \tag{2-18}$$

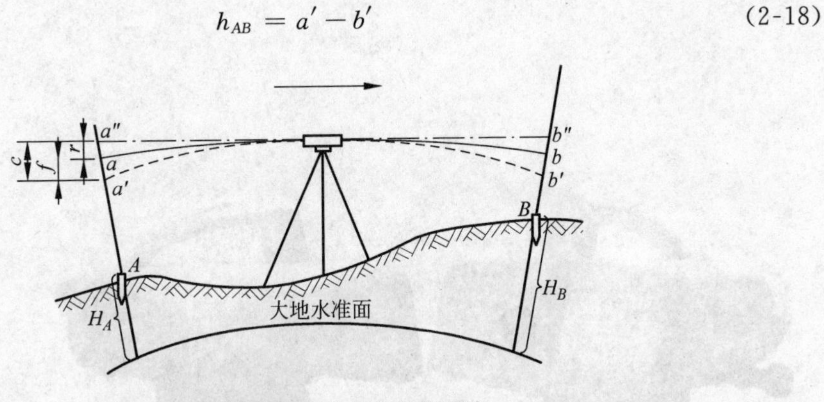

图 2-26 地球曲率及大气折光的影响

但是，水平视线在水准尺上的读数分别为 a''、b''。a'、a''之差与 b'、b''之差，就是地球曲率对读数的影响，用 c 表示，即

$$c = \frac{D^2}{2R} \tag{2-19}$$

式中，D 为水准仪到水准尺的距离，km；R 为地球的平均半径，$R=6\ 371\text{km}$。

由于大气折光的影响，视线是一条曲线，在水准尺上的读数分别为 a、b。a、a''之差与 b、b''之差，就是大气折光对读数的影响，用 r 表示。在稳定的气象条件下，r 约为 c 的 1/7，即

$$r = \frac{1}{7}c = 0.07\frac{D^2}{R} \tag{2-20}$$

地球曲率和大气折光的共同影响为

$$f = c - r = 0.43\frac{D^2}{R} \tag{2-21}$$

地球曲率和大气折光的影响，可采用使前、后视距离相等的方法来消除。

4. 温度的影响误差

温度的变化不仅会引起大气折光的变化，而且当烈日照射水准管时，由于水准管本身和管内液体温度的升高，气泡会向着温度高的方向移动，从而影响了水准管轴的水平，产生了气泡居中误差。因此，测量中应随时注意为仪器打伞遮阳。

2.7 数字水准仪简介

数字水准仪(图 2-27)是在仪器望远镜光路中增加了分光镜和光电探测器等部件，采用条形码分划水准尺(图 2-28)和图像处理电子技术，构成光、机、电及信号存储与处理一体化水准测量系统。数字水准仪的特点如下。

(1) 用自动电子读数代替人工读数，不存在读错、记错等问题，没有人为读数误差。

(2) 精度高，多条码(等效为多分划)测量，削弱标尺分划误差，自动多次测量，削弱外界条件影响。

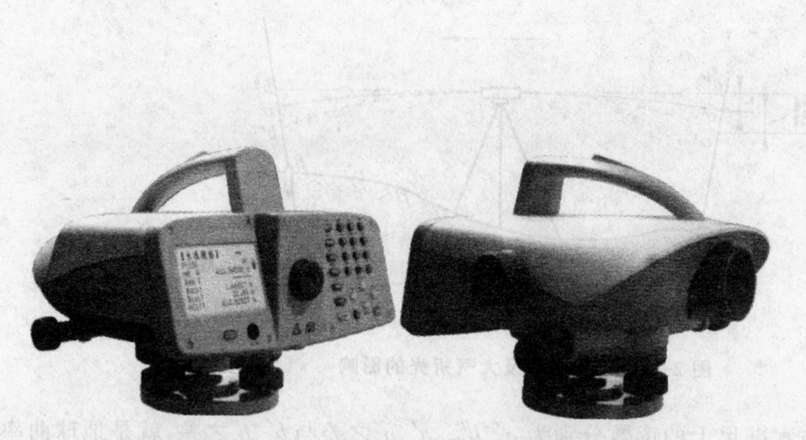

图 2-27　徕卡 DNA03 中文数字精密水准仪

图 2-28　条码水准尺

(3) 速度快、效率高，实现自动记录、检核、处理和存储，可实现水准测量从外业数据采集到最后成果计算的内外业一体化。

(4) 数字水准仪一般是设置有补偿器的自动安平水准仪，当采用普通水准尺时，数字水准仪又可作为普通自动安平水准仪使用。

思考题与练习题

2-1　水准仪是根据什么原理来测定两点之间的高差的？

2-2　何谓视差？发生视差的原因是什么？如何消除视差？

2-3　圆水准器和水准管各有何作用？

2-4　结合水准测量的主要误差来源，说明在观测过程中要注意哪些事项？

2-5　后视点 A 的高程为 55.318m，读得其水准尺的读数为 2.212m，在前视点 B 尺上读数为 2.522m，那么高差 h_{AB} 是多少？B 点比 A 点高，还是比 A 点低？B 点高程是多少？试绘图说明。

2-6　题 2-6 图为连续水准测量图，由已知高程点 A 欲求得 B 点的高程，进行了 5 站连续水准测量，试按表 2-1 计算 B 点高程。

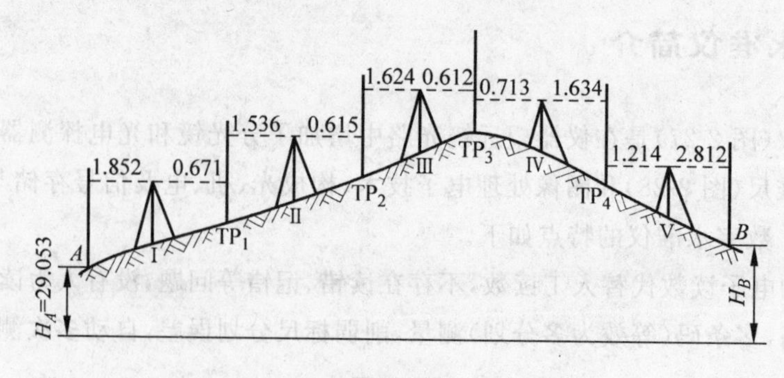

题 2-6 图

2-7　题 2-7 图为一附合水准路线的略图，BM_A 和 BM_B 为已知高程的水准点，BM_1～BM_4 为高程待定的水准点，各点间的路线长度、高差观测值及已知点高程如图中所示。计算高差闭合差、允许高差闭合差，并进行高差改正，最后计算各待定水准点的高程。（按表 2-3 计算）

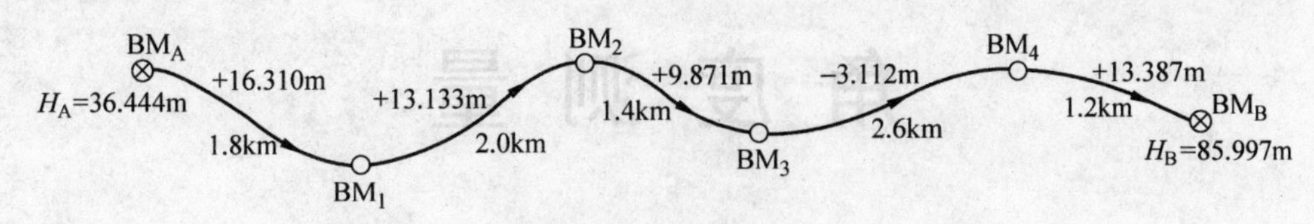

题 2-7 图

2-8　题 2-8 图为一闭合水准路线等外水准测量示意图，水准点 BM_2 的高程为 45.515m，1、2、3、4 点为待定高程点，各测段高差及测站数均标注在图中，试计算各待定点的高程。

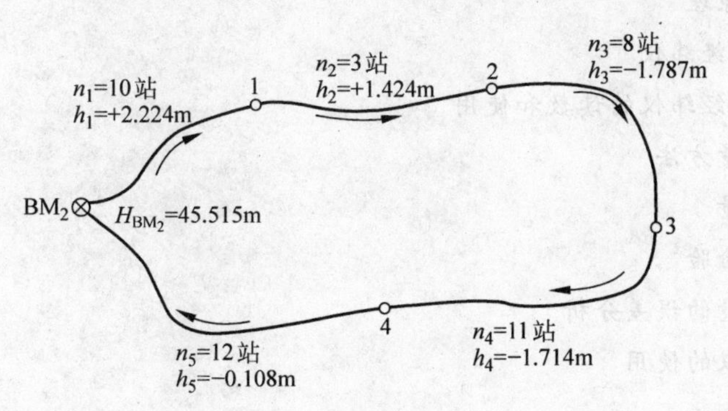

题 2-8 图

第3章

角度测量

本章学习要点

- 角度测量原理
- DJ_6型光学经纬仪
- DJ_6型光学经纬仪的读数和使用
- 水平角测量方法
- 竖直角测量
- 经纬仪的检验
- 水平角测量的误差分析
- 电子经纬仪的使用

3.1 角度测量原理

在确定地面点的位置时，需要进行角度测量。角度测量最常用的仪器是经纬仪。角度测量分为水平角测量与竖直角测量。水平角测量用于求算点的平面位置，竖直角测量用于测定高差或将倾斜距离转化为水平距离。

3.1.1 水平角

水平角是指地面上一点到两目标的方向线垂直投影到水平面上所夹的夹角，用β表示，也就是过这两方向线所作两竖直面间的二面角，如图 3-1 所示。水平角的取值范围为0°～360°。

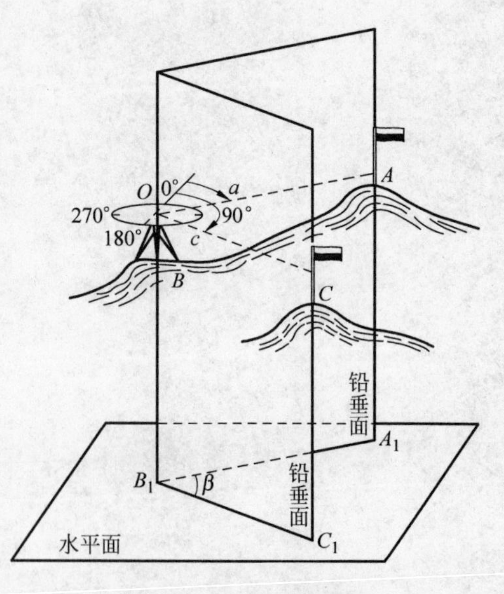

图 3-1 水平角测量原理

为了测量水平角，经纬仪需有望远镜、水平度盘和读数指标。观测水平角时，水平度盘中心应安放在过测站点的铅垂线上，并能使之水平。为了瞄准不同方向，经纬仪的望远镜应能沿水平方向转动，也能高低俯仰。当望远镜高低俯仰时，其视线应划出一竖直面，这样才能使得同一竖直面内高低不同的目标有相同的水平度盘读数。

两方向线 BA 和 BC，投影在水平度盘上的相应读数为 a 和 c，则水平角为

$$\beta = c - a \tag{3-1}$$

3.1.2 竖直角和天顶距

1. 竖直角

竖直角是指在同一竖直面内，视线与水平线的夹角，用 α 表示，其取值范围是 0°～±90°，视线在水平线之上称仰角，角值为正；视线在水平线之下称俯角，角值为负。

2. 天顶距

视线与天顶方向之间的夹角称天顶距，用 z 表示，$z=90°-\alpha$，其取值范围为 0°～180°。

为了测量竖直角，经纬仪需有望远镜、竖直度盘和读数指标。观测竖直角时，竖盘中心应位于竖直角的角顶 B，竖盘平面应是竖直面，竖盘指标位于通过 B 点的铅垂线方向，竖盘与望远镜连成整体。竖直角测量原理如图 3-2 所示，由图 3-2 可得

$$\alpha = 90° - L \tag{3-2}$$

式中，L 为指标在竖直度盘上的读数。

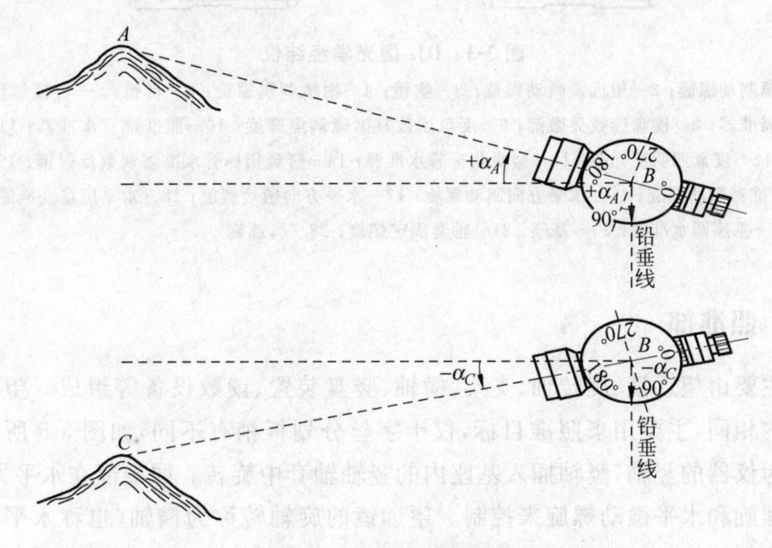

图 3-2 竖直角测量原理

3.1.3 经纬仪

根据上述测角原理，研制出的能完成水平角和竖直角测量的仪器称为经纬仪。

3.2 DJ_6 型光学经纬仪

经纬仪有两种分类方式。按读数系统区不同，可分为光学经纬仪、电子经纬仪；按测角精度不同，可分为 DJ_{07}、DJ_1、DJ_2、DJ_6 型经纬仪，其中，D 表示大地测量，J 表示经纬仪，脚标数字表示一测回的方向中误差，单位为(″)。

经纬仪主要由照准部、水平度盘和基座 3 个部分组成。DJ_6 型光学经纬仪的组成及结构分别如图 3-3 和图 3-4 所示。

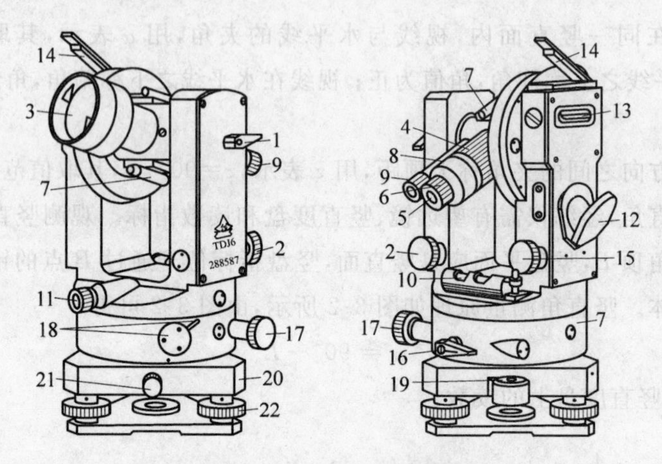

图 3-3 DJ_6 型光学经纬仪

1—望远镜制动螺旋；2—望远镜微动螺旋；3—物镜；4—物镜调焦螺旋；5—目镜；6—目镜调焦螺旋；7—光学瞄准器；8—度盘读数显微镜；9—度盘读数显微镜调焦螺旋；10—照准部管水准器；11—光学对中器；12—度盘照明反光镜；13—竖盘指标管水准器；14—竖盘指标管水准器观察反射镜；15—竖盘指标管水准器微动螺旋；16—水平方向制动螺旋；17—水平方向微动螺旋；18—水平度盘变换螺旋与保护卡；19—基座圆水准器；20—基座；21—轴套固定螺旋；22—脚螺旋

3.2.1 照准部

照准部主要由望远镜、旋转轴、支架、横轴、竖盘装置、读数设备等组成。望远镜的构造与水准仪基本相同，主要用来照准目标，仅十字丝分划板稍有不同，如图 3-5 所示。照准部的旋转轴即为仪器的竖轴，竖轴插入基座内的竖轴轴套中旋转。照准部在水平方向的转动，由水平制动螺旋和水平微动螺旋来控制。望远镜的旋轴转称为横轴(也称水平轴)，它架于照准部的支架上。放松望远镜制动螺旋后，望远镜绕横轴在竖直面内自由旋转；旋紧望远镜制动螺旋后，转动望远镜微动螺旋，可使望远镜在竖直面内做微小的上、下转动，制动螺旋放松时，转动微动螺旋不起作用。照准部上有照准部水准管，用以置平仪器。竖直度盘固定在望远镜横轴的一端，随同望远镜一起转动。竖盘读数指标与竖盘指标水准管固连在一起，不随望远镜转动。竖盘指标水准管用于安置竖盘读数指标的正确位置，并借助支架上的竖盘指标水准管微动螺旋来调节。读数设备包括读数显微镜、测微器及光路中一系列光学棱镜和透镜。有的仪器上安装有光学对中器，用于调节仪器使水平度盘中心与地面点处于同一铅垂线上。

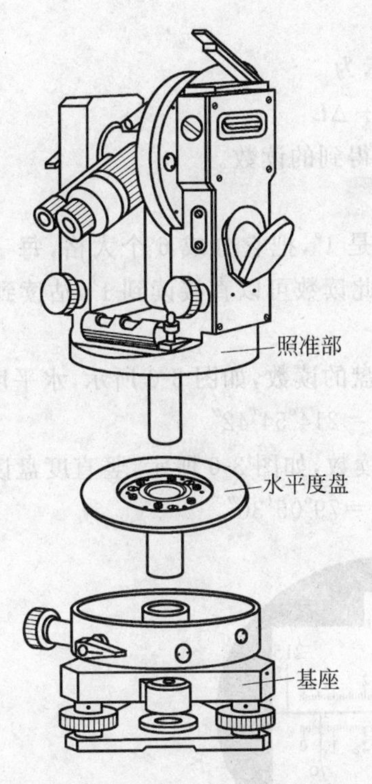

图 3-4 DJ_6 型光学经纬仪的结构

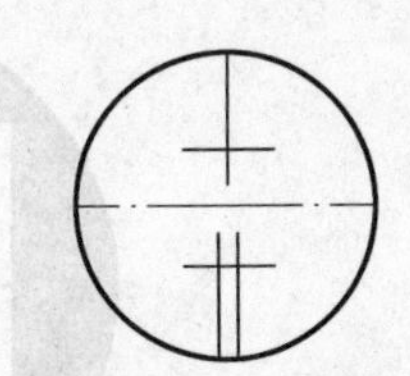

图 3-5 经纬仪十字丝分划板

3.2.2 水平度盘

水平度盘是一个光学玻璃圆盘，边缘顺时针方向刻有 0°～360°刻划。水平度盘轴套又称外轴，在外轴下方装有一个金属圆盘，称为复测盘，用以带动水平度盘的转动。有些型号的仪器没有复测装置，而是装有度盘变换手轮，测量时可利用度盘变换手轮将度盘转到所需的位置上。

3.2.3 基座

基座包括轴座、脚螺旋和连接板。轴座是将仪器竖轴与基座连接固定的部件，轴座上有一个固定螺旋，放松这个螺旋，可将经纬仪水平度盘连同照准部从基座中取出，因此平时此螺旋必须拧紧，以防止仪器坠落损坏。脚螺旋用来整平仪器。连接板用来将仪器稳固地连接在三脚架上。

3.3 DJ_6 型光学经纬仪的读数和使用

3.3.1 DJ_6 型光学经纬仪的读数装置

为了提高光学经纬仪的读数精度，光学经纬仪采用了显微放大装置和测微装置。DJ_6 经纬仪的测微装置一般有分微尺测微器和单板平玻璃测微器两种类型，下面重点介绍分微尺测微器读数方法。

1. 读数原理

光学经纬仪的读数 L 由两部分组成,可表示为

$$L = L_0 + \Delta L \tag{3-3}$$

式中,L_0 为度盘上得到的读数;ΔL 为测微尺上得到的读数。

2. 读数装置

度盘上最小分划值为1°。测微尺的总长也是1°,把它分成6个大格,每一大格为10′。每一大格再分成10个小格,每个小格为1′。因此读数可以直接读到1′,估读到0.1′=6″。

3. 读数显微镜中看到的图像

上面注记有"水平或H"字样的像是水平度盘的读数,如图3-6所示,水平度盘读数为

$$L_H = 214° + 54.7' = 214°54'42''$$

下面注记有"竖直或V"字样的像是竖盘的读数,如图3-6所示,竖直度盘读数为

$$L_V = 79° + 05.5' = 79°05'30''$$

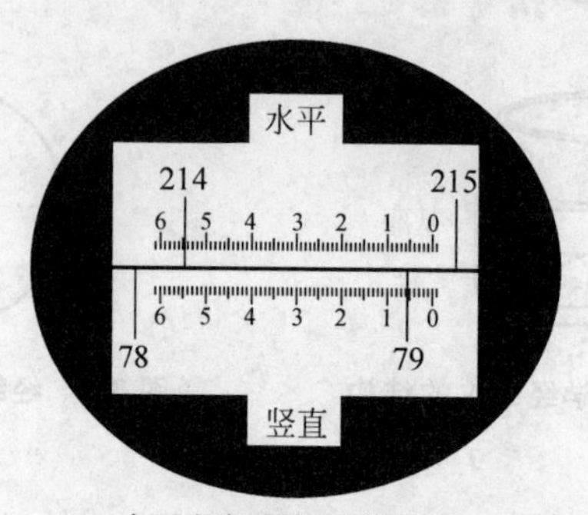

水平度盘读数 214°54′42″
竖直度盘读数 79°05′30″

图 3-6 测微尺的读数窗视场

3.3.2 DJ$_6$ 型光学经纬仪的使用

DJ$_6$ 型光学经纬仪的使用包括对中、整平、瞄准和读数4个操作步骤。

1. 对中

对中的目的是使仪器的中心与测站点位于同一铅垂线上。

先目估三脚架头大致水平,且三脚架中心大致对准地面标志中心,踏紧一条架脚。双手分别握住另两条架腿稍离地面前后左右摆动,眼睛看对中器的望远镜,直至分划圈中心对准地面标志中心为止,放下两架腿并踏紧。调节架腿高度使圆水准气泡基本居中,然后用脚螺旋精确整平。检查地面标志是否位于对中器分划圈中心,若不居中,可稍旋松连接螺旋,在架头上移动仪器,使其精确对中。

2. 整平

整平的目的是使经纬仪的竖轴竖直和水平度盘水平。

如图3-7所示,对中后,先粗略整平,即伸缩三脚架使圆水准器气泡居中。之后进行精确整平,先转动照准部,使照准部水准管与任意一对脚螺旋的连线平行,两手同时向内或向外转动这两个脚螺旋,使水准管气泡居中。将照准部旋转90°,转动第3个脚螺旋,使水准管气泡居中,按以上步骤反复进行,直到照准部转至任意位置气泡皆居中为止。

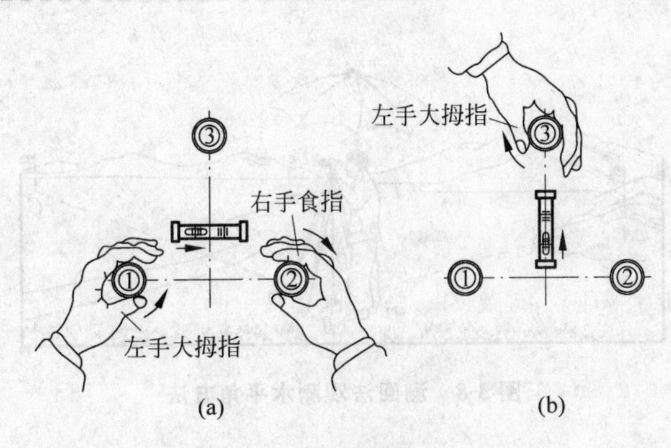

图 3-7　水准管整平方法

3. 瞄准

粗瞄、制动、调焦消除视差、水平微动精确瞄准。用水平微动完成瞄准。尽量瞄准目标下部，减少由于目标不垂直引起的方向误差。

4. 读数

打开反光镜，调整其位置，使读数窗内进光明亮均匀。然后进行读数显微镜调焦，使读数窗内分划清晰。读数方法如 3.3.1 节所述。

3.4　水平角测量方法

常用的水平角观测方法有测回法和方向观测法。

3.4.1　测回法(适用于两个方向)

经纬仪安置在 B 点，用测回法观测 BA、BC 两个方向的水平角 $\angle ABC=\beta$，如图 3-8 所示，一测回的操作步骤如下。

(1) 经纬仪安置在 B 点，盘左位置精确瞄准左目标 A，配置水平度盘读数为稍大于 0°，读数为 $a_{左}$，记录在表 3-1 相应栏内。

(2) 松开水平制动螺旋，顺时针转动照准部，瞄准右方目标 C，读取水平度盘读数 $c_{左}$，记录于表 3-1 相应栏内。以上称上半测回。

$$\beta_{上} = c_{左} - a_{左} \tag{3-4}$$

(3) 松开水平及竖直制动螺旋，倒转望远镜，旋转照准部，盘右位置瞄准右方目标 C，读取水平度盘读数 $c_{右}$，再逆时针旋转照准部，瞄准左方目标 A，读数 $a_{右}$，记录于表 3-1 相应栏内。以上称下半测回。

$$\beta_{下} = c_{右} - a_{右} \tag{3-5}$$

(4) 上、下半测回合称一个测回。

$$\beta = (\beta_{上} + \beta_{下})/2 \tag{3-6}$$

(5) 当测角精度要求较高时，往往要测几个测回，为了减少度盘分划误差的影响，各测回间应根据测回数 n，起始方向按 $180°/n$ 配置水平度盘读数。

(6) DJ_6 经纬仪观测水平角限差要求为：上、下半测回的允许角差为 36″，各测回允许角差为 24″。

图 3-8 测回法观测水平角方法

表 3-1 为观测两测回，第二测回观测时，A 方向的水平角配置为稍大于 90°，如果第二测回的测回角差符合要求，则取两测回角值的平均值作为最后结果。

表 3-1 测回法观测记录

测站	测回	竖盘位置	目标	水平度盘读数	半测回角值	一测回角值	各测回平均值	备注
B	1	左	A	0°06′24	111°39′54″	111°39′51″	111°39′52″	
			C	111°46′18″				
		右	A	180°06′48″	111°39′48″			
			C	291°46′36″				
B	2	左	A	90°06′18″	111°39′48″	111°39′54″		
			C	201°46′06″				
		右	A	270°06′30″	111°40′00″			
			C	21°46′30″				

3.4.2 方向观测法(适用于两个以上的方向)

方向观测法简称方向法，适用于在一个测站上观测两个以上的方向。

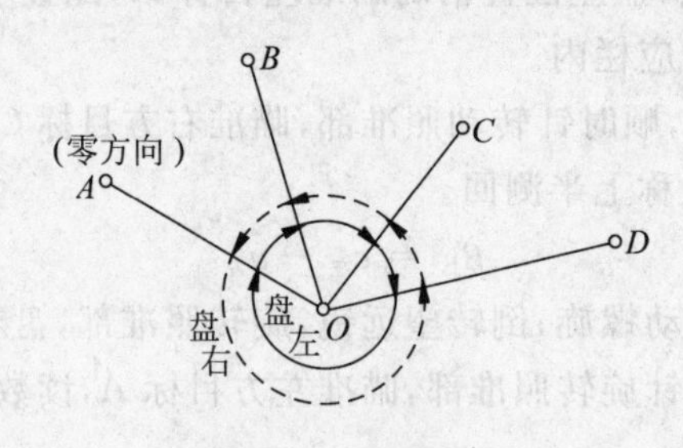

图 3-9 方向观测法

如图 3-9 所示，设 O 为测站点，A、B、C、D 为观测目标，用方向观测法观测各方向间的水平角，具体施测步骤如下。

(1) 在测站点 O 安置经纬仪，在 A、B、C、D 观测目标处竖立观测标志。

(2) 盘左位置：选择一个明显目标 A 作为起始方向，瞄准零方向 A，将水平度盘读数配置在稍大于 0°处，读取水平度盘读数。

松开照准部制动螺旋，顺时针方向旋转照准部，依次瞄准 B、C、D 各目标，分别读取水平度盘读数，为了校核，再次瞄准零方向 A，称为上半测回归零，读取水平度盘读数。

零方向 A 的两次读数之差的绝对值，称为半测回归零差，如果归零差超限，应重新观测。以上称为上半测回。

(3) 盘右位置：逆时针方向依次照准目标 A、D、C、B、A，并读取水平度盘读数，此为下半测回。

上、下两个半测回合称一测回。为了提高精度，有时需要观测 n 个测回，则各测回起始方向仍按 $180°/n$ 的差值来配置水平度盘读数。

3.4.3　水平角观测注意事项

(1) 仪器高度要与观测者的身高相适应，三脚架要踩实，中心连接螺旋要拧紧，操作时不要用手扶三脚架，使用各螺旋时用力要轻。

(2) 要精确对中，边长越短，对中误差影响越大。

(3) 照准标志要竖直，尽可能用十字丝交点附近去瞄准标志底部。

(4) 应该边观测、边记录、边计算，发现错误，立即重测。

(5) 水平角观测过程中，不得再调整照准部水准管。如气泡偏离中央超过一格，则须重新整平仪器，重新观测。

3.5　竖直角测量

3.5.1　竖直角测量原理

1. 竖直角的概念

在同一铅垂面内，观测视线与水平线之间的夹角，称为竖直角，又称倾角，用 α 表示，其角值范围为 0°～±90°。如图 3-10 所示，当视线在水平线的上方时，竖直角为仰角，符号为正（$+\alpha$）；当视线在水平线的下方时，竖直角为俯角，符号为负（$-\alpha$）。

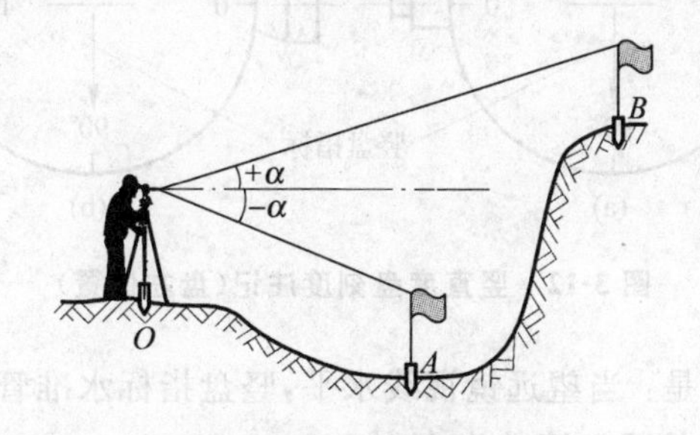

图 3-10　竖直角测量原理

2. 竖直角测量原理

同水平角一样，竖直角的角值也是度盘上两个方向的读数之差。如图 3-10 所示，望远镜瞄准目标的视线与水平线分别在竖直度盘上有对应读数，两读数之差即为竖直角的角值。所不同的是，竖直角的两方向中的一个方向是水平方向。无论对哪一种经纬仪来说，视线水平时的竖直度盘（竖盘）上的读数都应为 90°的倍数。因此，在测量竖直角时，只要瞄准目标读出竖直度盘（竖盘）上的读数，即可计算出竖直角。

3.5.2 竖直度盘构造

如图 3-11 所示,光学经纬仪竖直度盘的构造包括竖直度盘、竖盘读数指标、竖盘指标水准管和竖盘指标水准管微动螺旋。

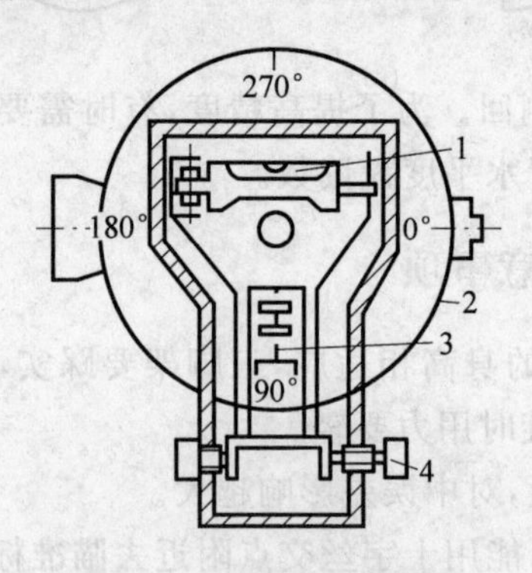

图 3-11 竖直度盘的构造

1—竖盘指标水准管;2—竖盘;3—竖盘读数指标;4—竖盘指标水准管微动螺旋

竖直度盘固定在横轴的一端,当望远镜在竖直面内转动时,竖直度盘也随之转动,而用于读数的竖盘指标则不动。

当竖盘指标水准管气泡居中时,竖盘指标所处的位置称为正确位置。

光学经纬仪的竖直度盘也是一个玻璃圆环,分划与水平度盘相似,度盘刻度 0°~360°的注记有顺时针方向和逆时针方向两种。图 3-12(a)所示为顺时针方向注记,图 3-12(b)所示为逆时针方向注记。

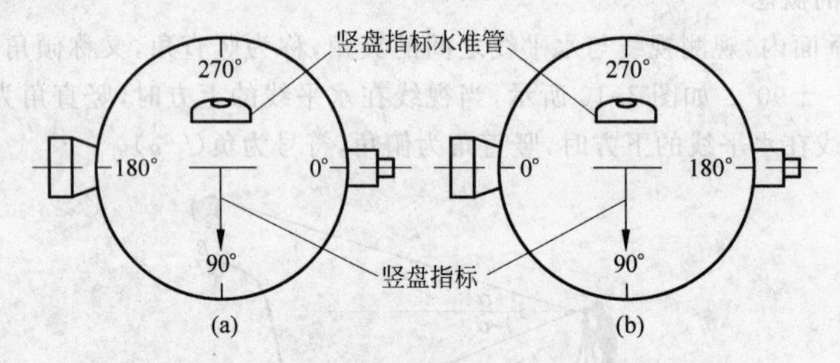

图 3-12 竖直度盘刻度注记(盘左位置)

竖直度盘构造的特点是:当望远镜视线水平,竖盘指标水准管气泡居中时,盘左位置的竖盘读数为 90°,盘右位置的竖盘读数为 270°。

3.5.3 竖直角计算公式

由于竖盘注记形式不同,竖直角的计算公式也不一样。现在以顺时针注记的竖盘为例,推导竖直角的计算公式。

如图 3-13(a)所示盘左位置,视线水平时,竖盘读数为 90°。当瞄准某一目标时,竖盘读数为 L,则盘左竖直角 α_L 为

$$\alpha_L = 90° - L \tag{3-7}$$

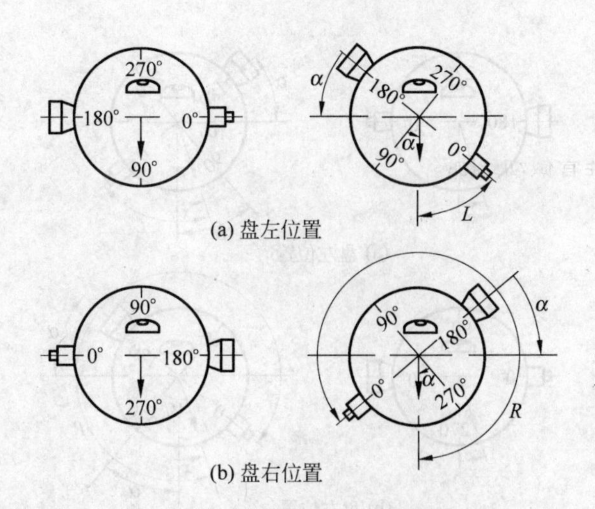

图 3-13　竖盘读数与竖直角计算

如图 3-13(b)所示盘右位置,视线水平时,竖盘读数为 270°。当瞄准原目标时,竖盘读数为 R,则盘右竖直角 α_R 为

$$\alpha_R = R - 270^\circ \tag{3-8}$$

将盘左、盘右位置的两个竖直角取平均值,即得竖直角 α 的计算公式为

$$\alpha = \frac{1}{2}(\alpha_L + \alpha_R) \tag{3-9}$$

对于逆时针注记的竖盘,用类似的方法推得竖直角的计算公式为

$$\begin{cases} \alpha_L = L - 90^\circ \\ \alpha_R = 270^\circ - R \end{cases} \tag{3-10}$$

在观测竖直角之前,盘左位置将望远镜大致放置水平,观察竖盘读数,首先确定视线水平时的读数;然后上仰望远镜,观测竖盘读数是增大还是减小。

(1) 若读数增大,则竖直角的计算公式为

$$\alpha = \text{瞄准目标时竖盘读数} - \text{视线水平时竖盘读数} \tag{3-11}$$

(2) 若读数减小,则竖直角的计算公式为

$$\alpha = \text{视线水平时竖盘读数} - \text{瞄准目标时竖盘读数} \tag{3-12}$$

以上规定,适用于任何竖直度盘注记形式和盘左、盘右观测。

3.5.4　竖盘指标差

在竖直角计算公式中,认为当视准轴水平、竖盘指标水准管气泡居中时,竖盘读数应为 90°的整数倍。但是实际上这个条件往往不能满足,竖盘指标常常偏离正确位置,这个偏离的差值 x 角,称为竖盘指标差。竖盘指标差 x 本身有正有负,一般规定,当竖盘指标偏移方向与竖盘注记方向一致时,x 取正号,反之 x 取负号。

如图 3-14(a)所示盘左位置,由于存在指标差,其正确的竖直角计算公式为

$$\alpha = 90^\circ - L + x = \alpha_L + x \tag{3-13}$$

同样如图 3-14(b)所示盘右位置,其正确的竖直角计算公式为

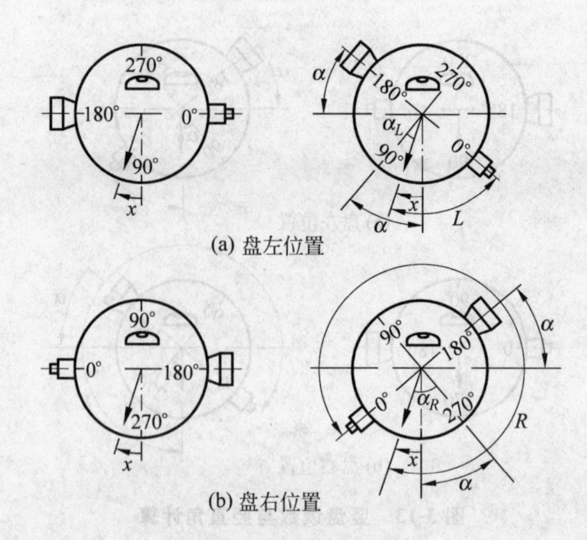

图 3-14 竖直度盘指标差

$$\alpha = R - 270° - x = \alpha_R - x \tag{3-14}$$

将式(3-13)和式(3-14)相加并除以 2,得

$$\alpha = \frac{1}{2}(\alpha_L + \alpha_R) = \frac{1}{2}(R - L - 180°) \tag{3-15}$$

由此可见,在竖直角测量时,用盘左、盘右观测,取平均值作为竖直角的观测结果,可以消除竖盘指标差的影响。

将式(3-13)和式(3-14)相减并除以 2,得

$$x = \frac{1}{2}(\alpha_R - \alpha_L) = \frac{1}{2}(L + R - 360°) \tag{3-16}$$

式(3-16)为竖盘指标差的计算公式,对于两种不同竖盘刻划都适用。指标差互差(即所求指标差之间的差值)可以反映观测成果的精度。有关规范规定,竖直角观测时,指标差互差的限差,DJ_2 型光学经纬仪不得超过±15″;DJ_6 型光学经纬仪不得超过±25″。

3.5.5 竖直角观测

竖直角的观测、记录和计算步骤如下所示。

(1) 在测站点 O 安置经纬仪,在目标点 A 竖立观测标志,按前述方法确定该仪器竖直角计算公式,为方便应用,可将公式记录于竖直角观测手簿表 3-2 备注栏中。

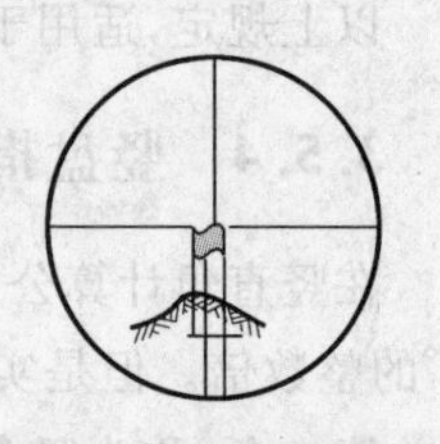

图 3-15 竖直角测量瞄准

(2) 盘左位置:瞄准目标 A,使十字丝横丝精确地切于目标顶端,如图 3-15 所示。转动竖盘指标水准管微动螺旋,使水准管气泡严格居中,然后读取竖盘读数 L,设为 95°22′00″,记入竖直角观测手簿表 3-2 相应栏内。

(3) 盘右位置:重复步骤(2),设其读数 R 为 264°36′48″,记入表 3-2 相应栏内。

表 3-2 竖直角观测手簿

测站	目标	竖盘位置	竖盘读数	半测回竖直角	指标差	一测回竖直角	备注
O	A	左	95°22′00″	−5°22′00″	−36″	−5°22′36″	
		右	264°36′48″	−5°23′12″			
O	B	左	81°12′36″	+8°47′24″	−45″	+8°46′39″	
		右	278°45′54″	+8°45′54″			

(4) 根据竖直角计算公式,可得

$$\alpha_L = 90° - L = 90° - 95°22'00'' = -5°22'00''$$

$$\alpha_R = R - 270° = 640°36'48'' - 270° = -5°22'00''$$

一测回竖直角为

$$\alpha = \frac{1}{2}(\alpha_L + \alpha_R) = \frac{1}{2}(-5°22'00'' - 5°23'12'') = -5°22'36''$$

竖盘指标差为

$$x = \frac{1}{2}(L + R - 360°) = \frac{1}{2}(95°22'00'' + 264°36'48'' - 360°) = -36''$$

将计算结果分别填入表 3-2 相应栏内。

有些经纬仪采用了竖盘指标自动归零装置,其原理与自动安平水准仪补偿器基本相同。当经纬仪整平后,瞄准目标,打开自动补偿器,竖盘指标即居于正确位置,从而明显提高了竖直角观测的速度和精度。

3.6 经纬仪的检验

3.6.1 经纬仪的轴线及其应满足的关系

由测角原理可知,在观测角度时,经纬仪水平度盘必须水平,竖盘必须铅直,望远镜上下转动的视准轴应在一个铅垂面内。如图 3-16 所示,经纬仪应满足下列条件:

(1) 水准管轴垂直于竖轴,即 $LL \perp VV$;

(2) 视准轴垂直于横轴,即 $CC \perp HH$;

(3) 横轴垂直于竖轴,即 $HH \perp VV$;

(4) 十字竖丝垂直于横轴,即竖丝 $\perp HH$;

(5) 圆水准轴平行于竖轴,即 $L'L' \parallel VV$。

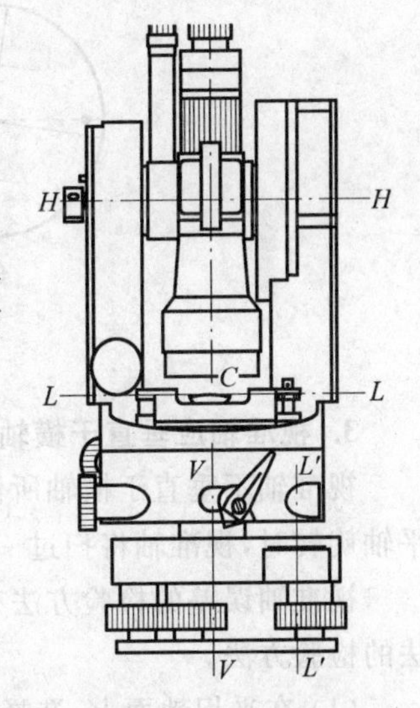

图 3-16 经纬仪的轴线

3.6.2 经纬仪各轴线的检验

1. 照准部水准管轴应垂直于仪器竖轴的检验

竖轴不垂直于水准管轴的偏角 α,称为竖轴误差。

如图 3-17 所示,先整平仪器,照准部水准管平行于任意一对脚螺旋,转动该对脚螺旋使气泡居中,再将照准部旋转 180°,若气泡仍居中,说明此条件满足,否则需要校正。

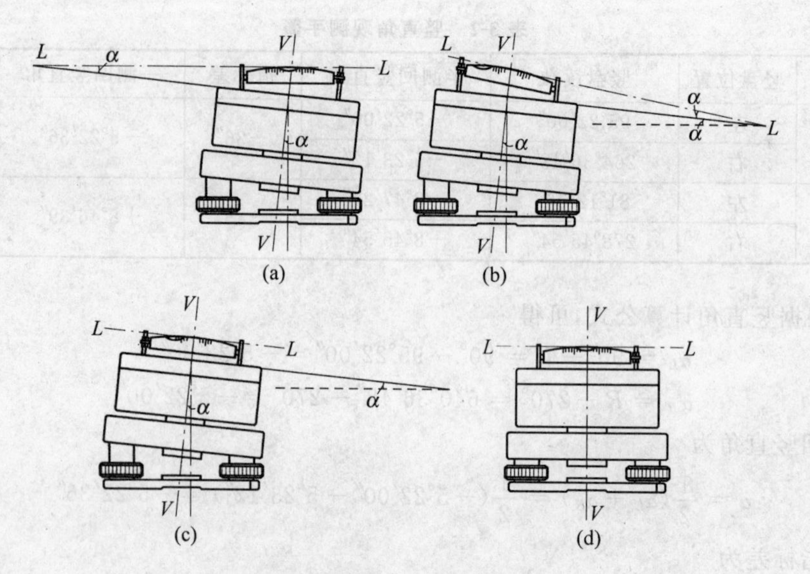

图 3-17 照准部管水准器的检验

2. 十字丝竖丝应垂直于仪器横轴的检验

如图 3-18 所示，用十字丝竖丝一端瞄准细小点状目标 P 转动望远镜微动螺旋，使其移至竖丝另一端，若目标点始终在竖丝上移动，说明此条件满足，否则需要校正。

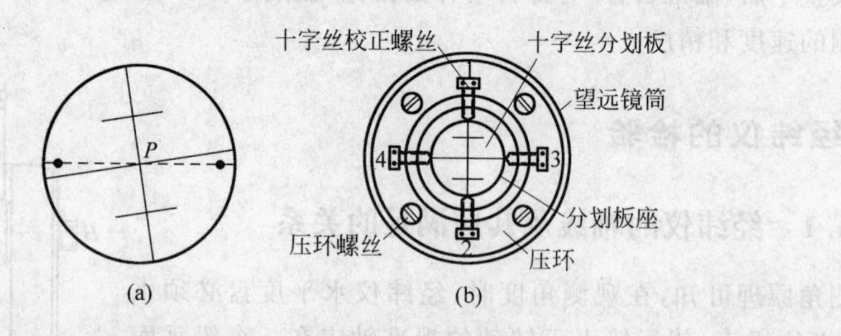

图 3-18 十字丝竖丝的检验

3. 视准轴应垂直于横轴的检验

视准轴不垂直于横轴所偏离的角值 c 称为视准轴误差。具有视准轴误差的望远镜绕水平轴旋转时，视准轴将扫过一个圆锥面，而不是一个平面。

视准轴误差的检验方法有盘左盘右读数法和四分之一法两种，下面具体介绍四分之一法的检验方法。

(1) 在平坦地面上，选择相距约 100m 的 A、B 两点，在 AB 连线中点 O 处安置经纬仪，如图 3-19 所示，并在 A 点设置一瞄准标志，在 B 点横放一根刻有毫米分划的直尺，使直尺垂直于视线 OB，A 点的标志、B 点横放的直尺应与仪器大致同高。

(2) 用盘左位置瞄准 A 点，制动照准部，然后纵向旋转望远镜，在 B 点尺上读得 B_1，如图 3-19(a)所示。

(3) 用盘右位置再瞄准 A 点，制动照准部，然后纵向旋转望远镜，再在 B 点尺上读得 B_2，如图 3-19(b)所示。

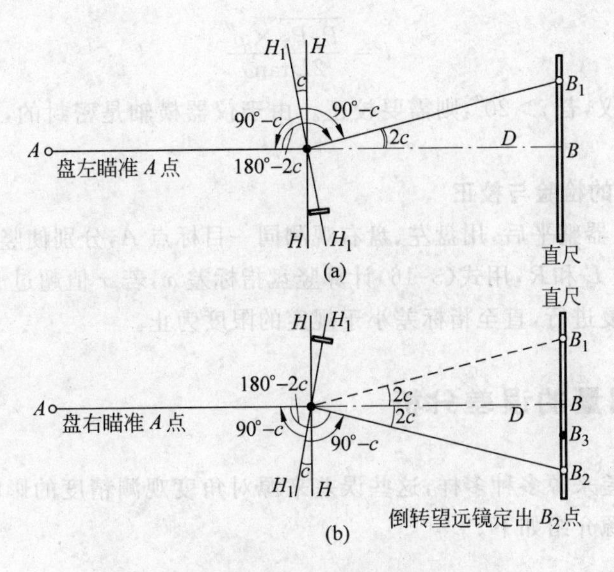

图 3-19　视准轴误差的检验(四分之一法)

如果 B_1 与 B_2 两读数相同,说明视准轴垂直于横轴;如果 B_1 与 B_2 两读数不相同,由图 3-19(b)可知,$\angle B_1OB_2=4c$,由此可计算得到

$$c=\frac{B_1B_2}{4D}\rho \tag{3-17}$$

式中,D 为 O 到 B 点的水平距离,m;B_1B_2 为 B_1 与 B_2 的读数差值,m;ρ 为一弧度秒值,$\rho=206265''$。

对于 DJ_6 型光学经纬仪,如果 $c>60''$,则需要校正。

4. 横轴垂直于竖轴的检验

横轴不垂直于竖轴的偏角 i,称为横轴误差。

如图 3-20 所示,在离建筑物 20～30m 处安置仪器,盘左瞄准墙上高目标点标志 P(竖直角大于 30°),将望远镜放平,十字丝交点投在墙上定出 P_1 点。盘右瞄准 P 点按上述方法定出 P_2 点。若 P_1、P_2 点重合,则说明此条件满足,否则需要校正。计算 i 角的公式为

图 3-20　横轴垂直于竖轴的检验与校正

$$i=\frac{\overline{P_1P_2}\times\rho''}{2D\tan\alpha} \tag{3-18}$$

对 DJ_6 型光学经纬仪，若 $i>20''$，则需要校正。由于仪器横轴是密封的，故该项校正应由专业维修人员进行。

5. 竖盘水准管的检验与校正

安置经纬仪，仪器整平后，用盘左、盘右观测同一目标点 A，分别使竖盘指标水准管气泡居中，读取竖盘读数 L 和 R，用式(3-16)计算竖盘指标差 x，若 x 值超过 $1'$ 时，需要校正。

此项检校需反复进行，直至指标差小于规定的限度为止。

3.7 水平角测量的误差分析

角度观测的误差来源多种多样，这些误差来源对角度观测精度的影响各不相同。现将其几种主要误差来源介绍如下。

3.7.1 仪器误差

1. 竖轴误差

竖轴 VV 不垂直于水准管轴 LL 的偏差称为竖轴误差，此种误差在盘左、盘右观测时保持同样的符号和数值。为了控制它对水平角测量的影响，要求在观测过程中，水准管气泡偏离正确位置不得超过一格。

2. 视准轴误差

视准轴 CC 不垂直于横轴 HH 的偏差 C 称为视准轴误差，如图 3-21 所示。用盘左、盘右观测取平均值，可以消除该误差对水平角测量的影响。

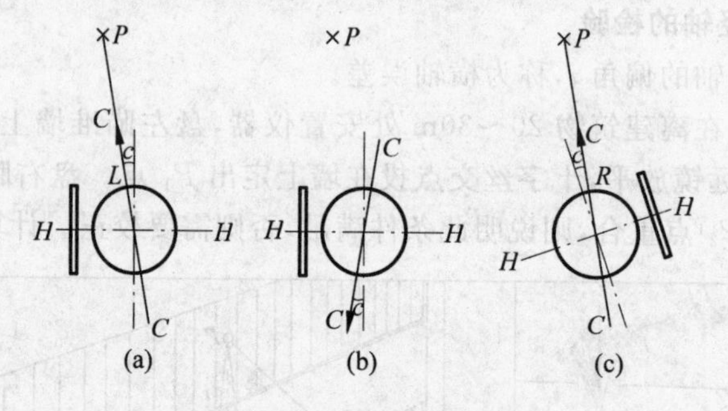

图 3-21 视准轴误差

3. 横轴误差

横轴 HH 不垂直于竖轴 VV 的偏差称为横轴误差，当 VV 铅垂时，HH 与水平面的夹角为 i，如图 3-22 所示。用盘左、盘右观测取平均值，可以消除该误差对水平角测量的影响。

4. 照准部偏心误差

由于照准部旋转中心与水平度盘分划中心不重合而产生的水平角误差，称为照准部偏心差。用盘左、盘右观测取平均值，可以消除该误差对水平角测量的影响。

5. 水平度盘分划误差

由于制造原因，使得水平度盘分划存在误差。为了减少它对水平角测量的影响，采用测

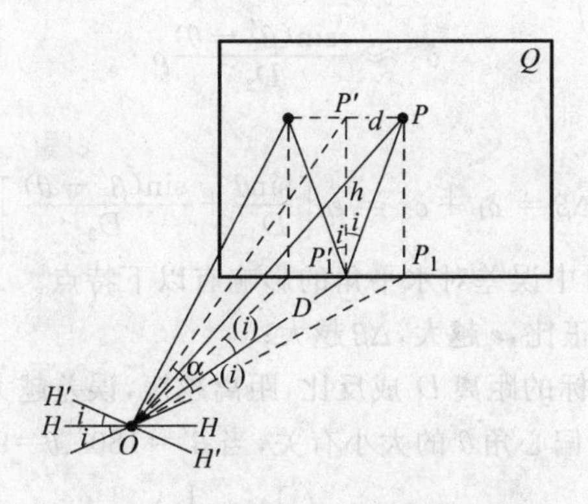

图 3-22 横轴误差对水平观测的影响

回法变换起始方向读数，这样可以减少此项误差的影响。

消除或减弱上述 5 种误差的具体方法如下。

(1) 采用盘左、盘右观测取平均值的方法，可以消除视准轴不垂直于横轴、横轴不垂直于竖轴和水平度盘偏心差的影响；

(2) 采用在各测回间变换度盘位置观测，取各测回平均值的方法，可以减弱由于水平度盘刻划不均匀给测量带来的影响；

(3) 仪器竖轴倾斜引起的水平角测量误差，无法采用一定的观测方法来消除。因此，在经纬仪使用之前应严格检验和校正，确保水准管轴垂直于竖轴；同时，在观测过程中，应特别注意仪器的严格整平。

3.7.2 观测误差

1. 仪器对中误差

在安置仪器时，由于对中不准确，使仪器中心与测站点不在同一铅垂线上，称为对中误差。如图 3-23 所示，A、B 为两目标点，O 为测站点，O'为仪器中心，OO'的长度称为测站偏心距，用 e 表示，其方向与 OA 之间的夹角 θ 称为偏心角。β 为正确角值，β' 为观测角值，由对中误差引起的角度误差 $\Delta\beta$ 为

$$\Delta\beta = \beta - \beta' = \delta_1 + \delta_2$$

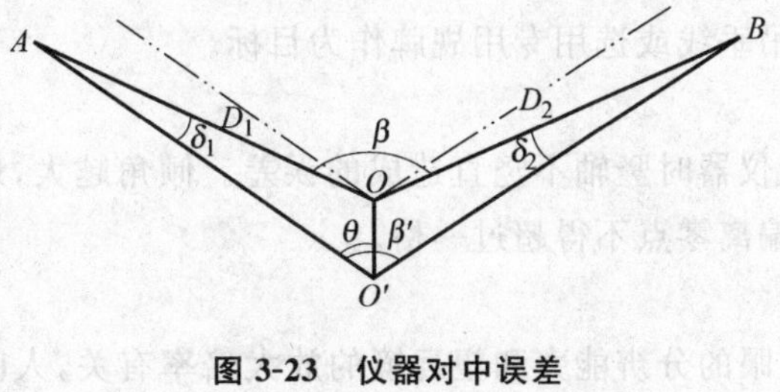

图 3-23 仪器对中误差

因 δ_1 和 δ_2 很小，故

$$\delta_1 \approx \frac{e\sin\theta}{D_1}\rho$$

$$\delta_2 \approx \frac{e\sin(\beta' - \theta)}{D_2}\rho$$

因此

$$\Delta\beta = \delta_1 + \delta_2 = e\rho\left[\frac{\sin\theta}{D_1} + \frac{\sin(\beta' - \theta)}{D_2}\right] \tag{3-19}$$

分析式(3-19)可知,对中误差对水平角的影响有以下特点。

(1) $\Delta\beta$与偏心距e成正比,e越大,$\Delta\beta$越大;

(2) $\Delta\beta$与测站点到目标的距离D成反比,距离越短,误差越大;

(3) $\Delta\beta$与水平角β'和偏心角θ的大小有关,当$\beta'=180°$、$\theta=90°$时,$\Delta\beta$最大,此时

$$\Delta\beta = e\rho\left(\frac{1}{D_1} + \frac{1}{D_2}\right)$$

例如,当$\beta'=180°$,$\theta=90°$,$e=0.003\text{m}$, $D_1=D_2=100\text{m}$时,由对中误差引起的角度误差为

$$\Delta\beta = 0.003\text{m} \times 206\ 265'' \times \left(\frac{1}{100\text{m}} + \frac{1}{100\text{m}}\right) = 12.4''$$

对中误差引起的角度误差不能通过观测方法消除,所以在观测水平角时应仔细对中,当边长较短或两目标与仪器接近在一条直线上时,要特别注意仪器的对中,避免引起较大的误差。一般规定对中误差不超过3mm。

2. 目标偏心误差

水平角观测时,常用测钎、测杆或觇牌等立于目标点上作为观测标志,当观测标志倾斜或没有立在目标点的中心时,将产生目标偏心误差。如图3-24所示,O为测站,A为地面目标点,AA为测杆,测杆长度为L,倾斜角度为α,则目标偏心距e为

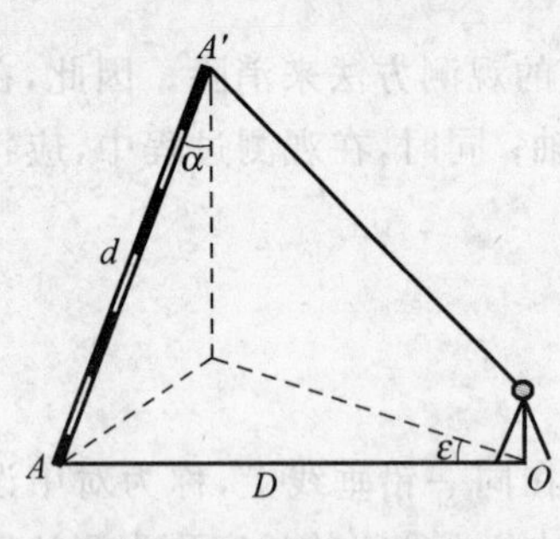

图 3-24 目标偏心误差

$$e = L\sin\alpha \tag{3-20}$$

目标偏心对观测方向的影响为

$$\delta = \frac{e}{D}\rho = \frac{L\sin}{D}\rho \tag{3-21}$$

目标偏心误差对水平角观测的影响与偏心距e成正比,与距离成反比。为了减小目标偏心差,在瞄准测杆时,测杆应立直,并尽可能瞄准测杆的底部。当目标较近,又不能瞄准目标的底部时,可采用悬吊垂线或选用专用觇牌作为目标。

3. 整平误差

整平误差是指安置仪器时竖轴不竖直造成的误差。倾角越大,影响也越大。一般规定在观测过程中,水准管偏离零点不得超过一格。

4. 瞄准误差

瞄准误差主要与人眼的分辨能力和望远镜的放大倍率有关,人眼分辨两点的最小视角一般为60″。设经纬仪望远镜的放大倍率为V,则用该仪器进行观测时,其瞄准误差为

$$m_V = \pm\frac{60''}{V} \tag{3-22}$$

一般DJ_6型光学经纬仪望远镜的放大倍率V为25~30倍,因此瞄准误差m_V一般为2.0″~2.4″。

另外，瞄准误差与目标的大小、形状、颜色和大气的透明度等也有关。因此，在观测中应尽量消除视差，选择适宜的照准标志，熟练操作仪器，掌握瞄准方法并仔细瞄准，以减小误差。

5. 读数误差

读数误差主要取决于仪器的读数设备，同时也与照明情况和观测者的经验有关。对于DJ_6型光学经纬仪，用分微尺测微器读数，一般估读误差不超过分微尺最小分划的1/10，即不超过±6″；对于DJ_2型光学经纬仪，一般不超过±1″。如果反光镜进光情况不佳，读数显微镜调焦不好，以及观测者的操作不熟练，则估读的误差可能会超过上述数值。因此，读数时必须仔细调节读数显微镜，使度盘与测微尺影像清晰，也要仔细调整反光镜，使影像亮度适中，然后再仔细读数。使用测微轮时，一定要使度盘分划线位于双指标线正中央。

3.7.3 外界条件的影响

外界条件对水平角测量的影响很多，如大风、松软的土质会影响仪器的稳定，地面的辐射热会引起物象的跳动，观测时大气透明度和光线的不足会影响瞄准精度，温度变化影响仪器的正常状态等等，这些因素都直接影响测角的精度。因此，要选择有利的观测时间，避开不利的观测条件，使这些外界条件的影响降低到较小的程度。

3.8 电子经纬仪的使用

电子经纬仪与光学经纬仪的根本区别在于电子经纬仪是利用微机控制的电子测角系统代替光学读数系统，其主要特点如下。

(1) 使用电子测角系统，能将测量结果自动显示出来，实现了读数的自动化和数字化。

(2) 采用积木式结构，可与光电测距仪组合成全站型电子速测仪，配合适当的接口可将电子手簿记录的数据输入计算机，以进行数据处理和绘图。

3.8.1 南方ET-05型电子经纬仪

图3-25所示为南方测绘仪器公司生产的ET-05型电子经纬仪，各部件名称与光学经纬仪类似。电子经纬仪主要由照准部和基座两部分组成。该仪器的键盘具有一键双重功能，操作键功能见表3-3。

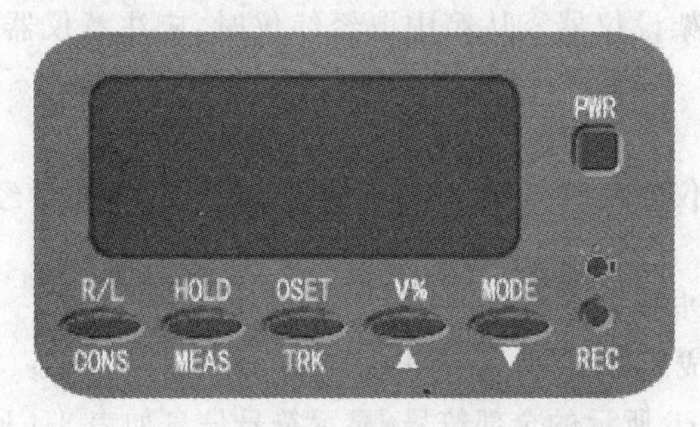

图3-25 ET-05型电子经纬仪操作键盘

表 3-3　南方 ET-05 型电子经纬仪操作键功能一览表

操作键	第一功能(角度测量模式：单独按下)	第二功能(距离测量模式：+ CONS 键)
PWR	电源开关。开机后持续按键超过 2s 则关机	
☼ REC	显示屏和十字丝照明键，按键一次，开灯照明；再按则关，10s 内不按则自动熄灭	记录键，令电子手簿执行记录功能
MODE ▼	角度测量模式切换到距离测量模式	在特种功能模式中为减量键
V% ▲	竖直角和斜率百分比显示切换键	按该键交替显示斜距(◢)、平距(◢)、高差(◢)。在特种功能模式中为增量键
OSET TRK	连按两次水平方向置零	跟踪测距键，按此键每秒跟踪测距一次，精度达 ±0.01 m(只限测距)
HOLD MEAS	连按两次水平方向读数被锁定，再按一次被解除	测距键，按此键连续精确测距
R/L CONS	选择水平方向值向右旋转增大或向左旋转增大	专项特种功能模式
特种功能模式 CONS PWR 同时按下	听到 3 声蜂鸣后，松开 CONS 键，仪器进入初始设置状态，屏幕显示 ND 3000 101 11111 下面一行 8 个数位分别表示了初始设置的 8 项内容(即所连接的测距仪的型号、象限蜂鸣设置、竖盘自动补偿开关、角度最小显示单位、自动关机时间、竖盘零位、角度单位)，可按仪器说明书提供的代码对有关项目进行设置。在该功能模式下，按 MEAS 键使闪烁的光标向左移动到要改变的数字位；按 TRK 键使闪烁的光标向右移动到要改变的数字位；按 ▲ 或 ▼ 键改变数字大小	

南方 ET-05 型电子经纬仪的使用方法如下。

(1) 安置仪器

在给定的测站点上架设仪器。从箱中取经纬仪时，应注意仪器的装箱位置，以便用后装箱。

(2) 认识仪器

ET-05 型电子经纬仪的组成部分、各螺旋的名称及作用与光学经纬仪基本相同。

(3) 对中、整平

与光学经纬仪相应步骤完全相同。

(4) 在前述过程完成后，即可按 PWR 键开机

显示屏显示如图 3-26 所示的全部符号，显示符号信息如表 3-4 所示。

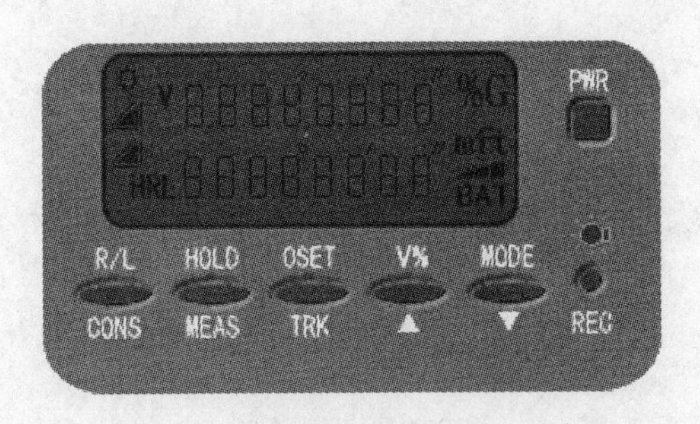

图 3-26　开机后显示屏显示符号

表 3-4　南方 ET-05 型电子经纬仪显示符号信息表

符号	含　义
☼	照明状态
BAT	电池电量
V	竖盘读数或天顶距
%	斜率百分比
H	水平度盘读数
G	角度单位：格(角度采用“度”及“密度”作单位时无符号显示)
HR	右旋(顺时针)水平角
HL	左旋(逆时针)水平角
	斜距
	平距
	高差
m	距离单位：米
ft	距离单位：英尺
T. P	温度、气压(本仪器未采用)

上述信息显示 2s 后，出现如图 3-27 所示的界面。显示“V　0SET”，表明应进行竖盘初始化(即使竖盘指标归零)，此时，应将望远镜上下转动，屏幕上“0SET”的位置上显示出竖直角值时，则可进入角度测量状态。

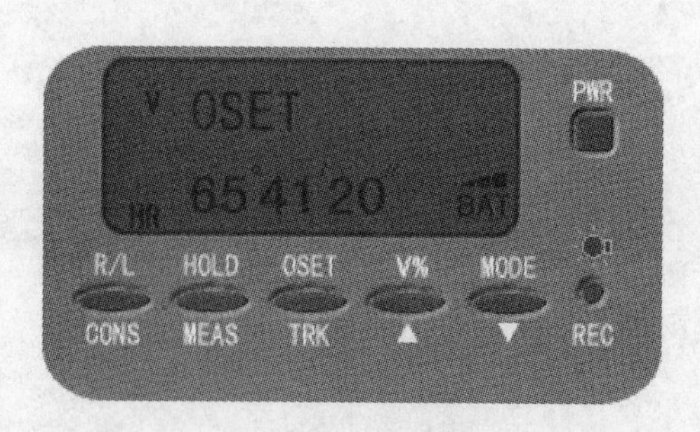

图 3-27 开机后 2s 显示屏显示内容

(5) 瞄准

取下望远镜的镜盖，将望远镜对准天空(或远处明亮背景)，转动望远镜的目镜调焦螺旋，使十字丝最清晰；用望远镜上的照门和准星瞄准远处一线状目标(如远处的避雷针等)，旋紧经纬仪照准部和望远镜的制动螺旋，转动物镜调焦螺旋(对光螺旋)，使目标影像清晰(注意消除视差)；再转动望远镜和照准部的微动螺旋，使目标被十字丝的纵向单丝平分，或被纵向双丝夹在中央。开机后屏幕显示的水平方向读数“HR 65°41′20″”为仪器内存的原始水平方向值，若不需要此值时，可以连续按两次0SET键，使显示的水平方向读数为“HR 0°00′00″”(有时出现的角值可能与该值略有差异)。

(6) 读数

利用远处较高的建(构)筑物(如水塔、楼房)上的避雷针、天线等作为确定的两个方向目标，分别瞄准后，在显示屏幕上读取水平方向读数、竖直方向读数。

(7) 记录

用 2H 或 3H 铅笔将各水平方向的观测读数记录在表格中，利用不同水平方向值进行水平角的计算。

3.8.2 注意事项

(1) 尽量使用光学对中器进行对中，对中误差应小于 3 mm。

(2) 测量水平角瞄准目标时，应尽可能瞄准其底部，以减少目标倾斜所引起的误差。

(3) 观测过程中，注意避免碰动光学经纬仪的复测扳手或度盘变换手轮，以免发生读数错误。

(4) 在日光下测量时应避免将物镜直接瞄准太阳。

(5) 仪器安放到三脚架上或取下时，要一手先握住仪器，以防仪器摔落。

(6) 电子经纬仪在装、卸电池时，必须先关掉仪器的电源开关(关机)。

(7) 勿用有机溶液擦拭镜头、显示窗和键盘等。

思考题与练习题

3-1 什么是水平角、竖直角、天顶距？

3-2 观测水平角时，对中、整平的目的是什么？试述用光学对点器对中整平的步骤和方法。

3-3　整理题 3-3 表测回法观测手簿。

题 3-3 表

测站	竖盘位置	目标	水平度盘读数	半测回角值	一测回角值	各测回平均值	备注
第 1 测回 O	左	*A*	0°01′00″				
		B	88°20′48″				
	右	*A*	180°01′30″				
		B	268°21′12″				
第 2 测回 O	左	*A*	90°00′06″				
		B	178°19′36″				
	右	*A*	270°00′36″				
		B	358°19′54″				

3-4　观测水平角时，若测 3 个测回，各测回盘左起始方向水平度盘读数应安置为多少？

3-5　经纬仪上有哪些制动螺旋和微动螺旋？各起什么作用？如何正确使用？

3-6　完成题 3-6 表的计算（注：盘左视线水平时指标读数为 90°，仰起望远镜读数减小）。

题 3-6 表

测站	目标	竖盘位置	竖盘读数	半测回竖角	指标差	一测回竖角	备注
O	*A*	左	78°18′24″				
		右	281°42′00″				
	B	左	91°32′42″				
		右	268°27′30″				

3-7　测量水平角时，采用盘左、盘右观测可消除哪些误差？

第4章

距离测量与直线定向

本章要点：

- 钢尺量距的一般方法
- 钢尺量距的精密方法
- 视距测量
- 直线定向
- 坐标正反算

4.1 钢尺量距

测量距离是测量的基本工作之一，所谓距离是指两点间的水平长度。如果测得的是倾斜距离，还必须改算为水平距离。按照所用仪器、工具的不同，测量距离的方法有钢尺直接量距、光电测距仪测距和光学视距法测距等。

4.1.1 量距的工具

钢尺是钢制的带尺，如图 4-1 所示，常用钢尺宽 10mm，厚 0.4mm；长度有 20m、30m 及 50m 几种，卷放在圆形盒内或金属架上。钢尺的基本分划为厘米，在每米及每分米处有数字注记。一般钢尺在起点处 1dm 内刻有毫米分划；有的钢尺，整个尺长内都刻有毫米分划。

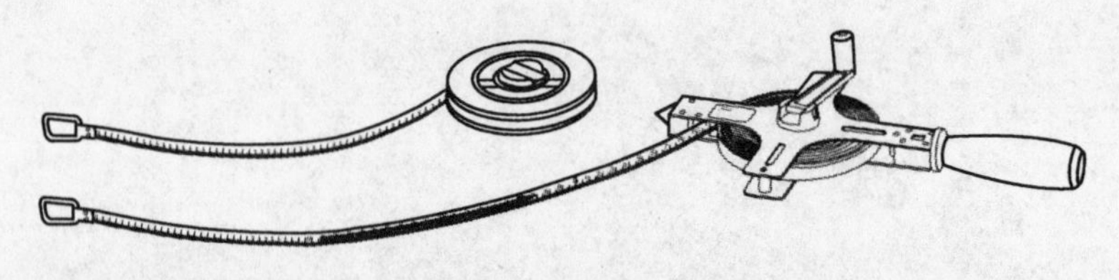

图 4-1 钢尺

由于尺的零点位置的不同，有端点尺和刻线尺的区别，如图 4-2 所示。端点尺是以尺的最外端作为尺的零点，当从建筑物墙边开始丈量时使用很方便。刻线尺是以尺前端的一刻线作为尺的零点。

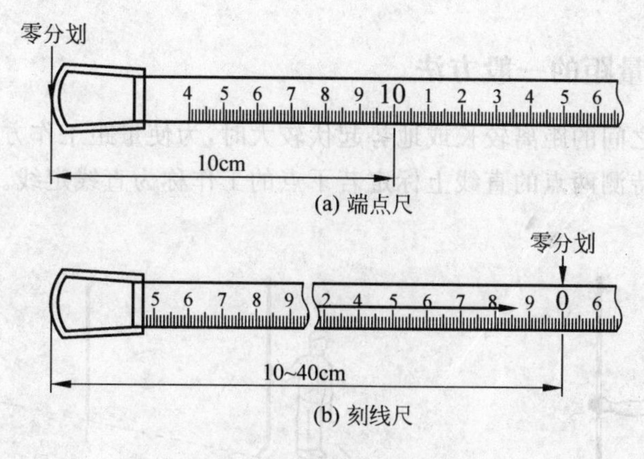

图 4-2　钢尺的分划

丈量距离的工具，除钢尺外，还有标杆、测钎和垂球，如图 4-3 所示。标杆长 2～3m，直径 3～4cm，杆上涂以 20cm 间隔的红、白漆，以便远处清晰可见，用于标定直线。测钎用粗铁丝制成，用来标志所量尺段的起、终点和计算已量过的整尺段数。测钎一组为 6 根或 11 根。垂球用来投点。此外还有弹簧秤和温度计，如图 4-4 所示，以控制拉力和测定温度。

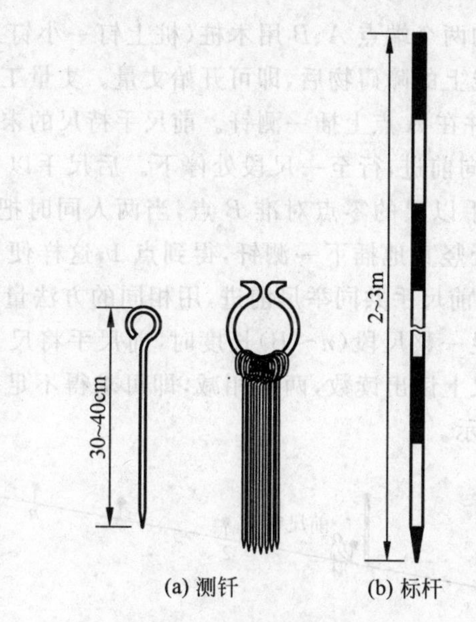

图 4-3　钢尺量距辅助工具

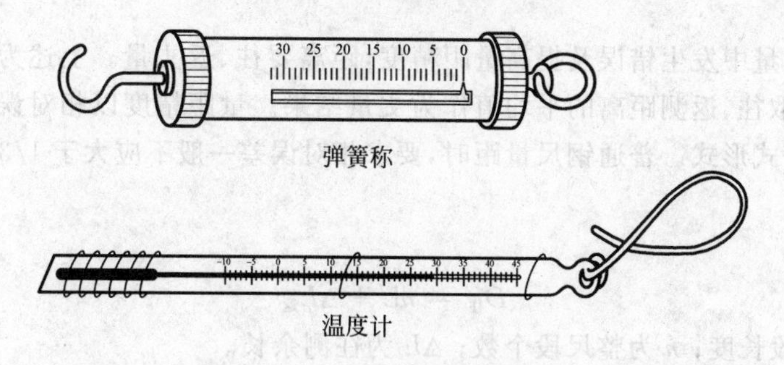

图 4-4　辅助工具弹簧秤和温度计

4.1.2 钢尺量距的一般方法

当两个地面点之间的距离较长或地势起伏较大时，为使量距工作方便起见，可分成几段进行丈量。这种在待测两点的直线上标定若干点的工作称为直线定线。一般量距用目估定线，如图 4-5 所示。

图 4-5 目估定线

1. 平坦地面的距离丈量

丈量前，先将待测距离的两个端点 A、B 用木桩(桩上钉一小钉)标志出来，然后在端点的外侧各立一标杆，清除直线上的障碍物后，即可开始丈量。丈量工作一般由两人进行。后尺手持尺的零端位于 A 点，并在 A 点上插一测钎。前尺手持尺的末端并携带一组测钎的其余 5 根(或 10 根)，沿 AB 方向前进，行至一尺段处停下。后尺手以手势指挥前尺手将钢尺拉在 AB 直线方向上；后尺手以尺的零点对准 B 点，当两人同时把钢尺拉紧、拉平和拉稳后，前尺手在尺的末端刻线处竖直地插下一测钎，得到点 1，这样便量完了一个尺段。随之后尺手拔起 A 点上的测钎与前尺手共同举尺前进，用相同的方法量出第二尺段。如此继续丈量下去，直至最后一段不足一整尺段(n～B)长度时，前尺手将尺上某一整数分划线对准 B 点，由后尺手对准 n 点在尺上读出读数，两数相减，即可求得不足一尺段的余长。平坦地面上的量距方法如图 4-6 所示。

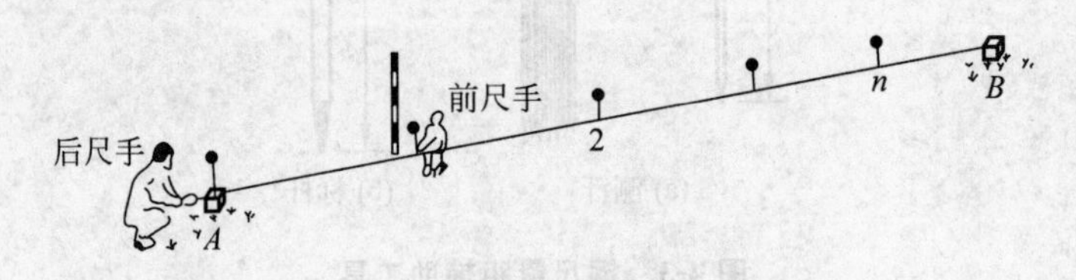

图 4-6 平坦地面上的量距方法

为了防止丈量中发生错误及提高量距精度，距离要往、返丈量。上述为往测，返测时要重新进行定线，取往、返测距离的平均值作为丈量结果。量距精度以相对误差表示，通常化为分子为 1 的分式形式。普通钢尺量距时，要求相对误差一般不应大于 1/3000。

(1) 往测

由 A 到 B

$$D_{往} = nL + \Delta L_{返} \tag{4-1}$$

式中，L 为整尺段长度；n 为整尺段个数；ΔL 为往测余长。

(2) 返测

由 B 到 A

$$D_{返} = nL + \Delta L_{返} \tag{4-2}$$

(3) 计算平均值 $\overline{D}$

$$\overline{D} = (D_{往} + D_{返})/2 \tag{4-3}$$

(4) 相对误差 K

$$K = \frac{|D_{往} - D_{返}|}{\overline{D}} = \frac{\Delta D}{\overline{D}} \tag{4-4}$$

[**例题 4-1**]　用 50m 长的钢尺往返丈量 A、B 两点间的水平距离，丈量结果分别为：往测 3 个整尺段，余长为 35.320m；返测 3 个整尺段，余长为 35.380m。计算 A、B 两点间的水平距离 D_{AB} 及其相对误差 K。

解：往返测距离为

$$D_{往} = 3 \times 50 + 35.320 = 185.320(\mathrm{m})$$

$$D_{返} = 3 \times 50 + 35.380 = 185.380(\mathrm{m})$$

平均距离为

$$D = \frac{1}{2}(185.320 + 185.380) = 185.350(\mathrm{m})$$

相对误差为

$$K = \frac{|185.32 - 185.38|}{185.35} = \frac{1}{3089} \approx \frac{1}{3000}$$

相对误差分母越大，则 K 值越小，精度越高；反之，精度越低。在平坦地区，钢尺量距一般方法的相对误差一般不应大于 1/3000。

2. 倾斜地面的距离丈量

当倾斜地面的坡度均匀时，可以沿着斜坡丈量出 AB 的斜距 L，测出地面倾斜角，然后计算 AB 的水平距离 D，如图 4-7 所示。

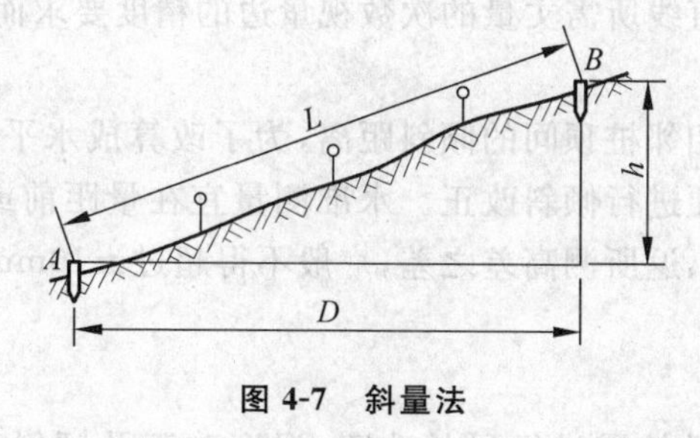

图 4-7　斜量法

4.2　钢尺量距的精密方法

4.2.1　钢尺的检定

1. 尺长方程式

钢尺由于其制造误差、经常使用中的变形以及丈量时温度和拉力不同的影响，使得其实际长度往往不等于名义长度。因此，丈量之前必须对钢尺进行检定，求出它在标准拉力和标

准温度下的实际长度，以便对丈量结果加以改正。钢尺检定后，应给出尺长随温度变化的函数式，通常称为尺长方程式，其一般形式为

$$l_t = l_0 + \Delta l + \alpha l_0(t - t_0) \tag{4-5}$$

式中，l_t 为钢尺在温度 t 时的实际长度，m；l_0 为钢尺的名义长度，m；Δl 为尺长改正数，即钢尺在温度 t_0 时的改正数，m；α 为钢尺的膨胀系数，一般取 $\alpha = 1.25 \times 10^{-5}$ m/℃；t_0 为钢尺检定时的温度，℃；t 为钢尺使用时的温度，℃。

2. 钢尺检定的方法

钢尺应送设有比长台的测绘单位校定，但若有检定过的钢尺，在精度要求不高时，可用检定过的钢尺作为标准尺来检定其他钢尺。

4.2.2 钢尺精密量距的方法

1. 定线

欲精密丈量直线 AB 的距离，应首先清除直线上的障碍物，然后安置经纬仪于 A 点上，瞄准 B 点(图 4-8)，用经纬仪进行定线。

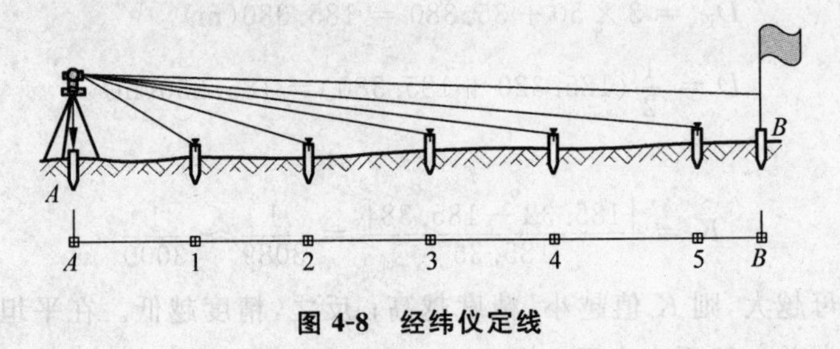

图 4-8 经纬仪定线

2. 量距

用检定过的钢尺丈量相邻两木桩之间的距离。丈量组一般由 5 人组成，2 人拉尺，2 人读数，1 人指挥兼记录和读温度。如图 4-8 所示，从直线起点 A 测到直线终点 B 为往测，往测完毕后立即返测，每条直线所需丈量的次数视量边的精度要求而定。

3. 测量高差

上述所量的距离，是相邻桩顶间的倾斜距离，为了改算成水平距离，要用水准测量方法测出相邻两桩的高差，以便进行倾斜改正。水准测量宜在量距前或量距后往、返观测一次，以资检核。相邻两桩顶往、返所测高差之差，一般不得超过±10mm；如在限差以内，取其平均值作为观测成果。

4. 尺段长度的计算

精密量距中，每一尺段长需进行尺长改正、温度改正及倾斜改正，求出改正后的尺段距离。

4.3 视距测量

视距测量是用望远镜内的视距丝装置，根据光学原理同时测定距离和高差的一种方法。这种方法具有操作方便、速度快、一般不受地形限制等优点。但精度较低，普通视距测量仅能达到 1/300～1/200 的精度。

4.3.1　视距测量原理

视距测量所用的仪器主要有经纬仪和水准仪。进行视距测量，要用到视距丝和视距尺。视距丝即望远镜内十字丝平面上的上、下两根短丝，它与横丝平行且等距离，如图 4-9 所示。视距尺是有刻划的尺子，与水准尺基本相同。

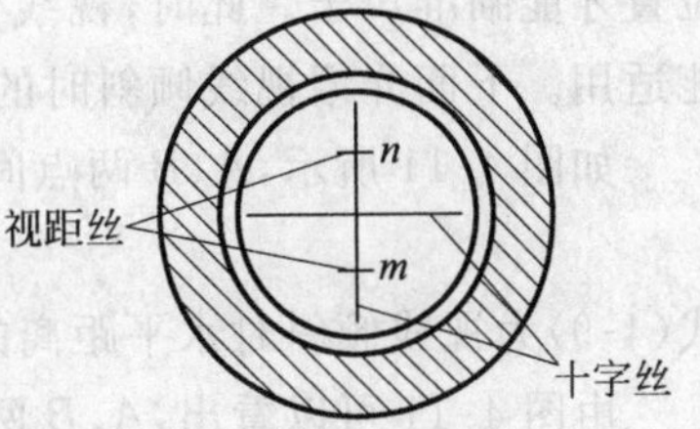

图 4-9　视距丝

1. 视线水平时计算公式

如图 4-10 所示，AB 水平距离为

$$D = Kl + C \tag{4-6}$$

式中，K 为视距乘常数，通常 $K=100$；l 为视距丝在水准尺上读数之差；C 为视距加常数。

式(4-6)是用外对光望远镜进行视距测量时计算水平距离的公式。对于内对光望远镜，其加常数 C 值接近零，可以忽略不计，故水平距离为

$$D = Kl = 100l \tag{4-7}$$

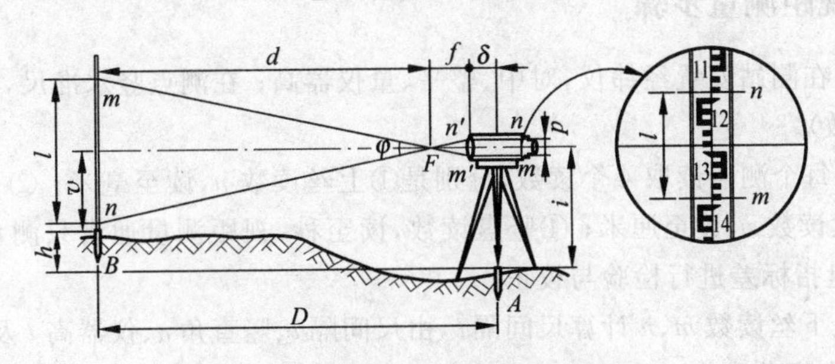

图 4-10　视准轴水平时视距测量原理

同时，由图 4-10 可知，A、B 两点间的高差 h 为

$$h = i - v \tag{4-8}$$

式中，i 为仪器高，m；v 为十字丝中丝在视距尺上的读数，即中丝读数，m。

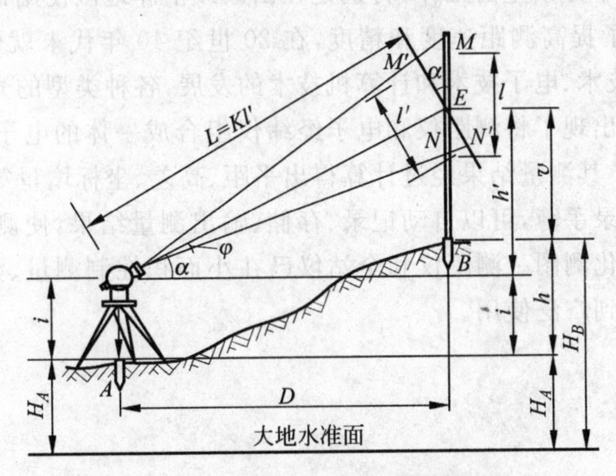

图 4-11　视线倾斜时的视距测量原理

2. 视距倾斜时计算公式

如图 4-11 所示，在地面起伏较大的地区进行视距测量时，必须使望远镜视线处于倾斜位置才能瞄准尺子。此时，视线便不垂直于竖立的视距尺尺面，因此式(4-7)和式(4-8)不能适用。下面介绍视线倾斜时的水平距离和高差的计算公式。

如图 4-11 所示，A、B 两点间的水平距离为

$$D = L\cos\alpha = Kl\cos^2\alpha \tag{4-9}$$

式(4-9)为视线倾斜时水平距离的计算公式。

由图 4-11 可以看出，A、B 两点间的高差 h 为

$$h = D \times \tan\alpha + i - v \tag{4-10}$$

所以

$$h = \frac{1}{2}Kl\sin(2\alpha) + i - v \tag{4-11}$$

式(4-11)为视线倾斜时高差的计算公式。

4.3.2 视距测量步骤

(1) 观测：在测站安置经纬仪，对中、整平、量仪器高；在测点竖水准尺，瞄准视距尺(要求三丝都能读数)。

(2) 读数：每个测点读取 4 个读数，分别是①上丝读数 n，读至毫米；②下丝读数 m，读至毫米；③中丝读数 v，读至厘米；④竖盘读数，读至秒，视距测量通常只测盘左(或盘右)，测量前要对竖盘指标差进行检验与校正。

(3) 根据上下丝读数 m、n 计算尺间隔 l，由尺间隔 l、竖直角 α、仪器高 i 及中丝读数 v 计算水平距离 D 和高差 h。

4.4 光电测距

钢尺量距是一项十分繁重的工作，特别是在山区或沼泽地区使用钢尺更为困难，而视距测量精度又太低，为了提高测距速度和精度，在 20 世纪 40 年代末就研制成功了光电测距仪。此后，随着激光技术、电子技术和计算机技术的发展，各种类型的光电测距仪相继问世。在 20 世纪 90 年代又出现了将测距仪和电子经纬仪组合成一体的电子全站仪，它可以同时进行角度、距离测量。其测量结果经过计算得出平距、高差、坐标增量等，并能自动显示在液晶屏上。配合电子记录手簿，可以自动记录、存储、输出测量结果，使测量工作大为简化，并发展成为全野外数字化测图。测距仪和全站仪已在小面积控制测量、大比例尺地形图测绘及各种工程测量中得到广泛使用。

4.5 直线定向

确定地面上两点之间的相对位置，除了需要测定两点之间的水平距离外，还需确定两点所连直线的方向。一条直线的方向，是根据某一标准方向来确定的。确定直线与标准方向之间角度的关系，称为直线定向。

4.5.1　标准方向的种类

1. 真子午线方向

通过地球表面某点的真子午线的切线方向，称为该点的真子午线方向。真子午线方向可用天文测量方法或陀螺仪测定。

2. 磁子午线方向

磁子午线方向是在地球磁场作用下，磁针在某点自由静止时其轴线所指的方向。磁子午线方向可用罗盘仪测定。

3. 坐标纵轴方向

在高斯平面直角坐标系中，坐标纵轴方向就是地面点所在投影带的中央子午线方向。在同一投影带内，各点的坐标纵轴方向是彼此平行的。

4.5.2　直线定向的方法

测量工作中，常采用方位角表示直线的方向。从直线起点的标准方向北端起，顺时针方向量至该直线的水平夹角，称为该直线的方位角。方位角的取值范围是 0°～360°。因标准方向有真子午线方向、磁子午线方向和坐标纵轴方向之分，对应的方位角分别称为真方位角(用 A 表示)、磁方位角(用 A_m 表示)和坐标方位角(用 α 表示)。

因标准方向选择的不同，使得一条直线有不同的方位角，如图 4-12 所示。过 P 点的真子午线方向与磁子午线方向之间的夹角称为磁偏角，用 δ 表示。过 P 点的真子午线方向与坐标纵轴北方向之间的夹角称为子午线收敛角，用 γ 表示。

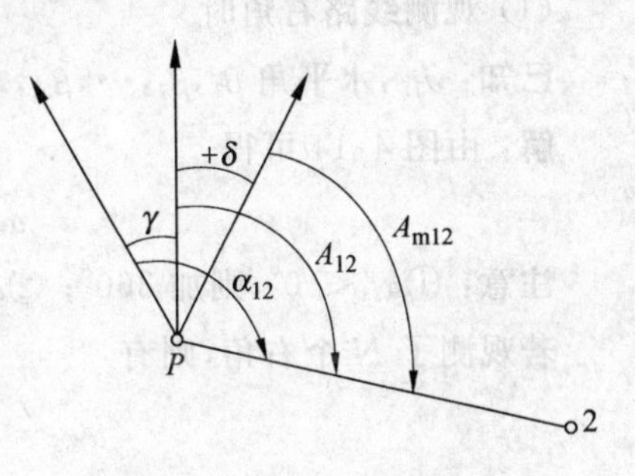

图 4-12　3 种方位角之间的关系

δ 和 γ 的符号规定相同：当磁子午线方向或坐标纵轴北方向在真子午线方向东侧时，δ 和 γ 的符号为"+"；当磁子午线方向或坐标纵轴北方向在真子午线方向西侧时，δ 和 γ 的符号为"−"。同一直线的 3 种方位角之间的关系为

$$A = A_m + \delta \tag{4-12}$$

$$A = \alpha + \gamma \tag{4-13}$$

$$\alpha = A_m + \delta - \gamma \tag{4-14}$$

4.5.3　正、反坐标方位角的关系

以 A 为起点、B 为终点的直线 AB 的坐标方位角 α_{AB}，称为直线 AB 的坐标方位角。而直线 BA 的坐标方位角 α_{BA}，称为直线 AB 的反坐标方位角。由图 4-13 可以看出正、反坐标方位角间的关系为

$$\alpha_{BA} = \alpha_{AB} + 180° \text{ 或 } \alpha_{反} = \alpha_{正} + 180° \tag{4-15}$$

注意：若 $\alpha_{反} \geqslant 360°$，则减去 360°。

4.5.4 坐标方位角的推算

在实际工作中并不需要测定每条直线的坐标方位角，而是通过与已知坐标方位角的直线连测后，推算出各直线的坐标方位角。如图 4-14 所示，已知直线 12 的坐标方位角 α_{12}，观测了水平角 β_2 和 β_3，要求推算直线 23 和直线 34 的坐标方位角。

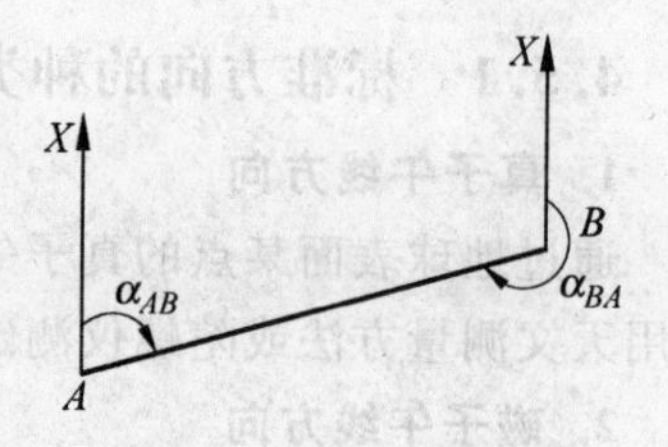

图 4-13 正、反坐标方位角的关系

因 β_2 在推算路线前进方向的右侧，该转折角称为右角；β_3 在左侧，称为左角。

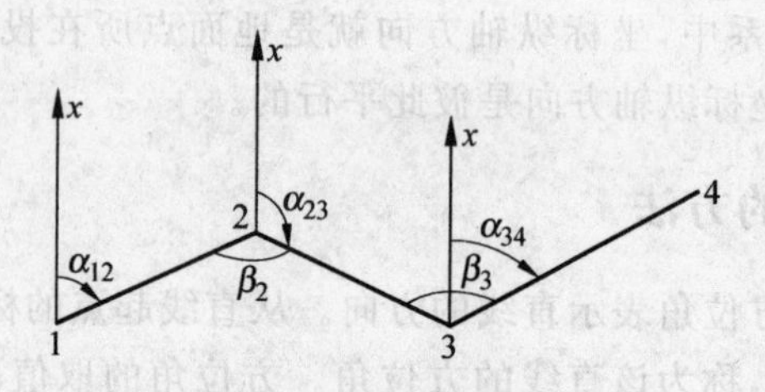

图 4-14 坐标方位角推算(1)

(1) 观测线路右角时

已知：α_{12}，水平角 $\beta_2, \beta_3, \cdots, \beta_N$，求：$\alpha_{23}, \alpha_{34}, \cdots, \alpha_{终}$。

解：由图 4-14 可得

$$\alpha_{23} = \alpha_{12} - \beta_2 + 180° \tag{4-16}$$

注意：①$\alpha_{23} < 0°$，则加 360°；②$\alpha_{23} \geqslant 360°$，则减 360°。

若观测了 N 个右角，则有

$$\alpha_{终} = \alpha_{起} - \sum \beta_{右} + N \times 180°$$

(2) 观测路线左角时

由图 4-14 得

$$\alpha_{34} = \alpha_{23} + \beta_3 - 180°$$

注意：①$\alpha_{BC} < 0°$，则加 360°；②$\alpha_{BC} \geqslant 360°$，则减 360°。

若观测了 N 个左角，则有

$$\alpha_{终} = \alpha_{起} + \sum \beta_{左} - N \times 180°$$

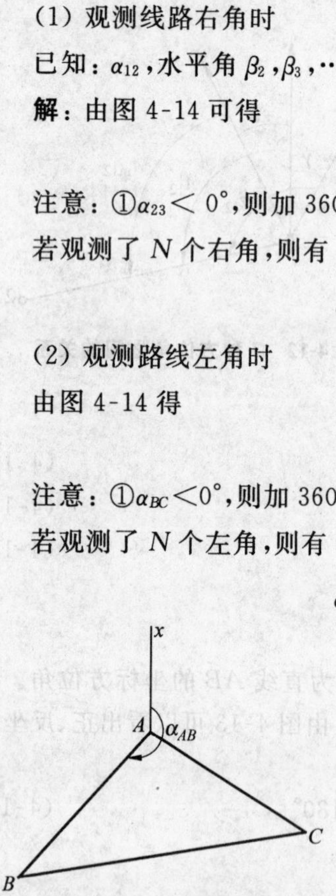

图 4-15 坐标方位角推算(2)

［例题 4-2］ 如图 4-15 所示，已知在△ABC 中，AB 直线的坐标方位角 $\alpha_{AB} = 200°$，3 个内角为 $\angle A = 50°$，$\angle B = 60°$，$\angle C = 70°$，试求 α_{BC}、α_{CA} 和 α_{CB}、α_{AC} 并把它们标在图上。

解：(1) 判断是左角

$$\alpha_{BC} = \alpha_{AB} + \angle B - 180° = 200° + 60° - 180° = 80°$$

$$\alpha'_{CA} = \alpha_{BC} + \angle C - 180° = 80° + 70° - 180° = -30°$$

$$\alpha_{CA} = \alpha'_{CA} + 360° = 330°$$

(2) 计算检核

$$\alpha_{AB} = \alpha_{CA} + \angle A - 180^\circ = 330^\circ + 50^\circ - 180^\circ = 200^\circ$$

(3) 再计算 α_{CB}、α_{AC}

$$\alpha_{CB} = \alpha_{BC} + 180^\circ = 80^\circ + 180^\circ = 260^\circ$$

$$\alpha'_{AC} = \alpha_{CA} + 180^\circ = 330^\circ + 180^\circ = 510^\circ$$

$$\alpha_{AC} = \alpha'_{AC} - 360^\circ = 150^\circ$$

4.5.5　坐标象限角

从坐标纵轴的北端或南端顺时针或逆时针起转至直线的锐角称为坐标象限角(图 4-16)，用 R 表示，其角值变化从 0°～90°。为了表示直线的方向，应分别注明北偏东、北偏西或南偏东、南偏西，如北东 55°、南西 79° 等。显然，如果知道了直线的方位角，就可以换算出它的象限角，反之，知道了象限角也就可以推算出方位角。

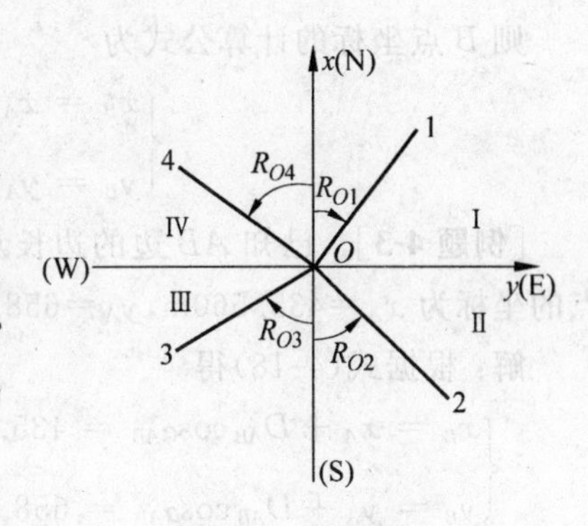

图 4-16　象限角

坐标方位角与象限角之间的换算关系，如表 4-1 所示。

表 4-1　坐标象限角与坐标方位角的关系

象限	由象限角换算方位角
Ⅰ	$\alpha = R$
Ⅱ	$\alpha = 180^\circ - R$
Ⅲ	$\alpha = 180^\circ + R$
Ⅳ	$\alpha = 360^\circ - R$

4.6　坐标正反算

4.6.1　坐标正算

根据直线起点的坐标、直线长度及其坐标方位角计算直线终点的坐标，称为坐标正算。如图 4-17 所示，已知直线 AB 起点 A 的坐标为(x_A, y_A)，AB 边的边长及坐标方位角分别为 D_{AB} 和 α_{AB}，需计算直线终点 B 的坐标。

图 4-17　坐标增量计算

直线两端点 A、B 的坐标值之差，称为坐标增量，用 Δx_{AB}、Δy_{AB} 表示。由图 4-17 可看出坐标增量的计算公式为

$$\begin{cases} \Delta x_{AB} = x_B - x_A = D_{AB}\cos\alpha_{AB} \\ \Delta y_{AB} = y_B - y_A = D_{AB}\sin\alpha_{AB} \end{cases} \tag{4-17}$$

根据式(4-17)计算坐标增量时，sin 和 cos 函数值随着 α 所在象限而有正负之分，因此算得的坐标增量同样具有正、负号。坐标增量正、负号的规律如表 4-2 所示。

表 4-2 坐标增量正、负号的规律

象 限	坐标方位角 α/(°)	Δx	Δy
Ⅰ	0～90	+	+
Ⅱ	90～180	−	+
Ⅲ	180～270	−	−
Ⅳ	270～360	+	−

则 B 点坐标的计算公式为

$$\begin{cases} x_B = x_A + \Delta x_{AB} = x_A + D_{AB}\cos\alpha_{AB} \\ y_B = y_A + \Delta y_{AB} = y_A + D_{AB}\cos\alpha_{AB} \end{cases} \tag{4-18}$$

［**例题 4-3**］ 已知 AB 边的边长及坐标方位角为 $D_{AB}=135.620\text{m}$，$\alpha_{AB}=80°36'54''$，若 A 点的坐标为 $x_A=435.560\text{m}$，$y_A=658.820\text{m}$，试计算终点 B 的坐标。

解：根据式(4-18)得

$$\begin{cases} x_B = x_A + D_{AB}\cos\alpha_{AB} = 435.560\text{m} + 135.620\text{m} \times \cos 80°36'54'' = 457.675\text{m} \\ y_B = y_A + D_{AB}\cos\alpha_{AB} = 658.820\text{m} + 135.620\text{m} \times \sin 80°36'54'' = 792.625\text{m} \end{cases}$$

4.6.2 坐标反算

根据直线起点和终点的坐标，计算直线的边长和坐标方位角，称为坐标反算。如图 4-17 所示，已知直线 AB 两端点的坐标分别为(x_A，y_A)和(x_B，y_B)，则直线边长 D_{AB} 和坐标方位角 α_{AB} 的计算公式为

$$D_{AB} = \sqrt{\Delta x_{AB}^2 + \Delta y_{AB}^2} \tag{4-19}$$

$$\alpha_{AB} = \arctan\frac{\Delta y_{AB}}{\Delta x_{AB}} \tag{4-20}$$

应该注意的是，坐标方位角的角值范围是 0°～360°，而 arctan 函数的角值范围为 −90°～+90°，两者是不一致的。按式(4-20)计算坐标方位角时，计算出的是象限角，因此，应根据坐标增量 Δx、Δy 的正、负号，按表 4-2 决定其所在象限，再把象限角换算成相应的坐标方位角。

［**例题 4-4**］ 已知 A、B 两点的坐标分别为 A(1021.245，2078.425)，B(829.734，1917.728)，试计算 AB 的边长及坐标方位角。

解：计算 A、B 两点的坐标增量为

$$\begin{cases} \Delta x = x_B - x_A = 829.734 - 1021.245 = -191.511(\text{m}) \\ \Delta y = y_B - y_A = 1917.728 - 2078.425 = -160.697(\text{m}) \end{cases}$$

水平距离为

$$D_{AB} = \sqrt{(-191.511)^2 + (-160.697)^2} = 250.000(\text{m})$$

坐标方位角为

$$R_{AB} = \arctan\left|\frac{-160.697}{191.511}\right| = 40°$$

因为 Δx、Δy 均为负值，故 AB 在第Ⅲ象限，所以

$$\alpha_{AB} = 180° + R_{AB} = 180° + 40° = 220°$$

思考题与练习题

4-1 比较一般量距与精密量距有何不同?

4-2 丈量 A、B 两点水平距离,用 30m 长的钢尺,丈量结果为往测 4 尺段,余长为 10.249m,返测 4 尺段,余长为 10.212m,试进行精度校核,若精度合格,求出水平距离。(精度要求 $K_{允}=1/3000$)

4-3 如何进行直线定向?

4-4 设已知各直线的坐标方位角分别为 47°29′00″、178°37′00″、216°48′00″、357°18′00″,试分别求出它们的象限角和反坐标方位角。

4-5 如题 4-5 图所示,已知 $\alpha_{AB}=56°20'00''$、$\beta_B=104°24'00''$、$\beta_C=134°56'00''$,求其余各边的坐标方位角。

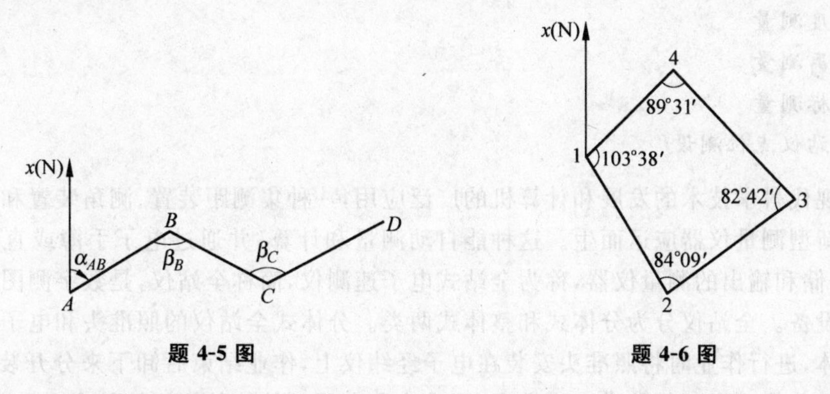

题 4-5 图 题 4-6 图

4-6 四边形内角值如题 4-6 图所示,已知 $\alpha_{12}=149°20'00''$,求其余各边的坐标方位角。

4-7 已知某直线的象限角为南西 85°18′00″,求它的坐标方位角。

第5章

全站仪的使用

本章学习要点

- 全站仪的构造与使用
- 角度测量
- 距离测量
- 坐标测量
- 全站仪点位测设

随着现代科学技术的发展和计算机的广泛应用，一种集测距装置、测角装置和微处理器为一体的新型测量仪器应运而生。这种能自动测量和计算，并通过电子手簿或直接实现自动记录、存储和输出的测量仪器，称为全站式电子速测仪，简称全站仪，是数字测图中常用的数据采集设备。全站仪分为分体式和整体式两类。分体式全站仪的照准头和电子经纬仪不是一个整体，进行作业时将照准头安装在电子经纬仪上，作业结束后卸下来分开装箱；整体式全站仪是分体式全站仪的进一步发展，照准头和电子经纬仪的望远镜结合在一起，形成一个整体，使用起来更为方便。对于基本性能相同的各种类型的全站仪，其外部可视部件基本相同。

5.1　全站仪的构造与使用

如图 5-1 所示为南方 NTS-352 型全站仪的基本构造，下面详细介绍其操作步骤。

全站仪的使用包括对中、整平、瞄准和读数 4 个操作步骤。

1. 对中

对中的目的是使仪器的中心与测站点位于同一铅垂线上。

先目估三脚架头大致水平，且三脚架中心大致对准地面标志中心，踏紧一条架脚。双手分别握住另两条架腿稍离地面前后左右摆动，眼睛看对中器的望远镜，直至分划圈中心对准地面标志中心为止，放下两架腿并踏紧。调节架腿高度使圆水准气泡基本居中，然后用脚螺旋精确整平。检查地面标志是否位于对中器分划圈中心，若不居中，可稍旋松连接螺旋，在架头上移动仪器，使其精确对中。

2. 整平

整平的目的是使经纬仪的竖轴竖直和水平度盘水平。

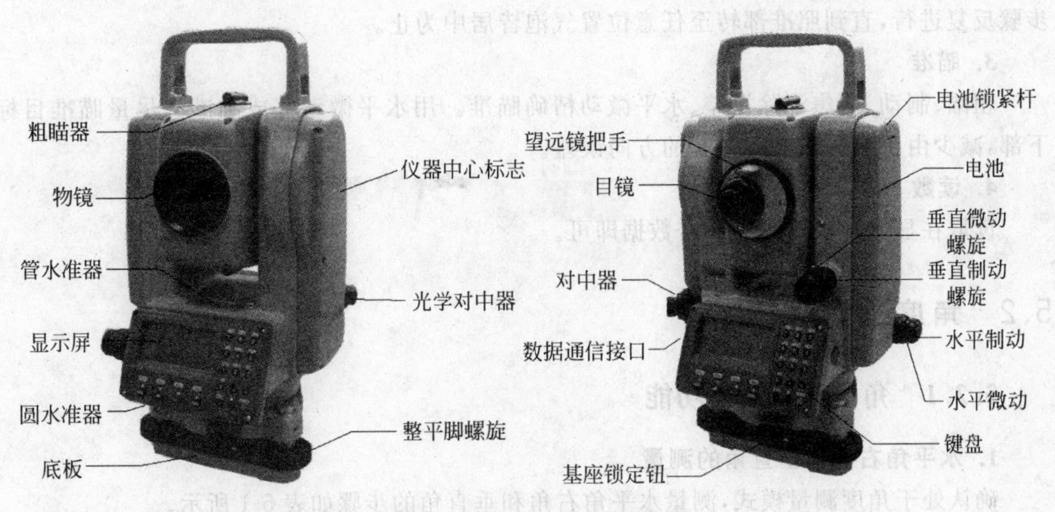

图 5-1　南方 NTS-352 全站仪

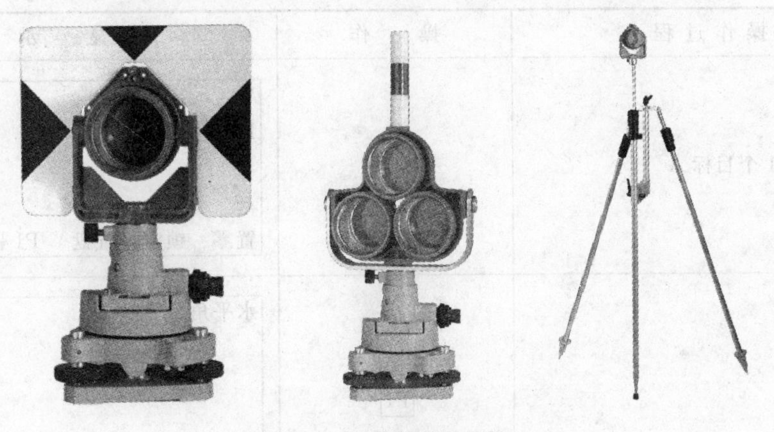

图 5-2　全站仪反射棱镜

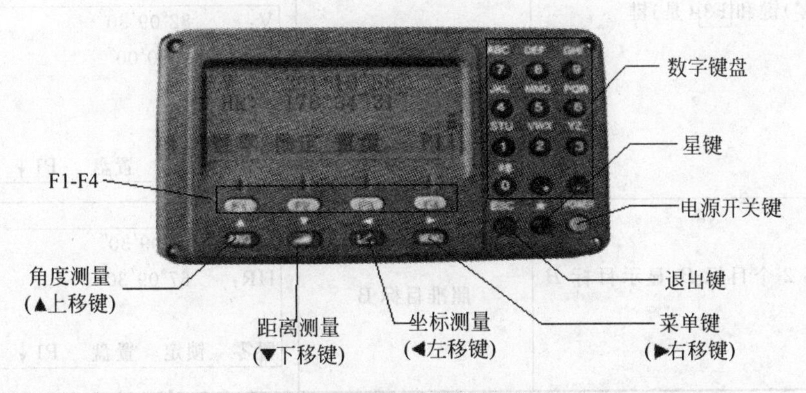

图 5-3　全站仪操作键盘

对中后，先粗略整平，即伸缩三脚架使圆水准器气泡居中。之后进行精确整平，先转动照准部，使照准部水准管与任意一对脚螺旋的连线平行，两手同时向内或外转动这两个脚螺旋，使水准管气泡居中。将照准部旋转 90°，转动第 3 个脚螺旋，使水准管气泡居中。按以上步骤反复进行，直到照准部转至任意位置气泡皆居中为止。

3. 瞄准

粗瞄、制动、调焦消除视差、水平微动精确瞄准。用水平微动完成瞄准。尽量瞄准目标下部，减少由于目标不垂直引起的方向误差。

4. 读数

读取在显示屏上显示的所需数据即可。

5.2 角度测量

5.2.1 角度测量基本功能

1. 水平角右角和垂直角的测量

确认处于角度测量模式，测量水平角右角和垂直角的步骤如表5-1所示。

表5-1 水平角的测量

操作过程	操作	显示
(1) 照准第1个目标 *A*	照准 *A*	V： 82°09′30″ HR： 90°09′30″ 置零 锁定 置盘 P1↓
(2) 设置目标 *A* 的水平角为0°00′00″ 按 F1 (置零)键和 F3 (是)键	F1	水平角置零 >OK? --- ---[是] [否]
	F3	V： 82°09′30″ HR： 0°00′00″ 置零 锁定 置盘 P1↓
(3) 照准第2个目标 *B*，显示目标 *B* 的V/H	照准目标B	V： 92°09′30″ HR： 67°09′30″ 置零 锁定 置盘 P1↓

2. 水平角的设置

确认处于角度测量模式，设置水平角的步骤如表5-2和表5-3所示。

(1) 通过锁定角度值进行设置

表 5-2　通过锁定角度值进行水平角设置

操作过程	操　作	显　示
① 用水平微动螺旋转到所需的水平角	显示角度	V:　120°09′30″ HR:　90°09′30″ 置零　锁定　置盘　P1↓
② 按 F2 (锁定)键	F2	水平角锁定 HR:　90°09′30″ >设置？ [是]　[否]
③ 照准目标	照准	
③ 按 F3 (是)键完成水平角设置*，显示窗变为正常的角度测量模式	F3	V:　122°09′30″ HR:　90°09′30″ 置零　锁定　置盘　P1↓
* 若要返回上一个模式，可按 F4 (否)键		

(2) 通过键盘输入进行设置

表 5-3　通过键盘输入进行水平角设置

操作过程	操　作	显　示
① 照准目标	照准	V:　122°09′30″ HR:　90°09′30″ 置零　锁定　置盘　P1↓
② 按 F3 (置盘)键	F3	水平角设置 HR: 输入 ---　---[回车]
③ 通过键盘输入所要求的水平角 * 1)，如：150°10′20″	F1 150.1020 F4	V:　122°09′30″ HR:　150°10′20″ 置零　锁定　置盘　P1↓
随后即可从所要求的水平角进行正常的测量		

5.2.2 测回法观测水平角

常用的水平角观测方法有测回法和全圆方向观测法。在测回法观测中，光学经纬仪、电子经纬仪与全站仪观测步骤相同。测回法适用于 2 个方向观测，全圆方向观测法适用于 3 个及 3 个以上方向。

全站仪安置在 B 点，用测回法观测 BA、BC 两个方向的水平角 $\angle ABC=\beta$，一测回的操作步骤如下。

(1) 全站仪置于 B 点，盘左位置精确瞄准左目标 A，调整水平度盘读数为零度稍大，读数 $a_{左}$，记录在表 5-4 相应栏内。

(2) 松开水平制动螺旋，顺时针转动照准部，瞄准右方目标 C，读取水平度盘读数 $c_{左}$，记录在表 5-4 相应栏内。以上称上半测回。

$$\beta_{上} = c_{左} - a_{左} \tag{5-1}$$

(3) 松开水平及竖直制动螺旋，倒转望远镜，旋转照准部，盘右位置瞄准右方目标 C，读取水平度盘读数 $c_{右}$，再逆时针旋转照准部，瞄准左方目标 A，读数 $a_{右}$，记录在表 5-4 相应栏内。以上称下半测回。

$$\beta_{下} = c_{右} - a_{右} \tag{5-2}$$

(4) 上、下半测回合称一测回。

$$\beta = (\beta_{上} + \beta_{下})/2 \tag{5-3}$$

(5) 当测角精度要求较高时，往往要测几个测回，为了减少度盘分划误差的影响，各测回间应根据测回数 n，按 $180^{\circ}/n$ 变换水平度盘位置。

(6) 使用 6″级仪器观测时，观测水平角限差：上、下半测回容许角差 36″，各测回容许角差 24″。

表 5-4 为观测两测回，第 2 测回观测时，A 方向的水平角应为 90°左右，如果第 2 测回的测回角差符合要求，则取两测回角值的平均值作为最后结果。

表 5-4 测回法观测记录

测站	竖盘位置	目标	水平度盘读数	半测回角值	一测回角值	各测回平均值
B	左	A	0°06′24″	111°39′54″	111°39′51″	111°39′52″
		C	111°46′18″			
	右	A	180°06′48″	111°39′48″		
		C	291°46′36″			
B	左	A	90°06′18″	111°39′48″	111°39′54″	
		C	201°46′06″			
	右	A	270°06′30″	111°40′00″		
		C	21°46′30″			

5.3　距离测量

5.3.1　光电测距原理

钢尺量距是一项十分繁重的工作，特别是在山区或沼泽地区使用钢尺更为困难，而视距测量精度又太低，为了提高测距速度和精度，在20世纪40年代末就研制成功了光电测距仪。此后，随着激光技术、电子技术和计算机技术的发展，各种类型的光电测距仪相继问世。在20世纪90年代又出现了将测距仪和电子经纬仪组合成一体的电子全站仪。

光电测距原理如图5-4所示。

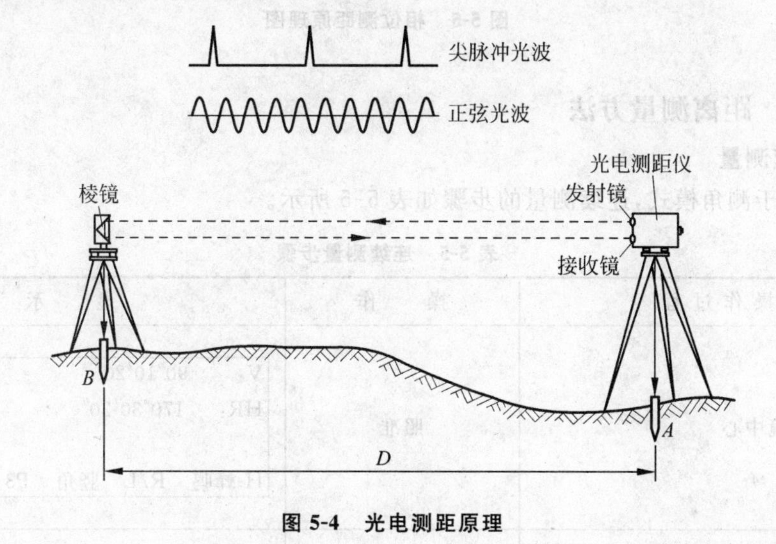

图5-4　光电测距原理

欲测定 A、B 两点间的距离 D，安置仪器于 A 点，安置反射镜于 B 点。仪器发射的光束由 A 至 B，经反射镜反射后又返回到仪器。设光速 c 为已知，如果光束在待测距离 D 上往返传播的时间 t_{2D} 已知，则距离 D 可表示为

$$D = \frac{1}{2}ct_{2D} \tag{5-4}$$

式中，$c=c_0/n$，c_0 为真空中的光速值，其值为299 792 458m/s，n 为大气折射率，它与测距仪所用光源的波长、测线上的气温、气压和湿度有关。

测定距离的精度，主要取决于测定时间 t_{2D} 的精度。例如，要求保证±1cm的测距精度，时间测定要求准确到 6.7×10^{-11} s，这是难以做到的。因此，大多采用间接测定法来测定 t_{2D}。间接测定 t_{2D} 的方法有脉冲式测距、相位式测距两种，下面详细介绍相位式测距。

由测距仪的发射系统发出一种连续的调制光波，测出该调制光波在测线上往返传播所产生的相位移，以测定距离 D。红外光电测距仪一般都采用相位测距法。

如图5-5所示，在砷化镓(GaAs)发光二极管上施加了频率为 f 的交变电压(即注入交变电流)后，它发出的光强就随注入的交变电流呈正弦变化，这种光称为调制光。测距仪在 A 点发出的调制光在待测距离上传播，经反射镜反射后被接收器所接收，然后用相位计将发

射信号与接收信号进行相位比较，由显示器显出调制光在待测距离往、返传播所引起的相位移 φ。

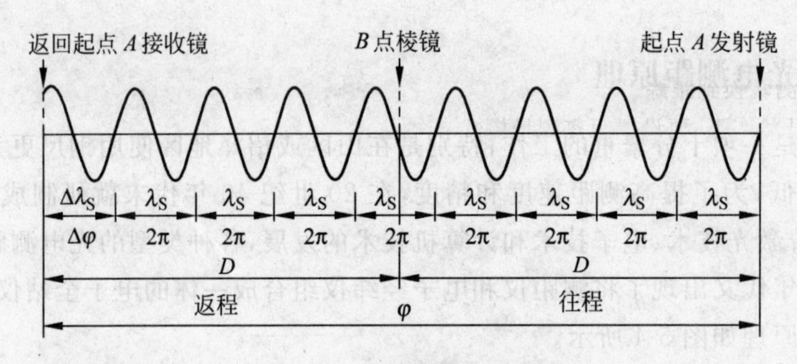

图 5-5 相位测距原理图

5.3.2 距离测量方法

1. 连续测量

确认处于测角模式，连续测量的步骤如表 5-5 所示。

表 5-5 连续测量步骤

操作过程	操 作	显 示
(1) 照准棱镜中心	照准	V: 90°10′20″ HR: 170°30′20″ H-蜂鸣 R/L 竖角 P3↓
(2) 按 键，距离测量开始		HR: 170°30′20″ HD* [r] ≪m VD: m 测量 模式 S/A P1↓ HR: 170°30′20″ HD* 235.343m VD: 36.551m 测量 模式 S/A P1↓
(3) 显示测量的距离 再次按 键，显示变为水平角(HR)、垂直角(V)和斜距(SD)		V: 90°10′20″ HR: 170°30′20″ SD* 241.551m 测量 模式 S/A P1↓

续表

操作过程	操作	显示
① 当光电测距(EDM)正在工作时,“*”标志就会出现在显示窗。 ② 将模式从精测转换到跟踪。 在仪器电源打开状态下,要设置距离测量模式。 ③ 距离的单位表示为“m”(米)或“ft”(英尺),并随着蜂鸣声在每次距离数据更新时出现。 ④ 如果测量结果受到大气抖动的影响,仪器可以自动重复测量工作。 ⑤ 要从距离测量模式返回正常的角度测量模式,可按[ANG]键。 ⑥ 对于距离测量,初始模式可以选择显示顺序(HR,HD,VD)或(V,HR,SD)		

2. *N* 次测量/单次测量

当输入测量次数后,仪器就会按照设置的次数进行测量,并显示出距离平均值。当输入测量次数为1时,因为是单次测量,仪器不显示距离平均值。

确认处于测角模式,*N* 次测量/单次测量的步骤如表5-6所示。

表5-6 *N* 次测量/单次测量步骤

操作过程	操作	显示
(1) 照准棱镜中心	照准	V: 122°09′30″ HR: 90°09′30″ 置零 锁定 置盘 P1↓
(2) 按◢键,连续测量开始	◢	HR: 170°30′20″ HD* [r] ≪m VD: m 测量 模式 S/A P1↓
(3) 当连续测量不再需要时,可按[F1](测量)键,测量模式为 *N* 次测量模式; 当光电测距(EDM)正在工作时,再按[F1](测量)键,模式转变为连续测量模式	[F1]	HR: 170°30′20″ HD* [n] ≪m VD: m 测量 模式 S/A P1↓ HR: 170°30′20″ HD: 566.346 m VD: 89.678m 测量 模式 S/A P1↓

5.4 坐标测量

通过输入仪器高和棱镜高后测量坐标时，可直接测定未知点的坐标。

需要注意的是，首先要设置测站坐标、测站高、棱镜高及后视方位角，坐标测量步骤如表5-7所示。

表 5-7 坐标测量步骤

操作过程	操作	显示
(1) 设置已知点 A 的方向角	设置方向角	V: 122°09′30″ HR: 90°09′30″ 置零 锁定 置盘 P1↓
(2) 照准目标 B，按[坐标测量]键 	照准棱镜  [坐标测量]	N: ≪ m E: m Z: m 测量 模式 S/A P1↓
(3) 按[F1]（测量）键，开始测量	[F1]	N＊ 286.245 m E: 76.233 m Z: 14.568 m 测量 模式 S/A P1↓
在测站点的坐标未输入的情况下，(0,0,0)作为缺省的测站点坐标。 当仪器高度未输入时，仪器高度以0计算；当棱镜高未输入时，棱镜高以0计算		

5.5 全站仪点位测设

全站仪点位测设是把放样点的坐标标定在地面上，具体步骤如表5-8～表5-10所示。

(1) 设置测站点，可采用直接输入测站点坐标，其步骤见表5-8。

表 5-8 设置测站点步骤

操作过程	操作	显示
(1) 由放样菜单1/2按[F1]（测站点号输入）键，即显示原有数据	[F1]	测站点 点号：________ 输入 调用 坐标 回车

续表

操作过程	操　作	显　示
(2) 按F3(坐标)键	F3	N：　0.000　m E：0.000　m Z：　0.000　m 输入　---　点号　回车
(3) 按F1(输入)键，输入坐标值按F4(ENT)键	F1 输入坐标 F4	N：　10.000　m E：　25.000　m Z：　63.000　m 输入　---　点号　回车
(4) 按同样方法输入仪器高，显示屏返回到放样菜单1/2	F1 输入仪高 F4	仪器高 输入 仪高：　0.000 m 输入　---　回车
(5) 返回放样菜单	F1 输入 F4	放样　　1/2 F1：输入测站点 F2：输入后视点 F3：输入放样点　P↓
可以将坐标值存入仪器		

(2) 设置后视点，可采用直接输入后视点坐标，其步骤见表5-9。

表5-9　设置后视点步骤

操作过程	操　作	显　示
(1) 由放样菜单1/2按F2(后视)键，即显示原有数据	F2	后视 点号 ＝ ： 输入　调用　NE/AZ　回车
(2) 按F3(NE/AZ)键	F3	N->　0.000　m E：　0.000　m 输入　---　点号　回车

续表

操作过程	操作	显示
(3) 按[F1](输入)键,输入坐标值按[F4](回车)键	[F1] 输入坐标 [F4]	后视 H(B) = 120°30′20″ >照准? [是] [否]
(4) 照准后视点	照准后视点	
(5) 按[F3](是)键,显示屏返回到放样菜单 1/2	照准后视点 [F3]	放样 1/2 F1: 输入测站点 F2: 输入后视点 F3: 输入放样点 P↓
可以将坐标值存入仪器		

(3) 实施放样,有两种方法可供选择,即通过点号调用内存中的坐标值和直接输入坐标值。

表 5-10 实施放样步骤

操作过程	操作	显示
(1) 由放样菜单 1/2 按[F3](放样)键	[F3]	放样 1/2 F1: 输入测站点 F2: 输入后视点 F3: 输入放样点 P↓ 放样 点号: ______ 输入 调用 坐标 回车
(2) [F1](输入)键,输入点号,按[F4](ENT)键	[F1] 输入点号 [F4]	镜高 输入 镜高: 0.000 m 输入 --- --- 回车
(3) 按同样方法输入反射镜高,当放样点设定后,仪器就进行放样元素的计算 HR: 放样点的水平角计算值 HD: 仪器到放样点的水平距离计算值	[F1] 输入镜高 [F4]	计算 HR: 122°09′30″ HD: 245.777 m 角度 距离 --- ---

续表

操作过程	操　作	显　示
(4) 照准棱镜，按F1角度键点号：放样点 HR：实际测量的水平角 dHR：对准放样点仪器应转动的水平角＝实际水平角－计算的水平角 当 dHR＝0°00′00″时，则表明放样方向正确	照准 F1	点号：　LP－100 HR：　2°09′30″ dHR：　22°39′30″ 距离　---　坐标---
(5) 按F1(距离)键 HD：实测的水平距离 dHD：对准放样点尚差的水平距离＝实测高差—计算高差	F1	HD*[r]　< m dHD：　m dZ：　m 模式　角度　坐标　继续 HD*　245.777 m dHD：　－ 3.223 m dZ：　－ 0.067m 模式　角度　坐标　继续
(6) 按F1(模式)键进行精测	F1	HD*[r]　< m dHD：　m dZ：　m 模式　角度　坐标　继续 HD*　244.789 m dHD：　－ 3.213 m dZ：　－ 0.047m 模式　角度　坐标　继续
(7) 当显示值 dHR，dHD 和 dZ 均为 0 时，则放样点的测设已经完成		
(8) 按F3(坐标)键，即显示坐标值	F3	N：　12.322 m E：　34.286 m Z：　1.5772 m 模式　角度　---　继续
(9) 按F4(继续)键，进入下一个放样点的测设	F4	放样 点号：__________ 输入　调用　坐标　回车

思考题与练习题

5-1 简述全站仪的工作特点。

5-2 简述用全站仪进行点位测设的步骤。

第6章

测量误差的基本知识

本章学习要点

- 系统误差和偶然误差的特性
- 衡量观测值精度的指标
- 误差传播定律
- 等精度独立观测值的算术平均值及精度评定

6.1 测量误差概述

6.1.1 测量误差的发现

当对同一个量进行多次测量时,这些观测值之间往往存在一些差异。例如,对同一段距离重复观测若干次,量得的长度通常是不相等的。另一种情况是,某几个量之间应该满足某一理论关系,但是对这几个量进行观测后,观测结果不能满足应有的理论关系。例如,平面三角形内角之和应等于180°,但是如果对该三角形的3个内角进行观测,就会发现三角形内角的观测值之和不等于180°。以上两种现象在测量工作中是普遍存在的,产生这种现象是由于观测值中包含有测量误差。

6.1.2 测量误差产生的原因

测量实践表明,只要使用测量仪器对某个量进行观测就会产生误差,测量误差的产生原因主要有以下3个方面。

1. 测量仪器的误差

测量工作需要利用测量仪器进行,由于每一种仪器制造都具有一定的精度,因而使测量结果受到一定的影响。例如,水准仪的视准轴不平行于水准管轴,或者水准尺的分划误差,都会给水准测量的高差带来一定的误差。又如,经纬仪的视准轴误差、横轴误差,也会给测量水平角带来误差。

2. 观测者的误差

由于观测者的感觉器官的鉴别能力存在一定的局限性,所以水准仪的读数,经纬仪的对中、整平、瞄准等都会产生误差。另外,观测者的工作态度和技术水平也会给观测结果的质量带来一定的影响。

3. 外界条件的影响

在进行测量工作时所处的外界条件,如温度、风力、日光照射等,它们都会对观测结果产生直接影响。

上述测量仪器、观测者、外界条件这3个方面的因素是引起测量误差的主要来源,通常称为观测条件。由此可见,观测条件的好坏与测量误差的大小有密切联系。观测条件相同的各次观测,称为等精度观测;观测条件不同的各次观测,称为不等精度观测。

在实际工作中,不管观测条件好坏,其对观测结果的影响总是客观存在。从这个意义来说,观测结果中的测量误差是不可避免的。

6.1.3 测量误差的分类

测量误差按其性质可分成系统误差和偶然误差两类。

1. 系统误差

(1) 定义:在相同的观测条件下进行一系列的观测,如果误差在大小、符号上都相同,或按一定规律变化,这种误差称为系统误差。

(2) 例子:①水准测量中的视准轴不平行于水准管轴的误差,地球曲率和大气折光的影响都属于系统误差。某水准仪由于存在 i 角,在50m距离上,读数比正确读数大5mm,这种误差在大小、符号上都相同。若距离增加到100m,读数误差为10mm,这种误差是按照一定规律来变化的。②水平角测量中的视准轴不垂直于横轴的误差,横轴不垂直于竖轴的误差,水平度盘偏心误差。③钢尺量距中尺长误差,温度变化引起尺长误差,倾斜误差,以上这些都是系统误差。

(3) 消除方法:在水准测量中,可以采用前、后视距离相等的方法来消除上述3种系统误差。在水平角测量中,可以采用盘左、盘右观测的方法来消除上述3种误差。钢尺量距中,采用对观测成果加改正数的方法来消除系统误差。此外,在测量工作开始前应采取有效的预防措施,应对水准仪和经纬仪进行检验和校正。

2. 偶然误差

(1) 定义:在相同的观测条件下进行一系列的观测,对于少量误差来说,从表面上看,其大小和符号没有规律性,但就大量误差而言,总体上具有一定的统计规律性,这种误差称为偶然误差。

(2) 例子:在水准测量中的读数误差,闭合水准路的高差闭合差;在水平角测量中的照准误差,三角形的闭合差;钢尺的尺长检定误差;以上这些都是偶然误差。

6.2 偶然误差的特性

6.2.1 偶然误差的定义式

设某量的真值为 X,在相同的观测条件下对此量进行 n 次观测,其观测值为 $L_1, L_2, \cdots, L_n$,在每次观测中产生偶然误差(又称真误差)为 $\Delta_1, \Delta_2, \cdots, \Delta_n$,则

$$\Delta_i = L_i - X \tag{6-1}$$

在测量工作中三角形的闭合差 W_i 就是一个真误差，可表示为

$$W_i = (L_1 + L_2 + L_3)_i - 180° \tag{6-2}$$

6.2.2 偶然误差实例

某一测区，在相同的观测条件下，其观测了 358 个三角形的内角，将计算出 358 个三角形的闭合差。为了研究偶然误差的特性，用以下 3 种形式来表示。

1. 用表格表示

现取误差区间隔 d$\Delta = 3''$，将该组误差出现在各个误差区间的个数 k 和相对个数（频率）k/n，按正负符号和大小排列，其结果列于表 6-1。

表 6-1　偶然误差统计结果

误差区间 dΔ/(″)	负误差		正误差		误差绝对值	
	k	k/n	k	k/n	k	k/n
0～3	45	0.126	46	0.128	91	0.254
3～6	40	0.112	41	0.115	81	0.226
6～9	33	0.092	33	0.092	66	0.184
9～12	23	0.064	21	0.059	44	0.123
12～15	17	0.047	16	0.045	33	0.092
15～18	13	0.036	13	0.036	26	0.073
18～21	6	0.017	5	0.014	11	0.031
21～24	4	0.011	2	0.006	6	0.017
24 以上	0	0	0	0	0	0
合计	181	0.505	177	0.945	358	1.000

2. 用直方图表示

根据表 6-1，还可以绘制直方图（图 6-1）。直方图横坐标 x 表示误差 Δ 值，纵坐标 y 表示各区间内出现误差的频率密度 $(k/n)/\mathrm{d}\Delta$ 的值。

从表 6-1 和图 6-1 中可以看出，有限次观测时，偶然误差最大值不超过 24″；绝对值小的误差比绝对值大的误差出现的个数多；绝对值相等的正负误差的出现个数大致相同。

3. 误差分布曲线

若观测次数 n 无限增大（$n \to \infty$），同时无限缩小误差的区间 dΔ，则图 6-1 中各长方形顶边的折线就变成一条光滑的曲线。该曲线在概率论中称为"正态分布曲线"，在测量学中称为误差分布曲线。

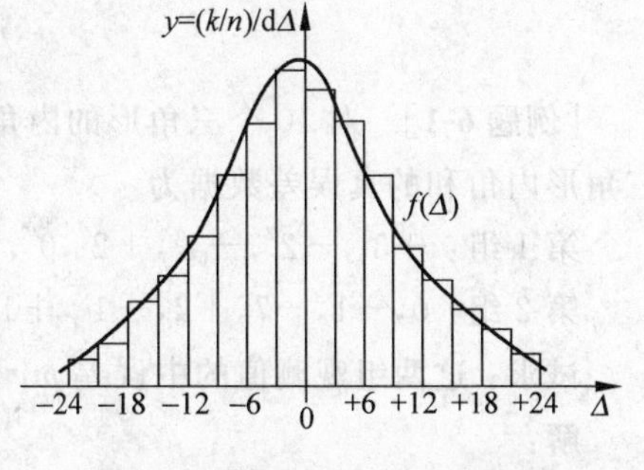

图 6-1　偶然误差频率之直方图

误差分布曲线的数学方程式为

$$f(\Delta) = \frac{1}{\sqrt{2\pi}\sigma} e^{-\frac{\Delta^2}{2\sigma^2}} \tag{6-3}$$

式中，圆周率 $\pi \approx 3.1416$；自然对数的底 e$=2.7183$；σ 为观测值的标准值；σ^2 为观测值的方差。

σ的几何意义是表示误差分布曲线两个拐点的横坐标值，它是误差分布曲线函数的唯一参数。

6.2.3 偶然误差的统计特性

从误差分布曲线的函数式中，可以看到偶然误差有以下统计特性。

(1) 在一定观测条件下，偶然误差的绝对值不会超过一定限度；

(2) 绝对值小的误差比绝对值大的误差出现的可能性大；

(3) 绝对值相等的正误差与负误差，出现的可能性相等；

(4) 当观测次数无限增大时，偶然误差的算术平均值趋近于零，用公式可表示为

$$\lim_{n\to\infty}\frac{\Delta_1+\Delta_2+\cdots+\Delta_n}{n}=\lim_{n\to\infty}\frac{[\Delta]}{n}=0 \tag{6-4}$$

综上所述，在一定的观测条件下，一组观测值对应着一条误差分布曲线，对应着一个标准差σ。因此σ的数值可以反映一组观测值的精度。

6.3 衡量观测值精度的指标

6.3.1 中误差

1. 标准差的定义式

当观测次数$n\to\infty$时

$$\sigma=\lim_{n\to\infty}\sqrt{\frac{{\Delta_1}^2+{\Delta_2}^2+\cdots+{\Delta_n}^2}{n}}=\lim_{n\to\infty}\sqrt{\frac{[\Delta^2]}{n}} \tag{6-5}$$

2. 中误差的定义式

当观测次数为有限次时

$$m=\pm\sqrt{\frac{[\Delta^2]}{n}} \tag{6-6}$$

[例题 6-1] 对10个三角形的内角，用两台精度不同的经纬仪进行两组观测，两组观测三角形内角和的真误差数据为

第1组：+3″，−2″，−4″，+2″，0″，−4″，+3″，+2″，−3″，−1″；

第2组：0，−1，−7，+2，+1，+1，+8，0，3，−1；

试求：这两组观测值的中误差m_1和m_2。

解：

$$m_1=\sqrt{\frac{3^2+(-2)^2+(-4)^2+2^2+0^2+(-4)^2+3^2+2^2+(-3)^2+(-1)^2}{10}}=\pm 2.7''$$

$$m_2=\sqrt{\frac{0^2+(-1)^2+(-7)^2+2^2+1^2+1^2+8^2+0^2+3^2+(-1)^2}{10}}=\pm 3.6''$$

由此可见，第1组观测值的中误差为±2.7″，第2组观测值的中误差为±3.6″，故可知第1组使用的经纬仪精度高。

6.3.2 允许误差

偶然误差的第一特性说明，在一定观测条件下，偶然误差不会超过一定的限值。这个限值在实际测量中，进行有限次观测时是得不到的。从概率学知道，偶然误差的绝对值大于2倍中误差的约占误差总数的5%，而大于3倍中误差的占总数的0.3%。一般在有限次观测中常采用2倍或3倍中误差作为误差的限值，称为允许误差(或称限差)，即

$$\Delta_{允} = 2m \sim 3m \tag{6-7}$$

在测量工作中，允许误差是区分误差和错误的界线。

6.3.3 相对误差

前面所讲的真误差、中误差、允许误差都称为绝对误差。

1. 相对中误差

中误差与观测值之比，把分子化为1的形式，称为相对中误差。

$$k = \frac{|m|}{d} = \frac{1}{D/|m|} \tag{6-8}$$

有些情况下，用中误差还不能完全反映测量成果的精度高低，如钢尺量距，分别测量 $D_1 =$ 500m 和 $D_2 = 80$m 两段距离，测量中误差相同，$m_1 = m_2 = \pm 0.02$m。显然，不能认为两者的测量精度相同。此时，采用相对中误差就可反映出测量精度。根据式(6-8)，可得

$$\frac{|m_1|}{D_1} = \frac{0.02}{500} = \frac{1}{25\,000} \quad \frac{|m_2|}{d_2} = \frac{0.02}{80} = \frac{1}{4000}$$

因此，测量 D_1 的精度高。

2. 相对真误差和相对允许误差

在闭合导线测量中，导线全长相对闭合差是一个相对真误差，导线全长允许相对闭合差就是一个相对允许误差。

3. 绝对误差和相对误差的适用范围比较

若观测值的误差与观测值的大小无关，则采用绝对误差来衡量观测值的精度，如水准测量所得高差，经纬仪测量水平角、竖直角。若观测值的误差与观测值大小有关，则采用相对误差来衡量，如钢尺量距。

6.4 误差传播定律及其应用

在△ABC中，求第3个角C的角值有两种方法。第1种方法是在C点用经纬仪直接观测C角，这样得到的C角值称为直接观测值。C角中误差可按前面的公式计算。

第2种方法是直接观测A角和B角，C角按函数式$C = 180° - A - B$求得，这样得到的C角值称为间接观测值。由于A角和B角都有中误差m_A和m_B，C角也随之产生中误差m_C。阐明观测值中误差和观测值函数中误差之间关系的定律，称为误差传播定律。

6.4.1 线性函数的误差传播定律

1. 有2个独立观测值的线性函数

$$z = k_1 x + k_2 y + k_0 \tag{6-9}$$

式中，k_i、k_0 均为已知常数，而 x、y 是独立观测值，相应的中误差为 m_x、m_y。

设 x、y、z 的真误差分别为 Δ_x、Δ_y、Δ_z，则有

$$\Delta_z = k_1 \Delta_x + k_2 \Delta_y \tag{6-10}$$

当对 x、y 均观测了 n 次，则有

$$\Delta_{z_i} = k_1 \Delta_{x_i} + k \Delta_{y_i} \tag{6-11}$$

将式(6-11)平方得

$$\Delta_{z_i}^2 = (k_1 \Delta_{x_i})^2 + (k_2 \Delta_{y_i})^2 + 2k_1 k_2 \Delta_{x_i} \Delta_{y_i} \tag{6-12}$$

将式(6-12)求和，并除以 n 再取极限，得

$$\lim_{n\to\infty} \frac{[\Delta_z^2]}{n} = \lim_{n\to\infty} \left\{ k_1^2 \frac{[\Delta_x^2]}{n} + k_2^2 \frac{[\Delta_y^2]}{n} + 2k_1 k_2 \frac{[\Delta_x \Delta_y]}{n} \right\}$$

由于 x、y 是独立观测值，也就是 Δ_x、Δ_y 是独立误差，则 $\Delta_x \Delta_y$ 也是一个偶然误差，所以 $\lim\limits_{n\to\infty}[\Delta_x \Delta_y / n] = 0$，则2个独立观测值的线性函数 Z 的中误差可表示为

$$m_z^2 = k_1^2 m_x^2 + k_2^2 m_y^2 \tag{6-13}$$

2. 若有 *n* 个独立观测值的线性函数

$$z = k_1 x_1 + k_2 x_2 + \cdots + k_n x_n + k_0 \tag{6-14}$$

$$m_z^2 = (k_1 m_1)^2 + (k_2 m_2)^2 + \cdots + (k_n m_n)^2 \tag{6-15}$$

3. 应用误差传播定律求线性函数的计算步骤

(1) 按实际测量问题的要求写出函数式

$$z = k_1 x_1 + k_2 x_2 + \cdots + k_n x_n + k_0$$

(2) 把函数式转变为中误差式

$$m_z^2 = (k_1 m_1)^2 + (k_2 m_2)^2 + \cdots + (k_n m_n)^2$$

函数式变为中误差式的规律是：将函数式中的函数 z 和独立观测式 x_i 用相应的中误差来代替，去掉 k_0 这一项，把函数式两边的每一项都单独平方，就转变为中误差式。

[例题6-2] 已知：在1∶500的地形图上，量得某两点的距离 $d=24.8$mm，测量 d 的中误差 $m_d=\pm 0.2$mm。试求：两点实地水平距离 D 及其中误差 m_D。

解：函数式：$D=500d=500\times 24.8=12\,400(\text{mm})=12.4(\text{m})$

中误差式：$m_D^2=(500m_d)^2$

所以，$m_D=500m_d=\pm 500\times 0.2=\pm 100(\text{mm})=\pm 0.1(\text{m})$

最后写成：$D\pm m_D=(1.24\pm 0.1)\text{m}$

[例题6-3] 已知：在三角形中，测得 $\alpha+m_\alpha=70°42'06''\pm 3.5''$，$\beta=31°13'30''\pm 6.2''$。试求：$\gamma$ 角及其中误差 m_γ。

解：函数式：$\gamma=180-\alpha-\beta=78°04'24''$

中误差：$m_\gamma^2=(-m_\alpha)^2+(-m_\beta)^2$

所以，$m_\gamma=\sqrt{m_\alpha^2+m_\beta^2}=\sqrt{3.5^2+6.2^2}=\pm 7.1''$

最后写成：$\gamma\pm m_\gamma=78°04'24''\pm 7.1''$

［**例题 6-4**］　已知：在 AB 两点间进行水准测量，每站测得高差中误差 $m_{站}=\pm2\text{mm}$，总共观测 $n=10$ 站。试求：AB 两水准点的高差中误差 m_h。

解：函数式：$h_{AB}=h_1+h_2+\cdots+h_n$

中误差式：$m_h^2=m_{站}^2+m_{站}^2+m_{站}^2+\cdots+m_{站}^2=nm_{站}^2$

所以，$m_h=\sqrt{n}m_{站}=\pm\sqrt{10}\times2=\pm6.3(\text{mm})$

［**例题 6-5**］　已知：对某量同精度观测 n 次，得到观测值 $L_1,L_2,\cdots,L_n$，观测值的中误差均为 m。试求：平均值 x 及其中误差 M。

解：函数式：$x=\frac{1}{n}L_1+\frac{1}{n}L_2+\cdots+\frac{1}{n}L_n$

中误差式：$M^2=\left(\frac{1}{n}m\right)^2+\left(\frac{1}{n}m\right)^2+\cdots+\left(\frac{1}{n}m\right)^2=n\times\frac{m^2}{n^2}$

因此可得

$$M=\frac{m}{\sqrt{n}}$$

由此可见，同精度观测的平均值中误差等于观测值中误差除以$\sqrt{n}$。

6.4.2　一般函数式的误差传播定律

1. 误差传播定律

设有一般函数

$$z=f(x_1,x_2,\cdots,x_n)$$

其中，$x_1,x_2,\cdots,x_n$ 是独立观测值，它们的中误差分别为 $m_1,m_2,\cdots,m_n$。由数学分析可知，自变量的误差与函数的误差之间的关系，可以通过函数全微分来表达。为此，求函数的全微分 $\text{d}z=\frac{\partial f}{\partial x_1}\text{d}x_1+\frac{\partial f}{\partial x_2}\text{d}x_2+\cdots+\frac{\partial f}{\partial x_n}\text{d}x_n$。

用真误差代替微分，可得

$$\Delta z=\frac{\partial f}{\partial x_1}\Delta_1+\frac{\partial f}{\partial x_2}\Delta_2+\cdots+\frac{\partial f}{\partial x_n}\Delta_n$$

令$\frac{\partial f}{\partial x_i}=k_i$即得

$$\Delta z=k_1\Delta_1+k_2\Delta_2+\cdots+k_n\Delta_n$$

这时可以采用线性函数的误差传播定律，即

$$m_z^2=(k_1m_1)^2+(k_2m_2)^2+\cdots+(k_nm_n)^2$$

2. 应用误差传播定律求一般函数的计算步骤

(1) 按实际测量问题的要求写出函数式

$$z=f(x_1,x_2,\cdots,x_n) \tag{6-16}$$

(2) 对函数进行全微分

$$\text{d}z=\left(\frac{\partial f}{\partial x_1}\right)\text{d}x_1+\left(\frac{\partial f}{\partial x_2}\right)\text{d}x_2+\cdots+\left(\frac{\partial f}{\partial x_n}\right)\text{d}x_n \tag{6-17}$$

(3) 变成中误差式

$$m_z^2 = \left(\frac{\partial f}{\partial x_1}\right)^2 m_1^2 + \left(\frac{\partial f}{\partial x_2}\right)^2 m_2^2 + \cdots + \left(\frac{\partial f}{\partial x_n}\right)^2 m_n^2 \tag{6-18}$$

[**例题 6-6**] 已知：在三角高程测量中，测得水平距离 $D \pm m_D = (120.250 \pm 0.050)\text{m}$，观测竖直角 $\alpha \pm m_\alpha = 12°47'00'' \pm 30''$。试求：高差 h 及其中误差 m_h。

解：函数式：$h = D\tan\alpha = 120.250\tan 12°47'00'' = 27.283\text{m}$

全微分：$\mathrm{d}h = (\tan\alpha)\mathrm{d}D + (D \times \sec^2\alpha)\left(\frac{\mathrm{d}\alpha}{\rho}\right)$

变成中误差式：

$$m_h^2 = (\tan\alpha)^2 m_D^2 + (D \times \sec^2\alpha)^2 \left(\frac{m_\alpha}{\rho}\right)^2$$

$$m_h = \pm\sqrt{(\tan 12°47'00'')^2 (0.050)^2 + (120.250 \times \sec^2 12°47'00'')^2 \left(\frac{30}{206265}\right)^2}$$

$$= \pm 0.022(\text{m})$$

最后写成：$h \pm m_h = (27.283 \pm 0.022)\text{m}$

[**例题 6-7**] 已知：用钢尺在一均匀坡度上量得 AB 斜距 $L \pm m_L = (29.992 \pm 0.003)\text{m}$，用水准仪测得两点高差 $h \pm m_h = (2.050 \pm 0.050)\text{m}$。试求：水平距离 D 及其中误差 m_D。

解：函数式：$D = \sqrt{L^2 - h^2} = \sqrt{(29.992)^2 - (2.050)^2} = 29.922(\text{m})$

为了全微分计算简单，把公式写成：$D^2 = L^2 - h^2$

全微分：$2D\mathrm{d}D = 2L\mathrm{d}L - 2h\mathrm{d}h$

化简：$D\mathrm{d}D = L\mathrm{d}L - h\mathrm{d}h$

变成中误差式：$(Dm_D)^2 = (Lm_L)^2 + (-hm_h)^2$

整理后得

$$m_D = \frac{\sqrt{(Lm_L)^2 + (hm_h)^2}}{D}$$

$$= \frac{\sqrt{(29.992 \times 0.003)^2 + (2.050 \times 0.050)^2}}{29.922} = \pm 0.005(\text{m})$$

最后写成：$D \pm m_D = (29.922 \pm 0.005)\text{m}$

6.4.3 误差传播定律的应用

1. 水准测量的精度

水准路线高差总和的中误差可表示为

$$m_{\Sigma h} = \sqrt{n} \times m_{站} \tag{6-19}$$

$$m_{\Sigma h} = \sqrt{L} \times \mu \tag{6-20}$$

式中，n 为准路线的站数；$m_{站}$ 为每站高差的中误差；L 为水准路线的长度；μ 为每千米高差的中误差。

2. 测回法测量水平角的精度

(1) DJ_6 经纬仪一测回的方向值为$\bar{a}$、$\bar{c}$，其中误差 $m_{1方} = \pm 6.0''$。

$$\begin{cases}\bar{a}=\frac{1}{2}[a_{左}+(a_{右}\pm 180°)]\\ \bar{c}=\frac{1}{2}[c_{左}+(c_{右}\pm 180°)]\end{cases} \tag{6-21}$$

(2) 半测回的方向值为 $a_{左}$、$a_{右}$、$c_{左}$、$c_{右}$，其中误差为 $m_{半方}$，把式(6-21)变成中误差式 $(m_{1方})^2=\left(\frac{1}{2}m_{半方}\right)^2+\left(\frac{1}{2}m_{半方}\right)^2=\frac{1}{2}m_{半方}^2$，因此

$$m_{半方}=\sqrt{2}m_{1方} \tag{6-22}$$

对于 DJ_6 经纬仪，$m_{半方}=\sqrt{2}\times 6.0''=\pm 8.5''$。

(3)半测回的角值为 $\beta_{上}$、$\beta_{下}$，其中误差为 $m_{半角}$。

$$\begin{cases}\beta_{上}=c_{左}-a_{左}\\ \beta_{下}=c_{右}-a_{右}\end{cases}$$

中误差式：$(m_{半角})^2=(m_{半方})^2+(-m_{半方})^2$，因此

$$m_{半角}=\sqrt{2}m_{半方}=\sqrt{2}\times\sqrt{2}m_{1方}=2m_{1方} \tag{6-23}$$

对于 DJ_6 经纬仪，$m_{半角}=2\times 6.0''=\pm 12.0''$。

(4) 一测回的角度为 β，其中误差为 $m_{1角}$。

$$\beta=\frac{1}{2}(\beta_{上}+\beta_{下})$$

中误差式：$(m_{1角})^2=\left(\frac{1}{2}m_{半角}\right)^2+\left(\frac{1}{2}m_{半角}\right)^2=\frac{1}{2}m_{半角}^2$，因此

$$m_{1角}=\frac{m_{半角}}{\sqrt{2}}=\frac{2m_{1方}}{\sqrt{2}}=\sqrt{2}m_{1方} \tag{6-24}$$

对于 DJ_6 经纬仪，$m_{1角}=\sqrt{2}\times 6.0''=\pm 8.5''$。

3. 电磁波测距仪测量水平距离和高差的精度

[**例题 6-8**] 电磁波测距仪测得斜距为 L，中误差为 m_L。观测竖直角 α，其中误差为 m_α。试求：水平距、高差及它们的中误差。

解：(1) 计算水平距的中误差

函数式：$D=L\cos\alpha$

微分式：$dD=(\cos\alpha)dL-(L\sin\alpha)\left(\frac{d\alpha''}{\rho''}\right)$

中误差式：

$$m_D^2=[(\cos\alpha)m_L]^2+\left[-(L\sin\alpha)\left(\frac{m''_\alpha}{\rho''}\right)\right]^2 \tag{6-25}$$

(2) 计算高差的中误差

函数式：$h=L\sin\alpha$

微分式：$dh=(\sin\alpha)dL+(L\cos\alpha)\left(\frac{d\alpha''}{\rho''}\right)$

中误差式：

$$m_h^2=[(\sin\alpha)m_L]^2+\left[(L\cos\alpha)\left(\frac{m''_\alpha}{\rho''}\right)\right]^2 \tag{6-26}$$

[**例题 6-9**] 已知：电磁波测距仪测得斜距 $L\pm m_L=(158.470\pm0.003)$m，竖直角 $\alpha=35°18'55''\pm6.0''$。试求：水平距离 D、高差 h 及其中误差。

解：$D=L\cos\alpha=158.470\times\cos35°18'55''=129.309(\text{m})$

$$m_D=\sqrt{[(\cos\alpha)m_L]^2+\left[(L\sin\alpha)\left(\frac{m_\alpha}{\rho}\right)\right]^2}$$

$$=\sqrt{[(\cos35°18'55'')\times0.003]^2+\left[(158.470\sin35°18'55'')\left(\frac{6.0}{206265}\right)\right]^2}$$

$$=\pm0.0036(\text{m})$$

$$h=L\sin\alpha=158.470\times\sin35°18'55''=91.608(\text{m})$$

$$m_h=\sqrt{[(\sin35°18'35'')\times0.003]^2+\left[(158.470)\cos35°18'55''\left(\frac{6.0}{206265}\right)\right]^2}$$

$$=\pm0.0041(\text{m})$$

4. 根据真误差计算中误差的实例

由三角形闭合差求测角中误差。在一个三角形中，各三角形的内角观测精度相同，其中误差为 m_β。每个三角形的闭合差为

$$W_i=\Delta_i=(\alpha_i+\beta_i+\gamma_i)-180°$$

根据中误差的定义式，三角形内角和的中误差为

$$m_\Sigma=\pm\sqrt{\frac{[\Delta\Delta]}{n}}=\pm\sqrt{\frac{[ww]}{n}} \tag{6-27}$$

因为 $\sum=\alpha+\beta+\gamma$，所以 $m_\Sigma=\sqrt{3}m_\beta$，则

$$m_\beta=\frac{m_\Sigma}{\sqrt{3}}=\pm\sqrt{\frac{[ww]}{3n}} \tag{6-28}$$

这就是著名的菲列罗公式。利用三角形的闭合差 w 来计算测角的中误差 m_β。

[**例题 6-10**] 已知：有 20 个三角形的闭合差如下：

$+5''$，$-7''$，$-16''$，$+2''$，$-13''$，$+8''$，$-2''$，$+7''$，$-2''$，$-6''$
$-6''$，$+3''$，$+7''$，$-3''$，$-12''$，$+1''$，$-5''$，$+19''$，$+13''$，$+7''$

试求：(1) 三角形内角和的中误差 m_Σ；

(2) 测角中误差 m_β。

解：(1) 三角形内角和的中误差

$$m_\Sigma=\pm\sqrt{\frac{[ww]}{n}}=\sqrt{\frac{1512}{20}}=\pm8.7''$$

(2) 测角中误差

$$m_\beta=\frac{m_\beta}{\sqrt{3}}=\pm\frac{8.7}{\sqrt{3}}=\pm5.0''$$

6.5　等精度独立观测值的算术平均值及精度评定

在相同的观测条件下，对某量进行 n 次独立观测，观测值依次为 $L_1, L_2, \cdots, L_n$，观测值中误差为 $m, m, \cdots, m$，我们需要求它的算术平均值 x，观测值中误差 m 以及算术平均值的中误差 M。

6.5.1　算术平均值

真误差的定义式为

$$\Delta_i = L_i - X \tag{6-29}$$

将式(6-29)求和除以 n，得

$$\frac{[\Delta]}{n} = \frac{[L]}{n} - X$$

即

$$X = \frac{[L]}{n} - \frac{[\Delta]}{n} \tag{6-30}$$

对式(6-30)取得极限，并顾及偶然误差的第(4)特性，则有

$$X = \lim_{n\to\infty}\frac{[L]}{n} - \lim_{n\to\infty}\frac{[\Delta]}{n} = \lim_{n\to\infty}\frac{[L]}{n} \tag{6-31}$$

即当观测次数 $n\to\infty$ 时，观测值的算术平均值就是真值。在实际工作中观测次数是有限的，则 X 的估值为

$$x = \frac{[L]}{n} \tag{6-32}$$

我们把 x 称为算术平均值，也称为最可靠值。

6.5.2　观测值的中误差

观测值的改正数定义式为

$$V_i = x - L_i \tag{6-33}$$

真误差式为

$$\Delta_i = L_i - X \tag{6-34}$$

两式相加

$$V_i + \Delta_i = x - X \tag{6-35}$$

设 $x - X = \Delta_x$，则有

$$V_i + \Delta_i = \Delta_x \tag{6-36}$$

变形得

$$\Delta_i = \Delta_x - V_i \tag{6-37}$$

上式两边平方，取总和，并除以 n 得

$$\frac{[\Delta\Delta]}{n}=\frac{[VV]}{n}-2\Delta x\frac{[V]}{n}+\frac{[\Delta_x\Delta_x]}{n} \tag{6-38}$$

两边取极限，考虑到$[V]=0$，则有

$$m^2=\frac{[VV]}{n}+M^2$$

由于$M^2=\frac{m^2}{n}$，则有

$$m^2=\frac{[VV]}{n}+\frac{m^2}{n}$$

整理后可得

$$m=\pm\sqrt{\frac{[VV]}{n-1}} \tag{6-39}$$

由式(6-33)，取总和$[v]=nx-[L]=0$可作为计算检核，因此$[v]=0$。

6.5.3 算术平均值的中误差

算术平均值的中误差为

$$M=\frac{m}{\sqrt{n}} \tag{6-40}$$

［**例题 6-11**］ 已知：用经纬仪等精度观测某水平角6个测回，观测值列于表6-2中。试求：算术平均值x、观测值的中误差m及算术平均值中误差M。

解：(1) 计算算术平均值

$$x=\frac{[L]}{n}=75°21'26''$$

(2) 计算观测值中误差

$$m=\pm\sqrt{\frac{[VV]}{n-1}}=\pm\sqrt{\frac{34}{6-1}}=\pm 2.6''$$

(3) 计算算术平均值中误差

$$M=\frac{m}{\sqrt{n}}=\frac{2.6}{\sqrt{6}}=\pm 1.1''$$

表 6-2 观测值

测　回	观　测　值	v
1	75°21′26″	0″
2	75°21′24″	+2″
3	75°21′23″	+3″
4	75°21′25″	+1″
5	75°21′28″	−2″
6	75°21′30″	−4″

[**例题 6-12**]　用钢尺对某段距离丈量 6 次,观测值列于表 6-3 中。试求:算术平均值、观测值中误差、平均值中误差和相对中误差 K。

解:(1) 算术平均值

$$x=\frac{[L]}{n}=289.788\text{m}$$

(2) 观测值中误差

$$V_i=x-L_i$$

$$m=\pm\sqrt{\frac{[VV]}{n-1}}=\pm\sqrt{\frac{372}{6-1}}=\pm 8.6(\text{mm})$$

(3) 算术平均值中误差及相对中误差

$$M=\frac{m}{\sqrt{n}}=\pm\frac{8.6}{\sqrt{6}}=\pm 3.5(\text{mm})$$

$$K=\frac{M}{x}=\frac{3.5}{289788}=\frac{1}{83000}$$

表 6-3　观测值 *t*

测　回	观测值/m	V/mm
1	289.782	+6
2	289.779	+9
3	289.790	−2
4	289.799	−11
5	289.781	+7
6	289.797	−9

思考题与练习题

6-1　在等精度观测中,为什么总是以多次观测的算术平均值作为未知量的最或然值?观测值的中误差和算术平均值的中误差有什么关系?提高观测成果的精度可以通过哪些途径?

6-2　何为系统误差?它的特性是什么?消除的办法是什么?

6-3　何为偶然误差?它的特性是什么?削弱的办法是什么?

6-4　偶然误差有哪些统计规律性?

6-5　一个五边形,每个内角观测的中误差为±30″,那么五边形内角和的中误差为多少?内角和闭合差的允许值为多少?

6-6　一段距离分 3 段丈量,分别量得 $S_1=42.74\text{m}$,$S_2=148.36\text{m}$,$S_3=84.75\text{m}$,它们的中误差分别为 $m_1=\pm 2\text{cm}$,$m_2=\pm 5\text{cm}$,$m_3=\pm 4\text{cm}$,试求该段距离的总长 S 及其中误差 m_s。

6-7　设测站 O(题 6-7 图),α 角每次观测的中误差为±40″,共观测 4 次。β 角每次观测中误差为±30″,共观测 4 次。试求:

(1) α 角与 β 角的中误差各为多少?

(2) γ 角的中误差为多少?

6-8 试用误差理论推导下列三角测量测角中误差 m 的公式。

$$m=\sqrt{\frac{\sum f_i{}^2}{3n}}$$

式中,f_i 为第 i 个三角形闭合差;n 为三角形个数。

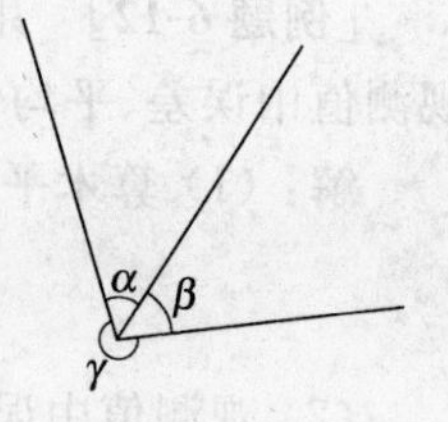

题 6-7 图

6-9 某段距离用钢尺进行 6 次等精度丈量,其结果列于题 6-9 表中,试计算该距离的算术平均值、观测值中误差及算术平均值的中误差。

题 6-9 表

序　号	观测值 L/m	V/mm	VV/ mm^2
1	256.565		
2	256.563		
3	256.570		
4	256.573		
5	256.571		
6	256.566		
	L=		

6-10 用钢尺丈量两段距离,其成果为:$D_A=(140.85\pm0.04)$m,$D_B=(120.31\pm0.03)$m。试求:(1)每段距离的相对中误差;(2)两段距离之和(D_A+D_B)中误差与两段距离之差(D_A-D_B)中误差的相对误差。

第7章

小区域控制测量

本章学习要点

- 导线测量外业工作和内业工作
- 交会测量
- GNSS控制网
- 三四等水准测量
- 三角高程测量

7.1 控制测量概述

在绪论中已经指出,测量工作必须遵循“从整体到局部,先控制后碎部”的原则,先建立控制网,然后根据控制网进行碎部测量和测设。控制网分为平面控制网和高程控制网2种。测定控制点平面位置的工作,称为平面控制测量。测定控制点高程的工作,称为高程控制测量。

7.1.1 国家控制网

在全国范围内建立的控制网,称为国家控制网。它是全国各种比例尺测图的基本控制,并为确定地球的形状和大小提供研究资料。国家控制网是用精密测量仪器和方法依照施测精度按一、二、三、四等4个等级建立的,它的低级控制点受高级控制点逐级控制。一等三角锁是国家平面控制网的骨干。二等三角网布设于一等三角锁环内,是国家平面控制网的全面基础。三、四等三角网为二等三角网的进一步加密。建立国家平面控制网,主要采用三角测量的方法,如图7-1所示。国家一等水准网是国家高程控制网的骨干。二等水准网布设于一等水准环内,是国家高程控制网的全面基础。三、四等水准网为国家高程控制网的进一步加密,建立国家高程控制网,采用精密水准测量的方法,如图7-2所示。

7.1.2 城市控制网

在城市地区,一般应在上述国家控制点的基础上,根据测区的大小、城市规划和施工测量的要求,布设不同等级的城市平面控制网(表7-1),以供地形测图和施工放样使用。直接供地形测图使用的控制点,称为图根控制点,简称图根点。测定图根点位置的工作,称为图

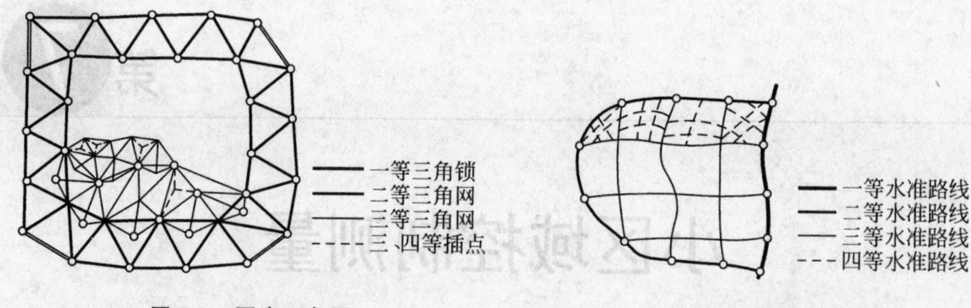

图 7-1　国家三角网　　　　图 7-2　国家水准网

根控制测量。图根点的密度(包括高级点),取决于测图比例尺和地物、地貌的复杂程度。至于布设哪一级控制作为首级控制,应根据城市的规模。中、小城市一般以四等网作为首级控制网(表 7-2)。面积在 15km² 以内的小城镇,可用小三角网或一级导线网作为首级控制。面积在 0.5km² 以下的测区,图根控制网可作为首级控制。

表 7-1　城市平面控制网的等级关系

控制范围	三角(三边)网	城市导线
城市基本控制	二等、三等、四等	二等、三等、四等
小地区首级控制	一级小三角、二级小三角	一、二、三级导线
图根控制	图根三角	图根导线

表 7-2　城市三角网的主要技术指标

等级	平均边长/km	测角中误差/(″)	起始边边长相对中误差	最弱边边长相对中误差
二等	9	≤±1.0	≤1/300 000	≤1/120 000
三等	5	≤±1.8	≤1/200 000(首级) ≤1/120 000(加密)	≤1/80 000
四等	2	≤±2.5	≤1/120 000(首级) ≤1/80 000(加密)	≤1/45 000
一级小三角	1	≤±5.0	≤1/40 000	≤1/20 000
二级小三角	0.5	≤±10.0	≤1/20 000	≤1/10 000

城市地区的高程控制分为二、三、四等水准测量和图根水准测量等几个等级,它是城市大比例尺测图及工程测量的高程控制。同样,应根据城市规模确定城市首级水准网的等级,然后再根据等级水准点测定图根点的高程。水准点间的距离,一般地区为 2～3km,城市建筑区为 1～2km。一个测区至少应设立 3 个基准水准点。

本章主要讨论小地区(10km² 以下)控制网建立的有关问题。下面将分别介绍用导线测量建立小地区平面控制网的方法,用三、四等水准测量和三角高程测量建立小地区高程控制网的方法。

7.2　导线测量的外业工作

7.2.1　导线测量概述

将测区内相邻控制点连成直线而构成的折线，称为导线。这些控制点，称为导线点。导线测量就是依次测定各导线边的长度和各转折角值；根据起算数据，推算各边的坐标方位角，从而求出各导线点的坐标。

用经纬仪测量转折角，用钢尺测定边长的导线，称为钢尺量距导线，主要技术要求见表 7-3；若用光电测距仪测定导线边长，则称为光电测距导线，主要技术要求见表 7-4。

导线测量是建立小地区平面控制网常用的一种方法，特别是地物分布较复杂的建筑区、视线障碍较多的隐蔽区和带状地区，多采用导线测量的方法。如图 7-3 所示，根据测区的不同情况和要求，导线可布设成下列 3 种形式。

1. 附合导线

布设在两个已知点间的导线，称为附合导线，如图 7-3 所示，附合导线起始于已知控制点 B，经过待定导线点 5、6、7、8 终止到另一个已知控制点 C。附合导线具有检核观测成果和已知点数据的作用，是导线测量的首选方案。

2. 闭合导线

起始于同一个已知点的导线，称为闭合导线，如图 7-3 所示，闭合导线从已知控制点 A 和已知方位角 BA 出发，经过待定导线点 1、2、3、4，又回到起始点 A，形成一个闭合多边形。闭合导线只有检核观测成果的作用，也是导线测量常用的布设形式。

3. 支导线

由一个已知点和已知边的方向出发，既不附合到另一个已知点，又不回到原来已知点的导线，称为支导线。如图 7-3 所示，已知控制点 C 和 DC 方位角，待定导线点是 9、10，这种形式是支导线。因支导线没有检核观测成果的作用，一般不宜采用。个别情况下用于控制点的加密，其点数一般不超过两点。

用导线测量方法建立小地区平面控制网，通常分为一级导线、二级导线、三级导线和图根导线等几个等级。

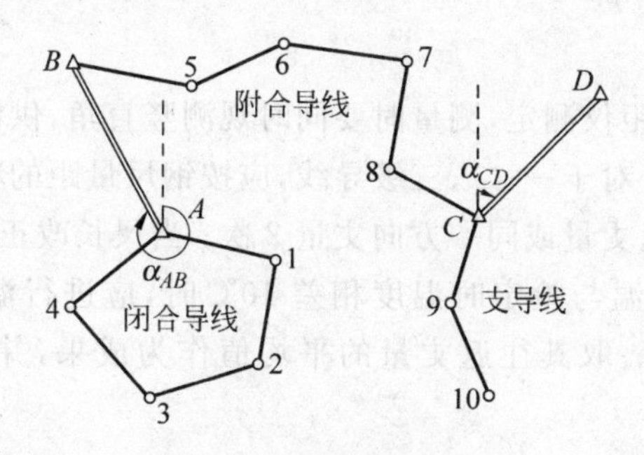

图 7-3　导线的布设形式

7.2.2 外业工作内容

导线测量的外业工作包括踏勘选点及建立标志、量边、测角和连测。

1. 踏勘选点及建立标志

选点前，应调查搜集测区已有地形图和高一级的控制点的成果资料，把控制点展绘在地形图上，然后在地形图上拟定导线的布设方案，最后到野外去踏勘，实地核对、修改、落实点位和建立标志。如果测区没有地形图资料，则需详细踏勘现场，根据已知控制点的分布、测区地形条件及测图和施工需要等具体情况，合理地选定导线点的位置。

实地选点时应注意下列几点。

(1) 相邻点间通视良好，地势较平坦，便于测角和量距。

(2) 点位应选在土质坚实处，便于保存标志和安置仪器。

(3) 视野开阔，便于施测。

(4) 导线各边的长度应大致相等。

(5) 导线点应有足够的密度，分布较均匀，便于控制整个测区。

导线点选定后，要在每一点位上打一大木桩，其周围浇灌一圈混凝土，桩顶钉一小钉，作为临时性标志。若导线点需要保存的时间较长，就要埋没混凝土桩或石桩(图 7-5)，桩顶刻"十"字，作为永久性标志。导线点应统一编号。为了便于寻找，应量出导线点与附近固定而明显的地物点的距离，绘草图，注明尺寸，称为点之记。

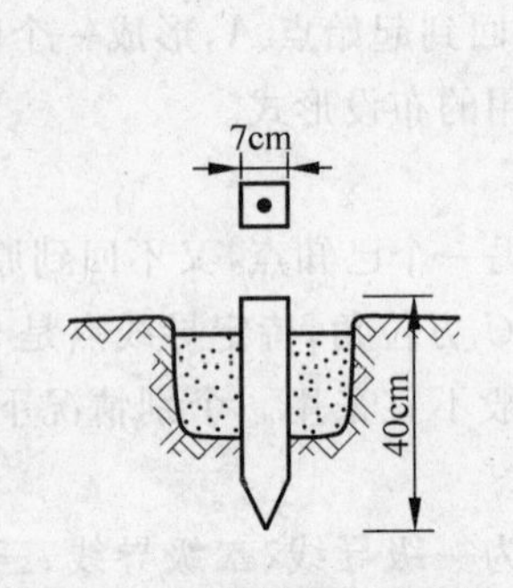

图 7-4 图根导线点的埋设

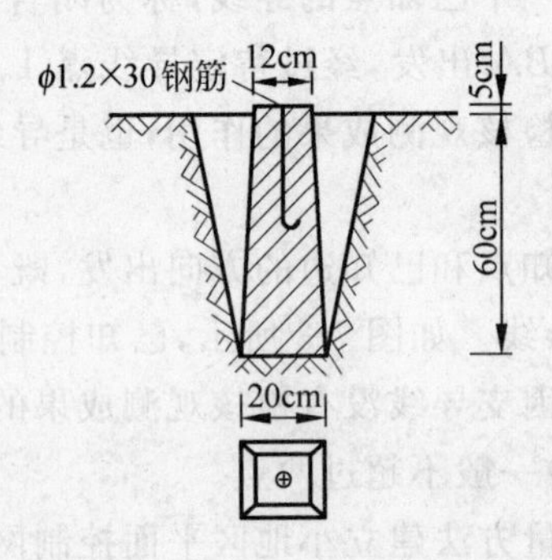

图 7-5 等级导线点的埋设

2. 量边

导线边长可用光电测距仪测定，测量时要同时观测竖直角，供倾斜改正之用。若用钢尺丈量，钢尺必须经过检定。对于一、二、三级导线，应按钢尺量距的精密方法进行丈量。对于图根导线，用一般方法往返丈量或同一方向丈量 2 次；当尺长改正数大于 1/10 000 时，应加尺长改正；量距时平均尺温与检定时温度相差 10℃时，应进行温度改正；尺面倾斜大于 1.5%时，应进行倾斜改正；取其往返丈量的平均值作为成果，并要求其相对误差不大于 1/3000。

3. 测角

用测回法施测导线左角(位于导线前进方向左侧的角)或右角(位于导线前进方向右侧的角)。一般在附合导线中，测量导线左角，在闭合导线中均测内角。若闭合导线按逆时针方向编号，则其左角就是内角。图根导线，一般用 DJ_6 级光学经纬仪测一个测回。若盘左、盘右测得角值的较差不超过36″,则取其平均值。

测角时,为了便于瞄准,可在已埋没的标志上用3根竹杆吊一个大垂球,或用测钎、觇牌作为照准标志。

4. 连测

导线与高级控制点连接,必须观测连接角、连接边,作为传递坐标方位角和坐标之用。

参照第3、4章角度和距离测量的记录格式,做好导线测量的外业记录,并要妥善保存。

表 7-3　钢尺量距导线的主要技术要求

等级	测图比例尺	附合导线长度/m	平均边长/m	往返丈量差相对误差	测角中误差/(″)	导线全长相对闭合差	测回数		方位角闭合差/(″)
							DJ_2	DJ_6	
一级		2500	250	1/20 000	±5	1/10 000	2	4	$\pm10\sqrt{n}$
二级		1800	180	1/15 000	±8	1/7000	1	3	$\pm16\sqrt{n}$
三级		1200	120	1/10 000	±12	1/5000	1	2	$\pm24\sqrt{n}$
图根	1∶500	500	75	1/3000	±20	1/2000		1	$\pm60\sqrt{n}$
	1∶1000	1000	110						
	1∶2000	2000	180						

注:n为测站数。

表 7-4　光电测距导线的主要技术要求

等级	测图比例尺	附合导线长度/m	平均边长/m	测距中误差	测角中误差/(″)	导线全长相对闭合差	测回数		方位角闭合差/(″)
							DJ_2	DJ_6	
一级		3600	300	±15	±5	1/14 000	2	4	$\pm10\sqrt{n}$
二级		2400	200	±15	±8	1/10 000	1	3	$\pm16\sqrt{n}$
三级		1500	120	±15	±12	1/6000	1	2	$\pm24\sqrt{n}$
图根	1∶500	900	80	±15	±20	1/4 000		1	$\pm40\sqrt{n}$
	1∶1 000	1 800	150						
	1∶2 000	3 000	250						

注:n为测站数。

7.3　导线测量的内业工作

导线测量内业计算的目的就是计算各导线点的平面坐标x、y。

计算之前,应先全面检查导线测量外业记录、数据是否齐全,有无记错、算错,成果是否符合精度要求,起算数据是否准确。然后绘制计算略图,将各项数据标注在图上的相应位置,如图7-8所示。

7.3.1　附合导线计算

1. 计算的基本思想

如图7-6所示,已知控制点A、B、C、D,观测水平角β_B、β_1、β_2、β_3、β_C,水平距D_1、D_2、D_3、D_4。试求:1、2、3点坐标。

存在的问题：确定 1、2、3 点坐标只需要观测 3 个角度和 3 条边长，所以必要观测量 $t=3+3=6$。现在总共观测 5 个角度和 4 条边长，总共观测量 $n=9$，多余观测量 $r=n-t=9-6=3$。这样就会产生 3 个闭合差：方位角闭合差以及纵、横坐标增量闭合差。

(1) 方位角闭合差

如图 7-6 所示，若角度测量没有误差，导线的正确位置为 $AB123CD$。由于角度测量有误差，使导线变成 $AB1'2'3'C'D'$ 的位置。从 AB 的方位角推算到 $C'D'$ 的方位角 $\alpha'_{CD(推算)}$ 与 CD 的方位角 $\alpha'_{CD(已知)}$ 不等于，其差值称为方位角闭合差，用公式可表示为

$$f_\beta = \alpha_{CD(推算)}{}' - \alpha_{CD(已知)} = (\alpha_{AB} + \sum \beta_{左} - n \times 180) - \alpha_{CD} \tag{7-1}$$

为了消除方位角闭合差，需要对观测角度进行改正。方位角闭合差的分配原则是：将闭合差反符号平均分配给各个观测角。

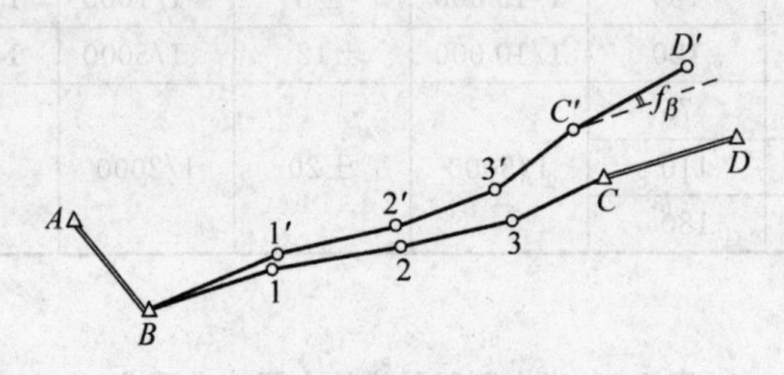

图 7-6 方位角闭合差

(2) 纵、横增量闭合差

如图 7-7 所示，由于导线测角和量距存在误差，使得我们实测到的 C' 点位置和已知 C 点位置不重合，这段距离 CC' 称为导线全长闭合差 f。将 f 分别投影到 x 轴和 y 轴上，得到纵、横坐标增量闭合差 f_x 和 f_y，即

$$\begin{cases} f_x = X'_{C(推算)} - X_{C(已知)} = \sum \Delta X - (X_C - X_B) \\ f_y = Y'_{C(推算)} - Y_{C(已知)} = \sum \Delta Y - (Y_C - Y_B) \end{cases} \tag{7-2}$$

为了消除增量闭合差，需要对增量进行改正。增量闭合差的分配原则是：将 f_x、f_y 反号按边长成正比例分配给各个增量 Δx_i、Δy_i。

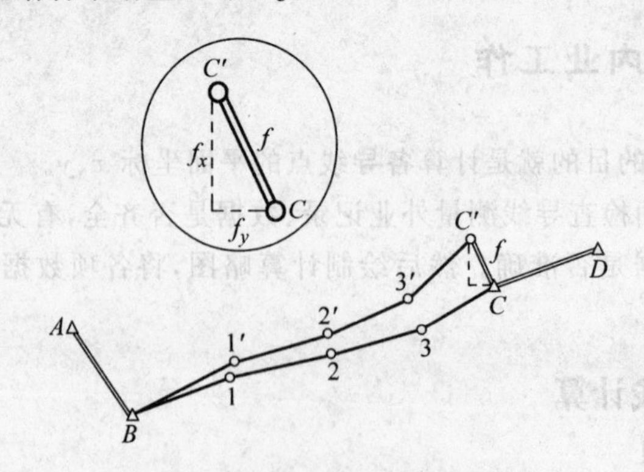

图 7-7 纵横坐标增量闭合差

2. 计算步骤

［**例题 7-1**］　如图 7-8 所示，已知附合导线 $BA1234CD$，已知数据和观测数据列入表 7-5 中。试求：1、2、3、4 点坐标。

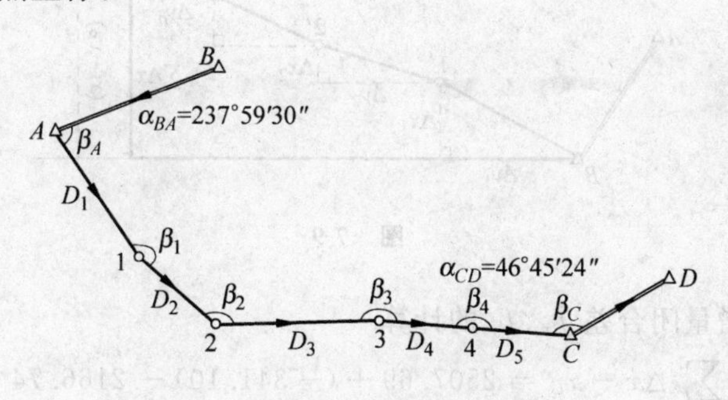

图 7-8　附合导线

解：准备工作：绘草图，在导线计算表 7-5 中填写点号，角度 β_i，坐标方位角 α_{BA}、α_{CD}，距离 D_i，已知坐标 x_A、y_A，x_C、y_C。

(1) 计算方位角闭合差 f_β 及调正

① 计算 f_β

$$f_\beta = \alpha_{BA} + \sum \beta_{左} - n \times 180 - \alpha_{CD} \tag{7-3}$$

$$f_\beta = 237°59'30'' + 888°45'18'' - 6 \times 180 - 46°45'24'' = -36''$$

② 计算允许的方位角闭合差 $f_{\beta允}$

$$f_{\beta允} = \pm 60''\sqrt{n}\, f_{\beta允}$$
$$= \pm 60''\sqrt{6} \tag{7-4}$$

③ 计算角度改正数

$$V_\beta = -\frac{f_\beta}{n}$$

$$V_\beta = -\frac{(-36)}{6} = +6'' \tag{7-5}$$

计算检核 1：$\sum V_\beta = - f_\beta = 36''$

④ 计算改正后的角度

$$\overline{\beta_i} = \beta_i + V_\beta \tag{7-6}$$

⑤ 计算各边方位角

$$\alpha_{i+1} = \alpha_i + \overline{\beta_i} - 180° \tag{7-7}$$

计算检核 2：$\alpha_{CD(推算)} = \alpha_{CD(已知)}$

(2) 计算坐标增量闭合差及调整

① 各边增量的计算，如图 7-9 所示。

$$\begin{cases} \Delta x_i = D_i \times \cos\alpha_i \\ \Delta y_i = D_i \times \sin\alpha_i \end{cases} \tag{7-8}$$

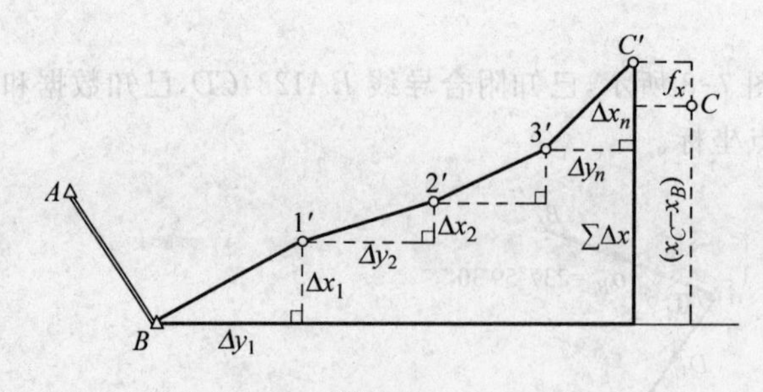

图 7-9

② 纵、横坐标增量闭合差 f_x、f_y 的计算

$$\begin{cases} f_x = x_A + \sum \Delta x - x_C = 2507.69 + (-341.10) - 2166.74 = -0.15(\text{m}) \\ f_y = y_A + \sum \Delta y - y_C = 1215.63 + 541.78 - 1757.27 = 0.14(\text{m}) \end{cases} \tag{7-9}$$

导线全长闭合差为

$$f = \sqrt{f_x^2 + f_y^2} = \sqrt{(-0.15)^2 + (0.14)^2} = 0.20(\text{m}) \tag{7-10}$$

全长相对闭合差为

$$K = \frac{f}{\sum D} = \frac{0.20}{740} = \frac{1}{3700}(\text{合格})$$

$$K_{允} = \frac{1}{2000} \tag{7-11}$$

③ 计算增量改正数和改正后的增量

$$\begin{cases} V_{\Delta X_i} = -\dfrac{f_x \times D_i}{\sum D_i} \\ V_{\Delta Y_i} = -\dfrac{f_y \times D_i}{\sum D_i} \end{cases} \tag{7-12}$$

计算检核 3：

$$\sum V_{\Delta Xi} = -f_x = 0.15\text{m}$$
$$\sum V_{\Delta Yi} = -f_y = -0.14\text{m}$$
$$\overline{\Delta x_i} = \Delta x_i + V_{\Delta x_i}$$
$$\overline{\Delta y_i} = \Delta y_i + V_{\Delta y_i}$$

(3) 计算各点坐标

$$\begin{cases} x_{i+1} = x_i + \overline{\Delta x_i} \\ y_{i+1} = y_i + \overline{\Delta y_i} \end{cases}$$

计算检核 4：

$$x_{C(推算)} = x_{C(已知)}$$
$$y_{C(推算)} = y_{C(已知)}$$

表 7-5 附合导线计算表

点号	观测角（左角）	改正数	改正角	坐标方位角 α	距离 D /m	增量计算值		改正后增量		坐标值		点号
						Δx/m	Δy/m	Δx/m	Δy/m	x/m	y/m	
1	2	3	4=2+3	5	6	7	8	9	10	11	12	13
B												B
				237°59′30″								
A	99°01′00″	+6″	99°01′06″							**2 507.69**	**1 215.63**	A
				157°00′36″	225.85	+5 −207.91	−4 +88.21	−207.86	+88.17			
1	167°45′36″	+6″	167°45′42″							2 299.83	1 303.80	1
				144°46′18″	139.03	+3 −113.57	−3 +80.20	−113.54	+80.17			
2	123°11′24″	+6″	123°11′30″							2 186.29	1 383.97	2
				87°57′48″	172.57	+3 +6.13	−3 +172.46	+6.16	+172.43			
3	189°20′36″	+6″	189°20′42″							2 192.45	1 556.40	3
				97°18′30″	100.07	+2 −12.73	−2 +99.26	−12.71	+99.24			
4	179°59′18″	+6″	179°59′24″							2 179.74	1 655.64	4
				97°17′54″	102.48	+2 −13.02	−2 +101.65	−13.00	+101.63			
C	129°27′24″	+6″	129°27′30″							**2 166.74**	**1 757.27**	C
				46°45′24″								
D												D
$\sum$	888°45′18″	+36″	888°45′54″		740.00	−341.10	+541.78	−340.95	+541.64			

辅助计算：

$f_\beta=-36'', f_{\beta允}=\pm 60''\sqrt{n}=\pm 60''\sqrt{6}=\pm 147'', f_\beta<f_{\beta允}$（合格）

$f=\sqrt{f_x^2+f_y^2}=\sqrt{(-0.15)^2+0.14^2}=0.21(\mathrm{m}), K=\frac{f}{\sum D}=\frac{0.21}{740}=\frac{1}{3\,500}, f_x=-0.15\mathrm{m}, f_y=0.14\mathrm{m}, K_{允}=\frac{1}{2\,000}, K<K_{允}$（合格）

7.3.2 闭合导线计算

闭合导线的计算基本上与附合导线相同,下面列出与附合导线计算不同的公式。

1. 计算角度闭合差 f_β

$$f_\beta = \sum \beta - (n-2) \times 180° \tag{7-13}$$

式中,n 为多边形的边数。

2. 坐标增量闭合差的计算与调整

$$\begin{cases} f_x = \sum \Delta X \\ f_y = \sum \Delta Y \end{cases} \tag{7-14}$$

[**例题 7-2**] 如图 7-10 所示,已知闭合导线 12345,起始点坐标 x_1、y_1,起始方位角 α_{12},观测角度 β_1、β_2、β_3、β_4、β_5,观测边长 D_1、D_2、D_3、D_4、D_5,所有的数据表示在图 7-10 上。试求:2、3、4、5 点坐标。

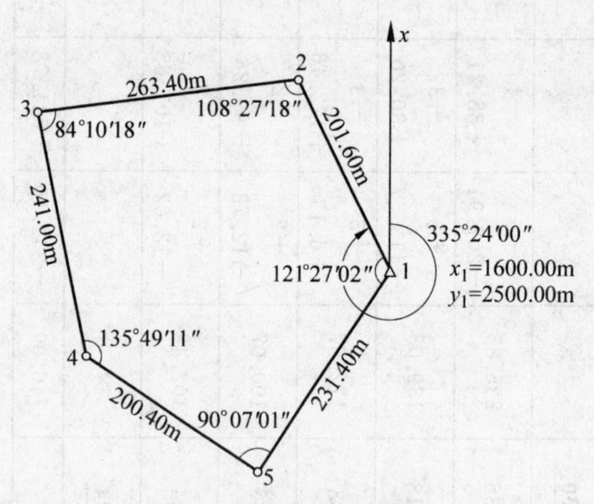

图 7-10 闭合导线略图

解:计算结果见表 7-6。

在计算闭合导线过程中,所产生的纵、横坐标增量闭合差如图 7-11 所示,闭合导线纵、横坐标增量代数和的理论值应为零。

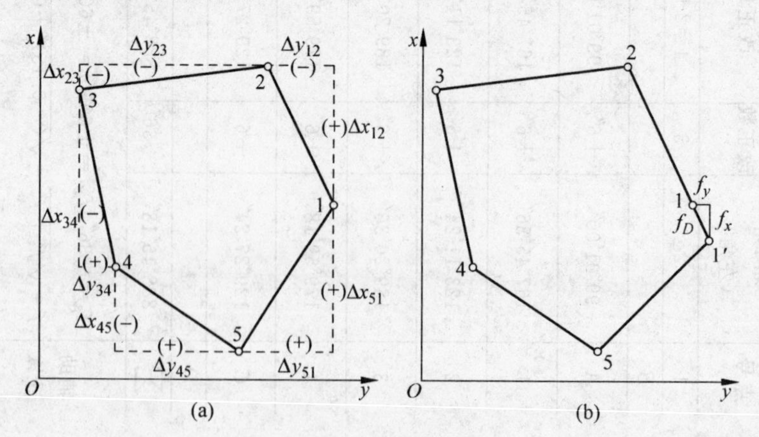

图 7-11 坐标增量闭合差

表 7-6 闭合导线计算表

点号	观测角（左角）	改正数/(″)	改正角	坐标方位角 α	距离 D/m	增量计算值		改正后增量		坐标值		点号
						Δx/m	Δy/m	Δx/m	Δy/m	x/m	y/m	
1	2	3	4=2+3	5	6	7	8	9	10	11	12	13
1										1 600.00	2 500.00	1
				335°24′00″	201.60	+5 +183.30	+2 −83.92	+183.35	−83.90			
2	108°27′18″	−10	108°27′08″							1 783.35	2 416.10	2
				263°51′08″	263.40	+7 −28.21	+2 −261.89	−28.14	−261.87			
3	84°10′18″	−10	84°10′08″							1 755.21	2 154.23	3
				168°01′16″	241.00	+7 −235.75	+2 +50.02	−235.68	+50.04			
4	135°49′11″	−10	135°49′01″							1 519.53	2 204.27	4
				123°50′17″	200.40	+5 −111.59	+1 +166.46	−111.54	+166.47			
5	90°07′01″	−10	90°06′51″							1 407.99	2 370.74	5
				33°57′08″	231.40	+6 +191.95	+2 +129.24	+192.01	+129.26			
1	121°27′02″	−10	121°26′52″							1 600.00	2 500.00	1
				335°24′00″								
2												
$\sum$	540°00′50″	−50	540°00′00″		1137.80	−0.30	−0.09	0	0			

辅助计算：

$f_\beta = \sum\beta - (n-2)\times 180° = 540°00'50'' - (5-2)\times 180° = +50''$，$f_{\beta允} = \pm 60\sqrt{n} = \pm 60''\sqrt{5} = \pm 134''$，$f_\beta < f_{\beta允}$（合格）

$f_x = \sum\Delta x = -0.30\text{m}$，$f_y = \sum\Delta y = -0.09\text{m}$，$f = \sqrt{f_x^2 + f_y^2} = \sqrt{(-0.30)^2 + (-0.09)^2} = 0.31(\text{m})$

$K = \dfrac{f}{\sum D} = \dfrac{0.31}{1137.80} = \dfrac{1}{3600}$，$K_允 = \dfrac{1}{2000}$，$K < K_允$（合格）

7.4 GNSS 控制网

全球导航卫星系统(GNSS)是采用全球导航卫星无线电导航技术确定时间和目标空间位置关系的系统,主要包括 GPS、GLONASS、Galileo、北斗卫星导航系统等。目前高精度大地控制测量主要使用 GPS 系统。本节主要对 GPS 进行介绍。

7.4.1 GPS 简介

1957 年 10 月,苏联成功发射了世界上第一颗人造地球卫星。1958 年底,美国海军武器实验室就开始建立为美国军用舰艇导航服务的海军导航卫星系统(navy navigation satellite system,NNSS)的计划。NNSS 于 1964 年建成并在美国军方使用,1967 年 7 月 29 日美国政府宣布解密 NNSS 部分导航电文供民用。NNSS 共有 6 颗工作卫星,距离地球表面的平均高度约为 1070km,因其运行轨道面均通过地球南北极构成的子午面,所以又称为"子午卫星导航系统",其使用的卫星接收机称为多普勒接收机。与传统导航、定位方法比较,使用 NNSS 导航和定位具有不受气象条件影响、自动化程度较高和定位精度高的优点,它开创了海空导航的新时代,也揭开了卫星大地测量(satellite geodesy)的新篇章。

20 世纪 70 年代中期,我国开始引进多普勒接收机并首先应用于西沙群岛的大地测量基准联测,国家测绘局和总参测绘局联合测量了全国卫星多普勒大地网,石油和地质勘探部门也在西北地区测量了卫星多普勒定位网。由于工作卫星少、运行高度较低,多普勒接收机的观测时间较长,不能为用户提供连续实时定位和导航服务。应用于大地测量静态定位时,一个测站的平均观测时间为 1～2 天,且不能达到厘米级的定位精度。

为了满足军事和民用部门对连续实时定位和导航的迫切要求,1973 年 12 月,美国国防部开始组织陆海空三军联合研制新一代军用卫星导航系统,该系统的英文全称为 navigation by satellite timing and ranging/global positioning system (NAVSTAR/GPS),其中文意思是用卫星定时和测距进行导航/全球定位系统,简称 GPS。从 1989 年 2 月 14 日第一颗工作卫星发射成功,到 1994 年 3 月 28 日完成第 24 颗工作卫星的发射,GPS 共发射了 24 颗(其中 21 颗工作卫星,3 颗备用卫星,目前的卫星数已经超过 32 颗),均匀分布在 6 个相对于赤道的倾角为 55°的近似圆形的轨道上,每个轨道上有 4 颗卫星运行,它们距地球表面的平均高度约为 20 200km,运行速度为 3800m/s,运行周期 11h 58min。每颗卫星可覆盖全球 38%的面积,卫星的分布,可保证在地球上任何地点、任何时刻,在高度角 15°以上的天空同时能观测到 4 颗以上卫星。随着 GPS 的投入使用,NNSS 于 1996 年 12 月停止使用。

7.4.2 GPS 的组成

GPS 由工作卫星、地面监控系统和用户设备 3 个部分组成。

1. 工作卫星

如图 7-12 所示，卫星呈圆柱形，直径为 1.5m，质量约为 843kg，两侧由 4 片拼接成的双叶太阳能电池翼板。

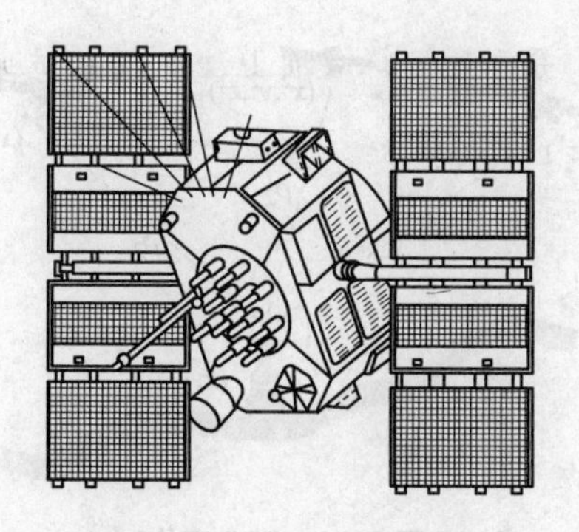

图 7-12　GPS 工作卫星

2. 地面监控系统

每颗卫星的广播星历是由地面监控系统提供的。地面监控系统包括 1 个主控站、3 个注入站和 5 个监测站，其分布位置如图 7-13 所示。主控站位于美国本土科罗拉多・斯平士的联合空间执行中心，3 个注入站分别位于大西洋的阿森松群岛、印度洋的狄哥伽西亚和太平洋的卡瓦加兰 3 个美国军事基地上，5 个监测站中的 4 个位于 1 个主控站和 3 个注入站所在地，另一个监测站设在了夏威夷。

图 7-13　地面监控系统分布图

3. 用户设备

用户设备包括 GPS 接收机和相应的数据处理软件。GPS 接收机包括接收天线、主机和电源。GPS 接收机的任务是捕获卫星信号，跟踪并锁定卫星信号，对接收到的信号进行处理，测量出测距信号从卫星传播到接收机天线的时间间隔，译出卫星广播的导航电文，实时计算接收机天线的三维坐标、速度和时间。

7.4.3　GPS 测量定位原理

GPS 定位的基本原理是以 GPS 卫星至用户接收机天线之间的距离（或距离差）为观测量，根据已知的卫星瞬时坐标，利用空间后方交会，确定用户接收机天线对应的观测站的位置。

利用3个以上卫星的已知空间位置，交会出地面未知点（用户接收机）的位置，如图7-14所示。

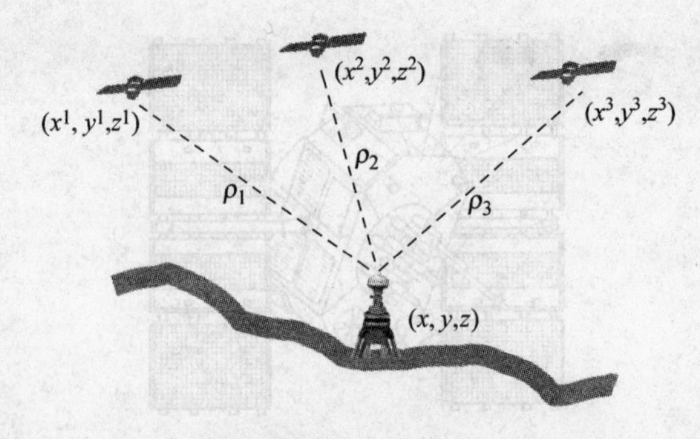

图 7-14 GPS 定位

通过导航电文解译出3颗卫星的坐标，通过测量求出3颗卫星到测站的距离 ρ，用距离交会即可求出测站点的坐标 (X,Y,Z)。

$$\begin{cases}\rho_1^2=(X-x^1)^2+(Y-y^1)^2+(Z-z^1)^2\\ \rho_2^2=(X-x^2)^2+(Y-y^2)^2+(Z-z^2)^2\\ \rho_3^2=(X-x^3)^2+(Y-y^3)^2+(Z-z^3)^2\end{cases} \tag{7-15}$$

测距的方法可分为测量载波相位差测距和码相位（伪距法）测距两种。

1. 伪距的概念及伪距测量

GPS 卫星能够按照星载时钟发射结构为“伪随机噪声码的信号”，称为测距码信号（即粗码 C/A 码或精码 P 码）。该信号从卫星发射经时间 t 后，到达接收机天线；卫星至接收机的空间几何距离 $\rho=Ct$。

实际上，由于传播时间 t 中包含有卫星时钟与接收机时钟不同步的误差以及测距码在大气中传播的延迟误差等，求得的距离值并非真正的站星几何距离，习惯上称之为伪距，用 ρ 表示，与之相对应的定位方法称为伪距法定位。用 C/A 码进行测量的伪距为 C/A 码伪距；用 ρ 码进行测量的伪距为 P 码伪距。

2. 载波相位测量原理

利用 GPS 卫星发射的载波为测距信号。由于载波的波长（$\lambda_{L1}=19.03\text{cm}$，$\lambda_{L2}=24.42\text{cm}$）比测距码波长要短得多，因此对载波进行相位测量，就可能得到较高的测量定位精度。

7.4.4 GPS 测量特点

利用 GPS 进行测量具有高精度、全天候、高效率、多功能、操作简便等特点。

1. 定位精度高

应用实践已经证明，GPS 相对定位精度在 50km 以内可达 10^{-6}，而在 100～500km 可达 10^{-6}～10^{-7}，随着观测技术与数据处理技术的不断改善，有望在大于 1000km 的距离上，使相对定位精度达到或优于 10^{-8}。

2. 观测时间短

随着 GPS 测量技术的不断完善以及软件的不断更新，在进行 GPS 测量时，每个测站的观测时间一般在 30～40min；近年来发展的短基线（不超过 20km）以内快速静态相对定位（RTK），其观测时间仅需几分钟；RTK 测量时，当每个流动站与参考站相距在 15km 以内时，流动站观测时间只需 1～2min。

3. 测站间无须通视

传统的测量方法既要保持良好的通视条件，又要保障测量控制网的良好的图形结构。GPS 测量不要求测站之间互相通视，只需测站上空开阔即可，因此可节省大量的造标费用。由于无须点间通视，点位位置根据需要，可稀可密，使选点工作甚为灵活，也可省去经典大地网中的传算点、过渡点的测量工作。

但需要指出的是，GPS 测量虽不要求测站之间相互通视，但必须保持测站上空具有足够开阔的净空，以使卫星信号的接收不受干扰。

4. 可提供三维坐标

经典大地测量将平面与高程采用不同方法分别施测。GPS 可同时精确测定测站点的三维坐标。目前通过局部大地水准面精化，GPS 水准可满足四等水准测量的精度。

5. 操作简便

随着 GPS 接收机的不断改进，其自动化程度越来越高，观测中测量员只需安置并开关仪器、量取仪器高、设置仪器参数、监视仪器的工作状态、采集观测环境的气象数据，接收机即可进行自动观测和记录。

6. 全天候作业

GPS 观测卫星数目多，且分布均匀，可保证在任何时间、任何地点连续地进行观测，一般不受天气状况的影响。

7.4.5　GPS 小区域控制测量

1. GPS 控制网的技术设计

(1) 充分考虑建立控制网的应用范围，根据工程的近期、中长期的需求确定控制网的范围。

(2) 布网方案及网形设计。分级布设 GPS 网，顾及测站选址、仪器设备装置与后勤交通保障等因素，设计各观测时段的时间及接收机的搬站顺序，GPS 网一般由一个或若干个独立观测环组成，也可采用路线形式。

(3) GPS 测量的精度标准。GPS 测量规范是国家质量技术监督局或有关行业主管部门制定的 GPS 测量技术标准，是 GPS 测量工作必须遵守的指令性法规。现行的 GPS 测量规范（规程）有如下几种。

① 2009 年中华人民共和国国家质量监督检验检疫总局和中国国家标准化管理委员会发布的国家标准《全球定位系统（GPS）测量规范》（GB/T 18314—2009），以下简称《GB 规范》。

② 1997 年中华人民共和国建设部发布的建设行业标准《全球定位系统城市测量技术规程》（CJJ 73—1997），以下简称《JJ 规程》。

③ 1998 年交通部发布的交通行业标准《公路全球定位系统（GPS）测量规范》（JTJ/T 066—1998），以下简称《JTJ 规范》。

在《GB 规范》中，GPS 测量按其精度划分为 AA、A、B、C、D、E 共 6 个精度级别。各级 GPS 网相邻点间基线长度精度用式(7-16)表示，并按表 7-7 规定执行。

$$\sigma = \sqrt{\alpha^2 + (b \cdot d \cdot 10^{-6})^2} \tag{7-16}$$

式中，σ 为准差，mm；α 为固定误差，mm；b 为比例误差系数，mm；d 为相邻点间距离，mm。

表 7-7 《全球定位系统(GPS)测量规范》的 GPS 测量精度分级

级别	主要用途	固定误差 a/mm	比例误差系数 b
AA	全球性的动力学研究、地壳变形测量和精密定轨	≤3	≤0.01
A	区域性的地球动力学研究和地壳变形测量	≤5	≤0.1
B	局部变形监测和各种精密工程测量	≤8	≤1
C	大、中城市及工程测量基本控制网	≤10	≤5
D	中、小城市及测图、物探、建筑施工等控制测量	≤10	≤10
E		≤10	≤20

(4) 坐标系统与起算数据。在 GPS 网的技术设计中，必须说明 GPS 网的成果所采用的坐标系统和起算数据，以及坐标转换参数。

(5) GPS 点的高程。GPS 测定的高程是 WGS-84 坐标系中的大地高，与我国采用的 1985 年黄海国家高程基准正常高之间也需要进行转换。为了得到 GPS 点的正常高，应使一定数量的 GPS 点与水准点重合，或者对部分 GPS 点联测水准。若需要进行水准联测，则在进行 GPS 布点时应对此加以考虑。

2. 选择点位

由于 GPS 测量观测站之间不一定要求相互通视，而且网的图形结构比较灵活，所以选点工作比常规控制测量的选点简便。选点工作前应收集和了解有关测区的地理情况和原有控制点分布及标架、表型、标石的完好状况，决定其适宜的点位外，选点工作还须遵守以下原则。

(1) 点位处应便于设置仪器和操作，且视野开阔。视场范围 15°以上不应有障碍物，以避免 GPS 信号被遮挡或吸收。

(2) 点位应远离大功率无线电发射源（如电视台、微波站、高压输电线等），以避免周围磁场对 GPS 卫星信号的干扰。

(3) 点位附近不应有强烈干扰卫星信号接收的物体，并尽量避免大面积水域，以减弱多路径误差的影响。

(4) 点位应选在交通方便的地方，有利于用其他测量手段联测扩展。

(5) 尽量满足至少有一个后视方向的原则，以便常规测量使用。

(6) 地面基础稳定，便于点位保存。

3. 埋设标石

为了较长期地保存点位，GPS 控制点一般应设置具有中心标志的标石，精确地标志点位，点的标石和标志必须稳定、坚固。最后，应绘制点之记、测站环视图和 GPS 网图，作为提交的选点技术资料。埋设标石工作应严格按照《GB 规范》的有关规定执行。GPS 网点一般应埋设具有中心标志的标石，以精确标示点位，见表 7-8。

表 7-8　GPS 点位标石类型及使用级别

标石类型	适用级别	标石类型	适用级别
基岩天线墩	AA、A	普通基本标石	B～E
岩层天线墩	AA、A	冻土基本标石	B
基岩标石	B	固定沙丘基本标石	B
岩层普通标石	B～E	普通标石	B～E
土层天线墩	AA、A	建筑物上的标石	B～E

4. 外业观测

GPS 测量技术规定按照《GB 规范》和《JJ 规程》中的规定执行，外业观测主要包括以下内容。

(1) 天线安置

① 在正常点位，天线应架设在三脚架上，并安置在标志中心的上方直接对中，天线基座上的圆水准气泡必须整平。

② 在特殊点位，当天线需要安置在三角点觇标的观测台或回光台上时，可先将觇标顶部拆除，以防止对 GPS 信号的遮挡。如果觇标顶部无法拆除，接收天线若安置在标架内观测就会造成卫星信号中断，影响 GPS 测量精度。在这种情况下，可进行偏心观测。

③ 天线的定向标志应指向正北，以减弱相位中心偏差的影响。天线定向误差因定位精度不同而异，一般不应超过±3°～±5°。

④ 刮风天气安置天线时，应将天线进行 3 个方向的固定，以防倒地碰坏。雷雨天气安置天线时，应注意将其底盘接地，以防雷击天线。而且架设天线不宜过低，一般应距地面 1m 以上。天线架设好后在圆盘间隔 120°的 3 个方向分别量取天线高，3 次测量结果之差不应超过 3mm，取其 3 次结果的平均值记入测量手簿中，天线高记录取值到 0.001m。

⑤ 在高精度 GPS 测量中，要求测定气象元素。每时段气象观测应不少于 3 次(时段开始、中间、结束)气压读至 0.1bar(1bar＝100kPa)，气温读至 0.1℃。对于一般城市工程测量，只需记录天气状况。

⑥ 复查点名并记入测量手簿中。将天线电缆与仪器进行连接，经检查无误后方能通电启动仪器。

(2) 开机观测

① 当确认外接电源电缆及天线等各项连接完全无误后，方可接通电源，启动接收机。开机后接收机有关指示灯显示正常并通过自检后，方能输入有关测站和时段控制信息。

② 在开始记录数据时，应注意查看接收机的有关观测卫星数量、卫星号、信噪比、相位观测量残差、实时定位结果及其变化、存储介质记录等情况。

③ 一个时段观测过程中，不允许进行以下操作：关闭又重新启动；进行自测试(发现故障除外)改变卫星高度角；改变天线位置；改变数据采样间隔；按动关闭文件和删除文件等功能键。

④ 每一观测时段中，气象元素一般应在始、中、末各观测记录一次，当时段较长时可适当增加观测次数。

⑤ 在观测过程中要特别注意供电情况，除在测量前认真检查电池容量是否充足外，作

业中观测人员不要远离接收机，听到仪器的低电压报警应及时予以处理，否则可能会造成仪器内部数据的破坏或丢失。

⑥ 仪器高一定要按规定始、末各量测一次，并及时输入仪器及记入测量手簿中。

⑦ 在观测过程中，不要在靠近接收机时使用对讲机；雷雨季节，架设天线要防止雷击，雷雨过境时应关机停测，并卸下天线。

⑧ 观测站的全部预定作业项目经检查均已按规定完成，且记录与资料完整无误后可迁站。

⑨ 观测过程中要随时查看仪器内存或硬盘容量，每日观测结束后，应及时将数据转存至计算机硬、软盘上，确保观测数据不丢失。

(3) 观测记录与测量手簿

观测手簿是在GPS接收机启动前和观测过程中由观测者实时填写的。其记录格式可参照现行规范执行。观测记录和测量手簿都是GPS精密定位的依据，必须认真、及时填写，坚决杜绝事后补记或追记。外业观测中存储介质上的数据文件应及时复制一式两份，分别保存在专人保管的防水、防静电的资料箱内。存储介质的外面，应当贴制标签，注明文件名、网区名、点名、时段名、采集日期、测量手簿编号等。

7.4.6 GPS测量数据处理

GPS控制网的数据处理就是将采集的数据经测量平差后归化到参考椭球面并投影到所采用的平面上，得到点的准确位置。其过程大致可以分为观测数据的预处理、基线向量计算、基线向量网平差以及GPS网与地面网联合平差、评定精度等几个阶段。

目前GPS数据的处理均可以借助于相应的GPS数据处理软件自动完成，GPS数据处理软件的主要步骤包括：建立新项目；选择坐标系统；导入数据；整周跳变的编辑；GPS基线解算；GPS基线网闭合环；基线网平差。

7.5 交会测量

当测区内已有控制点的密度不能满足工程施工或测图要求，而且需要加密的控制点数量又不多时，可以采用交会法加密控制点，称为交会定点测量。交会定点的方法有测角前方交会、测角后方交会、距离交会和边角后方交会。

7.5.1 测角前方交会法

1. 定义

在已知控制点 A、B 上观测水平角 α、β，计算待定点 P 的坐标，称为测角前方交会，如图7-15所示。

2. 计算公式

$$\begin{cases} X_P = \dfrac{X_A\cot\beta + X_B\cot\alpha - Y_A + Y_B}{\cot\alpha + \cot\beta} \\ Y_P = \dfrac{Y_A\cot\beta + Y_B\cot\alpha + X_A - X_B}{\cot\alpha + \cot\beta} \end{cases} \tag{7-17}$$

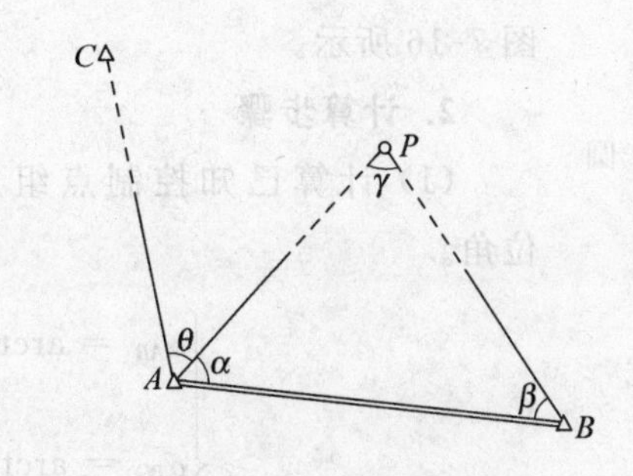

图 7-15 测角前方交会

3. 注意事项

(1) ABP 的编号逆时针方向 A-B-P，A 点观测 α 角，B 点观测 β 角。

(2) 为了防止错误及提高精度，一般观测 2 个三角形，取平均值。

(3) 当三角形交会角 $\gamma=109°28'16''$，$\alpha=\beta=35°15'52''$ 时，P 点误差最小。一般要求 $30° \leqslant \gamma \leqslant 120°$。

(4) $\cot\alpha$、$\cot\beta$ 有效数字保留 8～10 位数。

[**例题 7-3**] 已知控制点 A、B、C 坐标，前方交会观测的 4 个角度 α_1、β_1、α_2、β_2，见表 7-9，求 x_P、y_P。

表 7-9 测角前方交会法坐标计算表

示意图	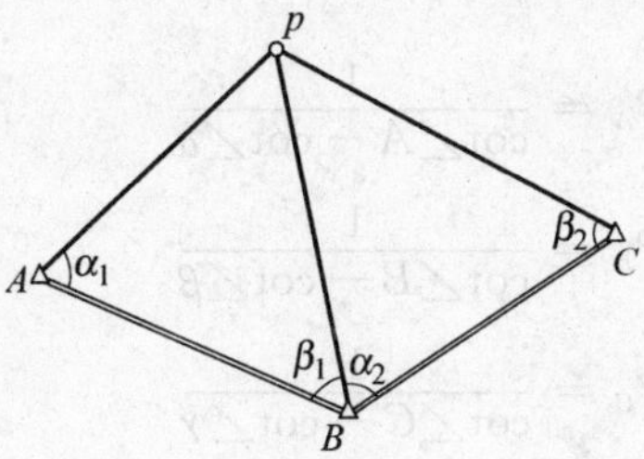						备注	
点之名	观测角		X		角之余切		Y	
P			x_P	37 194.57		1.162 641	y_P	16 226.42
A	α_1	40°41′57″	x_A	37 477.54	$\cot\alpha_1$	0.262 024	y_A	16 307.24
B	β_1	75°19′02″	x_B	37 327.20	$\cot\beta_1$	1.424 665	y_B	16 078.90
					$\sum$			
P			x_P	37 194.54		0.596 284	y_P	16 226.42
B	α_2	59°11′35″	x_B	37 327.20	$\cot\alpha_2$	0.381 735	y_B	16 078.90
C	β_2	69°06′23″	x_C	37 163.69	$\cot\beta_2$	0.978 019	y_C	16 046.65
					$\sum$			
			中数 x_P	37 194.56			中数 y_P	16 226.42

7.5.2 测角后方交会法

1. 定义

已知控制点 A、B、C，在 P 点上观测两角度 α、β，计算 P 点坐标，称为测角后方交会，如

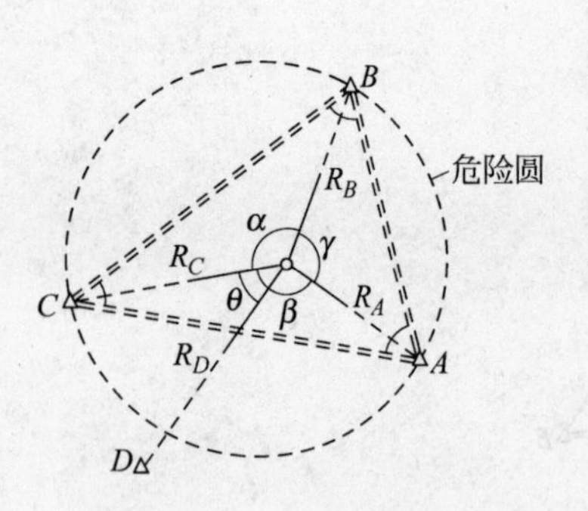

图 7-16　测角后方交会

图 7-16 所示。

2. 计算步骤

(1) 计算已知控制点组成三角形 ABC 的各边方位角。

$$\begin{cases}\alpha_{AB} = \arctan \dfrac{\Delta y_{AB}}{\Delta x_{AB}} \\ \alpha_{BC} = \arctan \dfrac{\Delta y_{BC}}{\Delta x_{BC}} \\ \alpha_{CA} = \arctan \dfrac{\Delta y_{CA}}{\Delta x_{CA}}\end{cases} \tag{7-18}$$

(2) 计算三角形的 3 个内角$\angle A$、$\angle B$、$\angle C$。

$$\begin{cases}\angle A = \alpha_{AB} - \alpha_{AC} \\ \angle B = \alpha_{BC} - \alpha_{BA} \\ \angle C = \alpha_{CA} - \alpha_{CB}\end{cases} \tag{7-19}$$

计算检核：$\angle A+\angle B+\angle C=180°$。

(3) 计算 P 点上的第 3 个角度 γ。

$$\gamma = 360 - (\alpha + \beta) \tag{7-20}$$

(4) 计算 A、B、C 各点的权。

$$\begin{cases}P_A = \dfrac{1}{\cot\angle A - \cot\angle \alpha} \\ P_B = \dfrac{1}{\cot\angle B - \cot\angle \beta} \\ P_C = \dfrac{1}{\cot\angle C - \cot\angle \gamma}\end{cases} \tag{7-21}$$

(5) 计算 P 点坐标。

$$\begin{cases}X_P = \dfrac{P_A x_A + P_B x_B + P_C x_C}{P_A + P_B + P_C} \\ Y_P = \dfrac{P_A y_A + P_B y_B + P_C y_C}{P_A + P_B + P_C}\end{cases} \tag{7-22}$$

3. 注意事项

(1) α、β、γ 的角度编号为$\angle APB=\gamma$、$\angle BPC=\alpha$、$\angle CPA=\beta$。

(2) 为了防止错误，提高精度，需再观测一个已知点的角度 θ。

(3) P 点到 A、B、C 距离相等，而且三角形是等边三角形时，P 点误差最小。

(4) 计算三角函数有效数字应保留 8～10 位。

(5) 危险圆的定义：三角形 ABC 的外接圆称为危险圆。当 P 点位于危险圆上，坐标无解；当 P 点位于危险圆附近，计算得到 P 点坐标误差很大。

［**例题 7-4**］　已知：控制点 A、B、C 坐标，后方交会观测的两个角度为 α、β，见表 7-10。试求：x_P、y_P。

表 7-10 测角后方交会法计算表

示意图					备注
x_A	2858.06	y_A	6860.08	α	118°58′18″
x_B	4374.87	y_B	6564.14	β	204°37′22″
x_C	5144.96	y_C	6083.07	γ	36°24′20″
x_A-x_B	−1516.81	y_A-y_B	295.94	α_{BA}	168°57′35.7″
x_B-x_C	−770.09	y_B-y_C	481.07	α_{CB}	148°00′27.0″
x_A-x_C	−2286.90	y_A-y_C	777.01	α_{CA}	161°14′03.0″
A	7°43′32.7″	P_A	0.126 185		
B	159°02′51.3″	P_B	−0.208 617	x_P	4657.78
C	13°13′36.0″	P_C	0.345 003	y_P	6074.26
$\sum$	180°00′00.0″	$\sum$	0.262 571		

7.5.3 距离交会

1. 定义

在三角形 ABP 中,已知控制点 A、B,测量 D_a、D_b,计算 P 点坐标,称为距离交会,如图 7-17 所示。

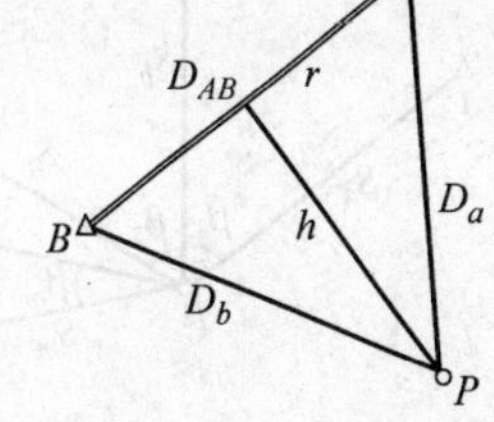

图 7-17 距离交会

2. 计算步骤

(1) 计算方位角 α_{AB} 和水平距 D_{AB}。

(2) 计算 γ 和 h。

$$\gamma=\frac{D_{AB}^2+D_a^2-D_b^2}{2D_{AB}} \tag{7-23}$$

$$h=\sqrt{D_a^2-\gamma^2} \tag{7-24}$$

(3) 计算 P 点坐标。

$$\begin{cases}X_P=X_A+\gamma\times\cos\alpha_{AB}+h\times\sin\alpha_{AB}\\ Y_P=Y_A+\gamma\times\sin\alpha_{AB}-h\times\cos\alpha_{AB}\end{cases} \tag{7-25}$$

3. 注意事项

(1) ABP 的编号逆时针方向 A-B-P,AP 水平距离为 D_a,BP 水平距离为 D_b。

(2) 为了防止错误,提高精度,一般要观测第 3 条边 D_c。

(3) 当 $\gamma=90°$时,P 点误差最小。

(4) 三角函数有效数字应保留 8~10 位。

［**例题 7-5**］ 已知控制点 A、B 的坐标，距离交会测量了 2 条水平距离 D_a、D_b，见表 7-11，求 x_P、y_P。

表 7-11 距离交会法计算表

示意图与公式							
示意图与公式	示意图标注：A、B、P、D_{AB}、r、h、D_a、D_b				$\gamma=\dfrac{D_{AB}^2+D_a^2-D_b^2}{2D_{AB}}$ $h=\sqrt{D_a^2-\gamma^2}$ $X_P=X_A+\gamma\times\cos\alpha_{AB}+h\times\sin\alpha_{AB}$ $Y_P=Y_A+\gamma\times\sin\alpha_{AB}-h\times\cos\alpha_{AB}$		
已知坐标	x_A	1035.147	y_A	2601.295	观测数据	D_a	703.760
	x_B	1501.295	y_B	3270.053		D_b	670.486
α_{AB}	55°07′20″		D_{AB}	815.188	γ	435.641	
h	522.716		x_P	1737.692	y_P	2642.625	

7.5.4 边角后方交会法

1. 定义

已知控制点 $A\sim M$ 的坐标和高程。测量 m 条斜距 S_a，S_b，…，S_m，测量 $(m-1)$ 个水平角和量取经纬仪的仪器高 i，再量取控制点 A 点～M 点的棱镜高 V_a，V_b，…，V_m，计算 P 点的坐标和高程，称为边角后方交会，如图 7-18 所示。

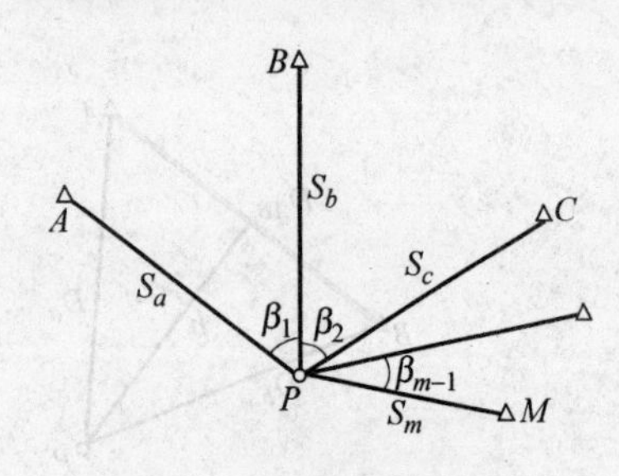

图 7-18 边角后方交会

2. 方法

全站仪有边角后方交会的程序，可以直接得到 P 点的坐标和高程，如图 7-19 和图 7-20 所示，具体操作方法如下。

(1) P 点安置全站仪，对中、整平后量取仪器高 i；

(2) 按程序调用键选择边角后方交会软件，按屏幕提示输入各已知点坐标、高程、棱镜高；

(3) 测量 P 点到各控制点的斜距、水平角和竖直角；

(4) 显示 P 点坐标和高程。

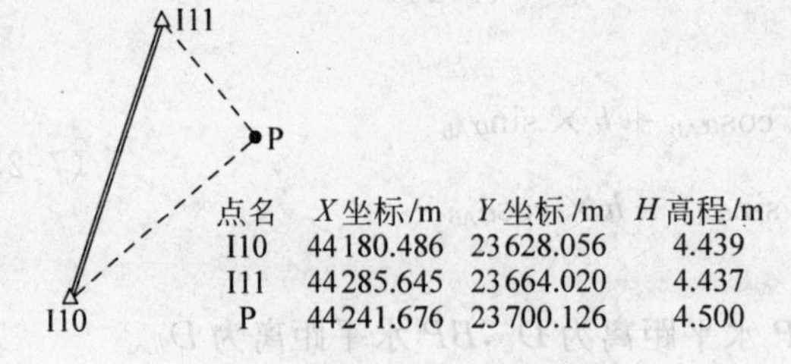

图 7-19 显示 P 点坐标及高程

图 7-20 已知点坐标及高程

7.6　三、四等水准测量

三、四等水准测量，除用于国家高程控制网的加密外，还常用于小地区的首级高程控制，以及工程建设地区内工程测量和变形观测的基本控制。三、四等水准网应从附近的国家高一级水准点引测高程，一般为埋石或临时水准点标志，亦可利用埋石的平面控制点作为水准点。

7.6.1　观测程序

三等水准测量每一站的观测顺序如下。

(1) 后视水准尺黑面，使圆水准器气泡居中，读取下、上丝读数，转动微倾螺旋，使符合水准气泡居中，读取中丝读数；

(2) 前视水准尺黑面，读取下、上丝读数，转动微倾螺旋，使符合水准气泡居中，读取中丝读数；

(3) 前视水准尺红面，转动微倾螺旋，使符合水准气泡居中，读取中丝读数；

(4) 后视水准尺红面，转动微倾螺旋，使符合水准气泡居中，读取中丝读数。

这样的观测顺序简称为“后—前—前—后”，其优点是可以大大减弱仪器下沉误差的影响。四等水准测量每站观测顺序可为“后—后—前—前”。

7.6.2　主要技术要求

三、四等水准测量常作为小地区测绘大比例尺地形图和施工测量的高程基本控制，其主要技术要求见表 7-12。

表 7-12　三、四等水准测量的主要技术要求

等级	路线长度/km	水准仪	水准尺	观测次数		往返较差、附合或环线闭合差	
				与已知点联测	符合或环线	平地/mm	山地/mm
三	≤50	DS_1	铟瓦	往返各一次	往一次	$\pm 12\sqrt{L}$	$\pm 4\sqrt{n}$
		DS_3	双面		往返各一次		
四	≤16	DS_3	双面	往返各一次	往一次	$\pm 20\sqrt{L}$	$\pm 6\sqrt{n}$

注：L 为水准路线长度，km；n 为测站数。

三、四等水准测量观测的技术要求见表 7-13。

表 7-13　三、四等水准测量观测的技术要求

等级	水准仪	视线长度/m	前后视距差/m	前后视距累积差/m	视线高度	黑面、红面读数之差/mm	黑面、红面所测高差之差/mm
三	DS_1	100	3	6	三丝能读数	1.0	1.5
	DS_3	75				2.0	3.0
四	DS_3	100	5	10	三丝能读数	3.0	5.0

7.6.3 测站计算与检核

1. 视距部分

视距等于下丝读数与上丝读数的差乘以100。

后视距离：(9)=[(1)−(2)]×100

前视距离：(10)=[(4)−(5)]×100

计算前、后视距差：(11)=(9)−(10)

计算前、后视距累积差：(12)=上站(12)+本站(11)

2. 水准尺读数检核

同一水准尺的红、黑面中丝读数之差，应等于该尺红、黑面的尺常数 K(4.687m 或 4.787m)。红、黑面中丝读数差(13)、(14)按下式计算：

$$(13)=(6)+K_{前}-(7)$$

$$(14)=(3)+K_{后}-(8)$$

红、黑面中丝读数差(13)、(14)的值，三等不得超过2mm，四等不得超过3mm。

3. 高差计算与校核

根据黑面、红面读数计算黑面、红面高差(15)、(16)，计算平均高差(18)。

黑面高差：(15)=(3)−(6)

红面高差：(16)=(8)−(7)

黑、红面高差之差：(17)=(15)−[(16)±0.100]=(14)−(13)(校核用)

式中，0.100为两根水准尺的尺常数之差，m。

黑、红面高差之差(17)的值，三等不得超过3mm，四等不得超过5mm。

$$平均高差：(18)=\frac{1}{2}\{(15)+[(16)\pm 0.100]\}$$

当 $K_{后}=4.687$m 时，式中取+0.100m；当 $K_{后}=4.787$m 时，式中取−0.100m。

4. 每页计算的校核

(1) 视距部分。后视距离总和减前视距离总和应等于末站视距累积差，即

$$\sum(9)-\sum(10)=末站(12)$$

$$总视距=\sum(9)+\sum(10)$$

(2) 高差部分。黑面后视读数总和减红、黑面前视读数总和应等于黑、红面高差总和，还应等于平均高差总和的2倍，即

测站数为偶数时：

$$\sum[(3)+(8)]-\sum[(6)+(7)]=\sum[(15)+(16)]=2\sum(18)$$

测站数为奇数时：

$$\sum[(3)+(8)]-\sum[(6)+(7)]=\sum[(15)+(16)]=2\sum(18)\pm 0.100$$

用双面水准尺进行三、四等水准测量的记录、计算与校核，见表7-14。

表 7-14　三、四等水准测量手簿(双面尺法)

测站编号	点号	后尺 上丝 下丝 后视距 视距差	前尺 上丝 下丝 前视距 $\sum d$	方向及尺号	水准尺读数 黑面	水准尺读数 红面	K+黑−红	平均高差/m	备注
		(1) (2) (9) (11)	(4) (5) (10) (12)	后 前 后-前	(3) (6) (15)	(8) (7) (16)	(14) (13) (17)	(18)	
1	BM1-TP1	1.571 1.197 37.4 −0.2	0.739 0.363 37.6 −0.2	后 12 前 13 后-前	1.384 0.551 +0.833	6.171 5.239 +0.932	0 −1 +1	+0.8325	
2	TP1-TP2	2.121 1.747 37.4 −0.1	2.196 1.821 37.5 −0.3	后 13 前 12 后-前	1.934 2.008 −0.074	6.621 6.796 −0.175	0 −1 +1	−0.0745	K为水准尺尺常数,表中$K_{12}=4.787$ $K_{13}=4.687$ 水准尺在望远镜内呈倒像
3	TP2- TP3	1.914 1.539 37.5 −0.2	2.055 1.678 37.7 −0.5	后 12 前 13 后-前	1.726 1.866 −0.140	6.513 6.554 −0.041	0 −1 +1	−0.1405	
4	TP3-A	1.965 1.700 26.5 −0.2	2.141 1.874 26.7 −0.7	后 13 前 12 后-前	1.832 2.007 −0.175	6.519 6.793 −0.274	0 +1 −1	−0.1745	
每页检核	$\sum(9)=138.8$ $-)\sum(10)=139.5$ $=-0.7=$4站(12) $\sum[(15)+(16)]=+0.886$,　$\sum(18)=+0.443$,　$2\sum(18)=+0.886$ 总视距$\sum(9)+\sum(10)=287.3$			$\sum[(3)+(8)]=32.700$ $-)\sum[(6)+(7)]=31.814$ $=+0.886$					

7.7　三角高程测量

当地面两点间地形起伏较大而不便于施测水准时,可应用三角高程测量的方法测定两点间的高差而求得高程。该法较水准测量精度低,常用于山区各种比例尺测图的高程控制。

1. 单向观测

三角高程测量是根据两点间的水平距离和竖直角,计算两点间的高差。如图 7-21 所示,已知 A 点的高程 H_A,欲测定 B 的高程 H_B,可在 A 点上安置经纬仪,量取仪器高 i_A(即仪器横轴至 A 点的高度),并在 B 点设置观测标志(如觇标)。用望远镜中丝瞄准觇标的顶部 M 点,测出竖直角 α_A,量取觇标高 v_B(即觇标顶部 M 至 B 点的高度),再根据 A、B 两点

间的水平距离 D，求 A、B 两点间的高差 h_{AB} 和 B 点高程 H_B。

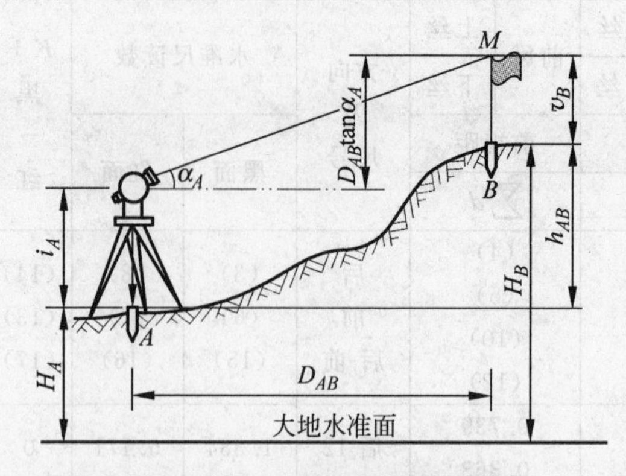

图 7-21 三角高程测量原理

由图 7-21 可得

$$h_{AB}+v_B=D\tan\alpha_A+i_A$$

变形为

$$h_{AB}=D\tan\alpha_A+i_A-v_B$$

考虑地球曲率和大气折光的影响，可知

$$h_{AB}=D\tan\alpha_A+i_A-v_B+f \tag{7-26}$$

式中，

$$f=\frac{0.43\times D^2}{R} \tag{7-27}$$

式中，R 为地球半径。

因此

$$H_B=H_A+h_{AB}$$

2. 对向观测

如图 7-22 所示，已知 A 点高程 H_A、A 点至 B 点斜距 D_{AB}、观测竖直角 α_A、仪器高 i_A、棱镜高 v_B，求高差 h_{AB}、高程 H_B。

为了消除或减弱地球曲率和大气折光的影响，三角高程测量一般应进行对向观测。三角高程测量对向观测，若符合要求，取 2 次高差的平均值作为最终高差。

A 点至 B 高差为

$$h_{AB}=D_{AB}\sin\alpha_A+i_A-V_B+f \tag{7-28}$$

B 点至 A 高差为

$$h_{BA}=D_{BA}\sin\alpha_B+i_B-V_A+f \tag{7-29}$$

取平均值为

$$\bar{h}_{AB}=\frac{1}{2}(h_{AB}-h_{BA}) \tag{7-30}$$

因此

$$H_B=H_A+\bar{h}_{AB} \tag{7-31}$$

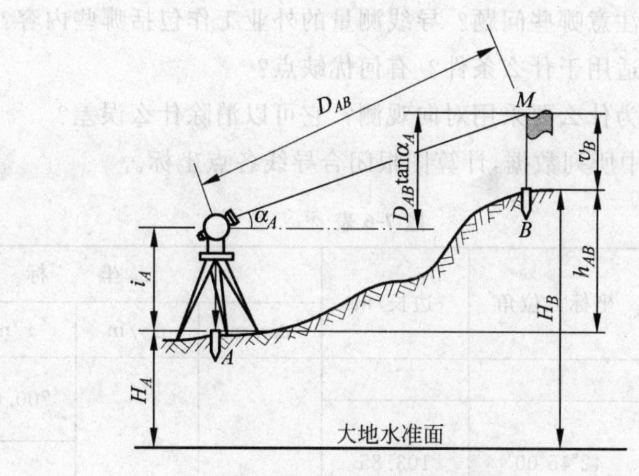

图 7-22　三角高程测量原理

［**例题 7-6**］　外业观测结束后，按式(F-26)、式(F-30)、式(F-31)计算高差和所求点高程，计算实例见表 7-15。

表 7-15　三角高程测量计算

所求点		B
起算点		A
往返测	往测	返测
平距 D/m	286.360	286.360
竖直角 α	+10°32′26″	−9°58′41″
$D\tan\alpha$/m	+53.280	−50.380
仪器高 i/m	+1.520	+1.480
觇标高 v/m	−2.760	−3.200
f/m	+0.010	+0.010
高差 h/m	+52.050	−52.090
对向观测的高差较差/m		−0.040
平均高差/m		+52.070
起算点高程/m		105.720
所求点高程/m		157.790

计算过程略。

思考题与练习题

7-1　控制测量分为哪几种？各有什么作用？

7-2　导线的布设形式有几种？分别需要哪些起算数据和观测数据？

7-3　选择导线点应注意哪些问题？导线测量的外业工作包括哪些内容？

7-4　三角高程测量适用于什么条件？有何优缺点？

7-5　三角高程测量为什么要采用对向观测？它可以消除什么误差？

7-6　根据题 7-6 表中所列数据，计算图根闭合导线各点坐标。

题 7-6 表

点号	角度观测值(右角)	坐标方位角	边长/m	坐标			
				Δx/m	Δy/m	x/m	y/m
1						700.00	600.00
		42°45′00″	103.85				
2	139°05′00″						
			114.57				
3	94°15′54″						
			162.46				
4	88°36′36″						
			133.54				
5	122°39′30″						
			123.68				
1	95°23′30″						

7-7　如题 7-7 图所示，已知 A、B 两点间的水平距离 $D_{AB}=224.346$m，A 点的高程 $H_A=40.48$m。在 A 点设站照准 B 点测得竖直角为 $+4°25'18''$，仪器高 $i_A=1.51$m，觇标高 $v_B=1.10$m；B 点设站照准 A 点测得竖直角为 $-4°35'42''$，仪器高 $i_B=1.49$m，觇标高 $v_A=1.20$m。求 B 点的高程。

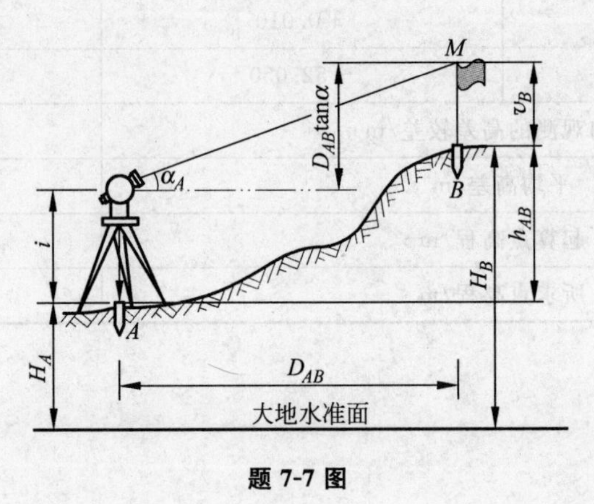

题 7-7 图

7-8　整理题 7-8 表中的四等水准测量观测数据。

题 7-8 表

测站编号	后尺 下丝	前尺 下丝	方向及尺号	标尺读数		K+黑-红	高差中数/m	备注
	后尺 上丝	前尺 上丝		后视	前视			
	后距/m	前距/m		黑面	红面			
	视距差 d/m	$\sum d$/m						
1	1979	0738	后	1718	6405			
	1457	0214	前	0476	5265			
			后-前					
2	2739	0965	后	2461	7247			
	2183	0401	前	0683	5370			
			后-前					
								$K_1=4.687$
3	1918	1870	后	1604	6291			$K_2=4.787$
	1290	1226	前	1548	6336			
			后-前					
4	1088	2388	后	0742	5528			
	0396	1708	前	2048	6736			
			后-前					

检查计算：

$\sum(9)=$　　　　　　　　$\sum[(3)+(8)]=$

$-)\sum(10)=$　　　　　　$-)\sum[(6)+(7)]=$

$=$　　　　$=(12)$　　　　　　$=$

$\sum[(15)+(16)]=$，$\sum(18)=$，$2\sum(18)=$，

总视距 $\sum(9)+\sum(10)=$

第8章

大比例尺地形图测绘及应用

本章学习要点

- 地形图的基本知识
- 大比例尺地形图的测绘方法
- 大比例尺数字测图技术
- 地形图的识图
- 地形图的基本应用
- 地形图在建筑工程建设中的应用

8.1 地形图的基本知识

8.1.1 概述

地面上的固定物体称为地物；地面上各种高低起伏的形态称为地貌。地形是地物和地貌的总称。

地形图是普通地图的一种。按一定比例尺，采用规定的符号和表示方法，表示地面的地物、地貌平面位置与高程的正射投影图，称为地形图，如图 8-1 所示。

大比例尺地形图按成图方法可分成两大类：用测量仪器在实地测定地面点位，用符号与线划描绘的地形图，称为线划地形图；在实地用全站仪测定地面点的三维坐标，把地面点的三维坐标和地形信息存储在计算机中，通过计算机可转化成各种比例尺的地形图，称为数字地形图。

8.1.2 地形图的比例尺

1. 数字比例尺

地形图上任意线段长度 d 与地面上相应线段的水平距离 D 之比，并用分子为 1 的整分数形式表示，即

$$\frac{d}{D}=\frac{1}{\frac{D}{d}}=\frac{1}{M}=1:M \tag{8-1}$$

式中，M 称为比例尺分母。通常，1∶500、1∶1000、1∶2000、1∶5000 地形图为大比例尺地

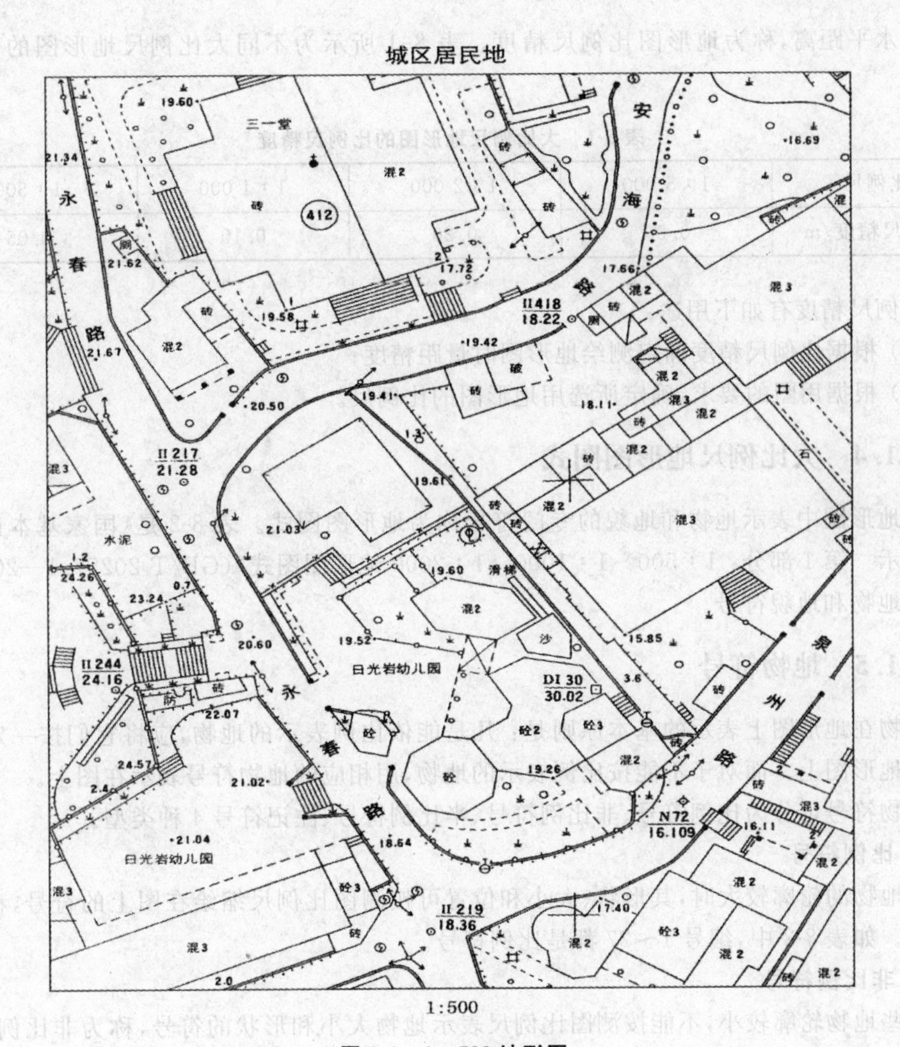

图 8-1　1∶500 地形图

形图；1∶1 万、1∶2.5 万、1∶5 万、1∶10 万地形图为中比例尺地形图；1∶25 万、1∶50 万、1∶100 万地形图为小比例尺地形图。

2. 图示比例尺

如图 8-2 所示，图示比例尺中最常见的是直线比例尺。用一定长度的线段表示图上的实际长度，并按地形图比例尺计算出相应地面上的水平距离注记在线段上，称为直线比例尺。

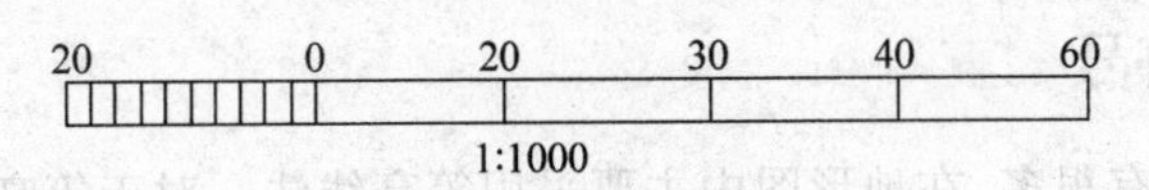

图 8-2　图示比例尺

8.1.3　比例尺精度

人们用肉眼能分辨的图上的最小距离为 0.1mm，因此我们把地形图上 0.1mm 所表示的实地水平距离，称为地形图比例尺精度。表 8-1 所示为不同大比例尺地形图的比例尺精度。

表 8-1 大比例尺地形图的比例尺精度

比例尺	1∶5 000	1∶2 000	1∶1 000	1∶500
比例尺精度/m	0.50	0.20	0.10	0.05

比例尺精度有如下用途：

(1) 根据比例尺精度确定测绘地形图时量距精度；

(2) 根据用图的要求，确定所选用地形图的比例尺。

8.1.4 大比例尺地形图图式

在地形图中表示地物和地貌的专门符号称为地形图图式。表 8-2 是《国家基本比例尺地图图示 第 1 部分：1∶500 1∶1000 1∶2000 地形图图式》(GB/T 20257.1—2007)中的部分地物和地貌符号。

8.1.5 地物符号

地物在地形图上表示的基本原则是：凡是能依比例表示的地物，应将它们按一定比例缩小在地形图上。而对于不能按比例表示的地物，用相应的地物符号表示在图上。

地物符号可分为比例符号、非比例符号、半比例符号、注记符号 4 种类型。

1. 比例符号

当地物的轮廓较大时，其形状、大小和位置可按测图比例尺缩绘在图上的符号，称为比例符号。如表 8-2 中，编号 1～27 都是比例符号。

2. 非比例符号

有些地物轮廓较小，不能按测图比例尺表示地物大小和形状的符号，称为非比例符号。如表 8-2 中，编号 28～45 都是非比例符号。

3. 半比例符号

凡长度可按比例尺缩绘，而宽度不能按比例尺缩绘的狭长地物符号，称为半比例符号。如表 8-2 中，编号 46～55 都是半比例符号。

4. 注记符号

用文字、数字等对地物名称、性质、用途或数量在图上进行说明，称为地物注记。如房屋结构和层数、地名、路名、碎部点高程、河流名称和流水方向等。

8.1.6 地貌符号

表示地貌的方法有很多，在地形图中主要采用等高线法。对于等高线不能表示的地貌，采用特殊的地貌符号和地貌注记来表示。

根据地面倾斜角的大小可将地貌分成 4 种类型：地面倾角小于 3°，称为平地；地面倾角为 3°～10°，称为丘陵；地面倾角为 10°～25°，称为山地；地面倾角大于 25°，称为高山地。

表 8-2　常用地物、注记和地物符号

编号	符号名称	1∶500　1∶1 000	1∶2 000
1	一般房屋 混——房屋结构 3——房屋层数	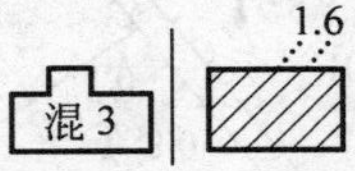 混 3	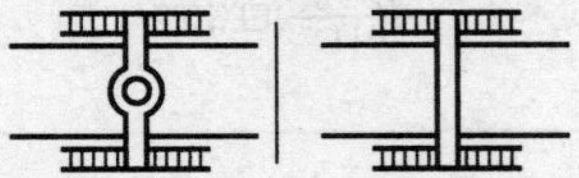 1.6
2	简单房屋		
3	建筑中的房屋	建	
4	破坏房屋	破	
5	棚房	45°　1.6	
6	架空房屋	砼4　砼　砼4　1.0	1.0
7	廊房	混 3　1.0	1.0
8	台阶	0.6　1.0　1.0	
9	无看台的露天体育场	体育场	
10	游泳池	泳	
11	过街天桥		
12	高速公路 a. 收费站 0—技术等级代码	a　0　0.4	
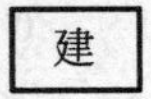 13	等级公路 2—技术等级代码 （G325）——国道路线编码 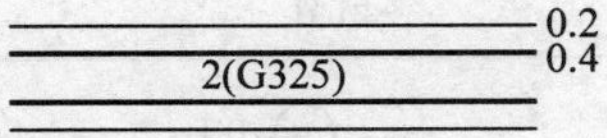	2(G325)　0.2　0.4	
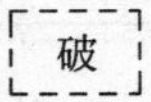 14	乡村路 a. 依比例尺的 b. 不依比例尺的 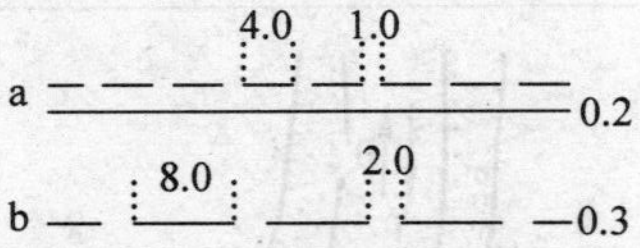	a　4.0　1.0　0.2 b　8.0　2.0　0.3	
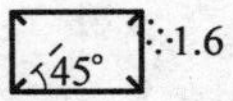 15	小路 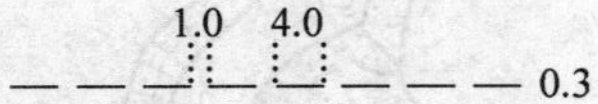	1.0　4.0　0.3	
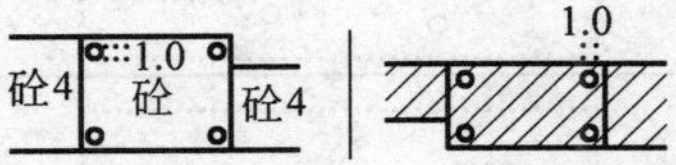 16	内部道路 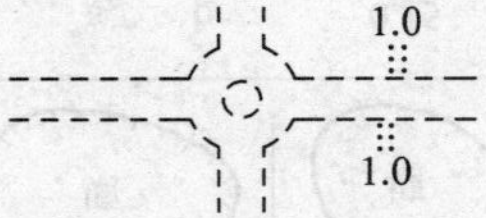	1.0　1.0	
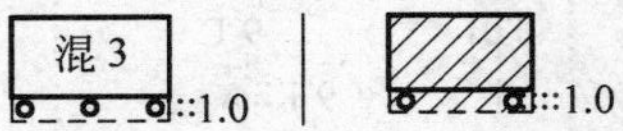 17	阶梯路 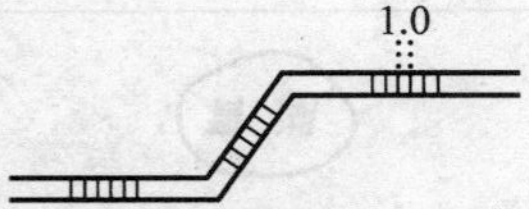	1.0	

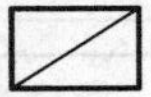

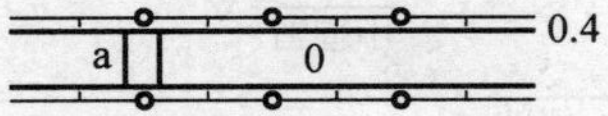

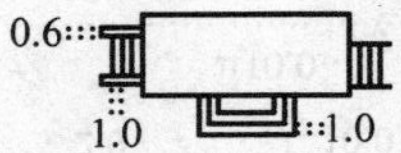

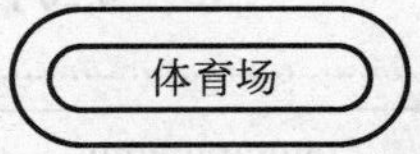

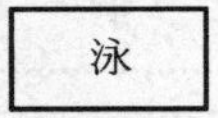

续表

编号	符号名称	1:500 1:1 000	1:2 000
18	打谷场、球场	 球	
19	旱地	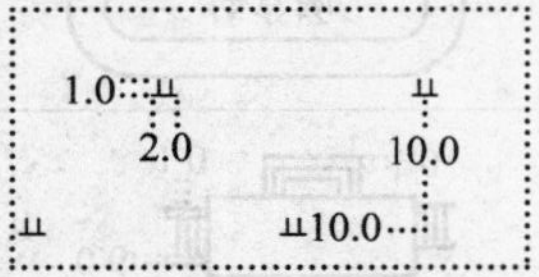 1.0 2.0 10.0 10.0	
20	花圃	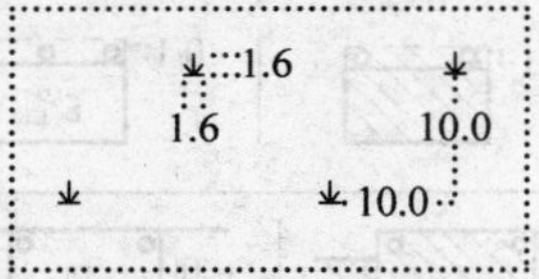 1.6 1.6 10.0 10.0	
21	有林地	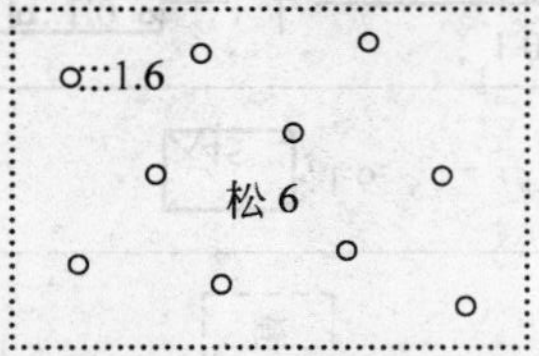 1.6 松6	
22	人工草地	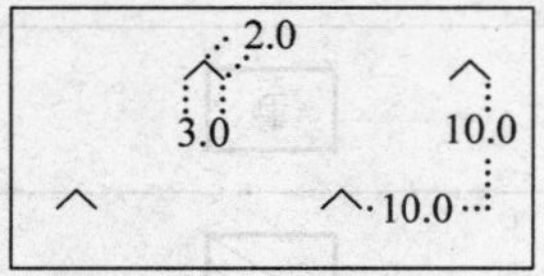 2.0 3.0 10.0 10.0	
23	稻田	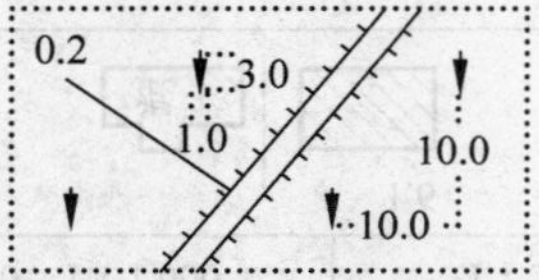 0.2 3.0 1.0 10.0 10.0	

编号	符号名称	1:500 1:1 000	1:2 000
24	常年湖	 青湖	
25	池塘	 塘 塘	
26	常年河 a. 水涯线 b. 高水界 c. 流向 d. 潮流向 涨潮 落潮	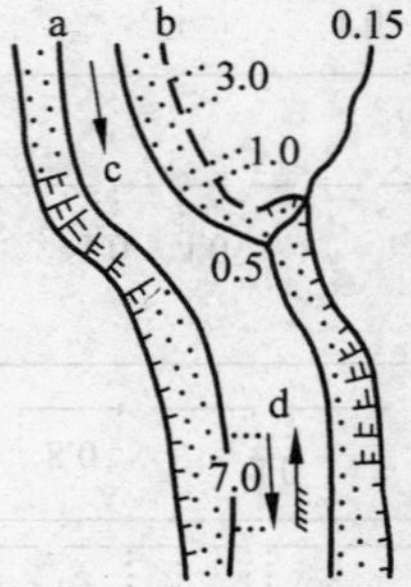 a b 0.15 3.0 c 1.0 0.5 d 7.0	
27	喷水池	 1.0 3.6	
28	GPS 控制点	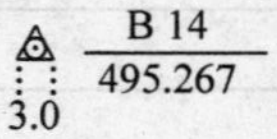 B 14 / 495.267 3.0	
29	三角点 凤凰山—点名 394.468—高程	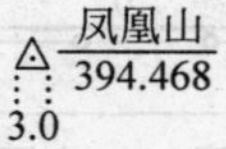 凤凰山 / 394.468 3.0	
30	导线点 I16—等级、点号 84.46—高程	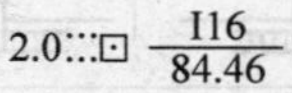 2.0 I16 / 84.46	

续表

编号	符号名称	1∶500 1∶1 000	1∶2 000
31	埋石图根点 16—点号 84.46—高程	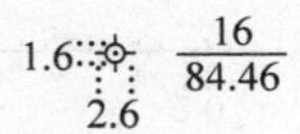 1.6 2.6 16/84.46	
32	不埋石图根点 25—点号 62.74—高程	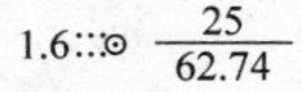 1.6 25/62.74	
33	水准点 Ⅱ京石 5—等级、点名、点号 32.804—高程	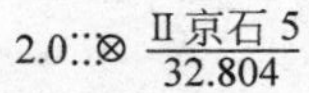 2.0 Ⅱ京石 5/32.804	
34	加油站	 1.6 3.6 1.0	
35	路灯	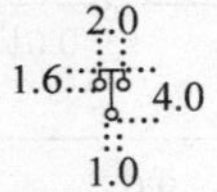 2.0 1.6 4.0 1.0	
36	独立树 a. 阔叶 b. 针叶 c. 果树 d. 棕榈、椰子、槟榔	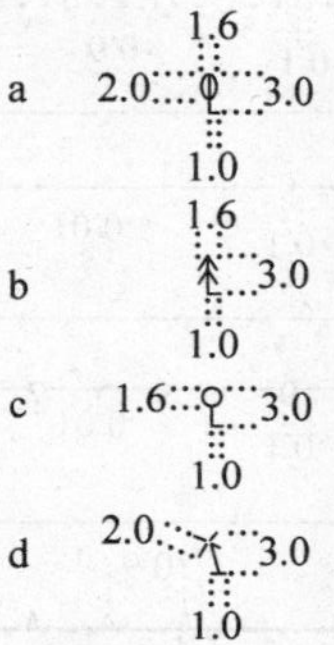 a 1.6 2.0 3.0 1.0 b 1.6 3.0 1.0 c 1.6 3.0 1.0 d 2.0 3.0 1.0	
37	上水检修井	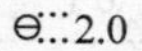 2.0	
38	下水(污水)、雨水检修井	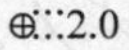 2.0	
39	下水暗井	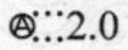 2.0	
40	煤气、天然气检修井	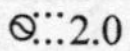 2.0	
41	热力检修井	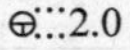 2.0	
42	电信检修井 a. 电信人孔 b. 电信手孔	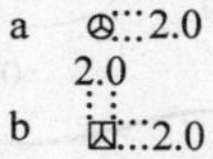 a 2.0 2.0 b 2.0	
43	电力检修井	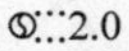 2.0	
44	污水篦子	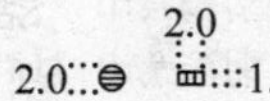 2.0 2.0 1.0	
45	地面下的管道	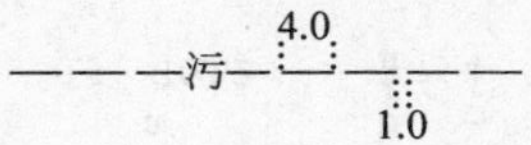 污 4.0 1.0	
46	围墙 a. 依比例尺的 b. 不依比例尺的	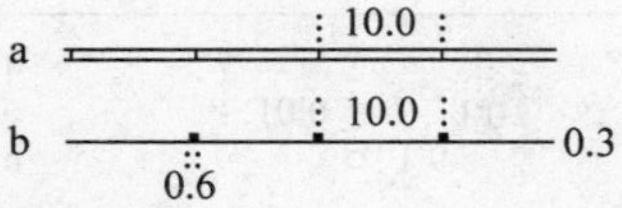 a 10.0 b 10.0 0.3 0.6	

续表

编号	符号名称	1∶500 1∶1 000	1∶2 000	编号	符号名称	1∶500 1∶1 000	1∶2 000
47	挡土墙	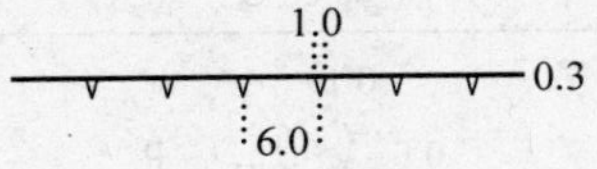 1.0 0.3 6.0		56	散树、行树 a. 散树 b. 行树	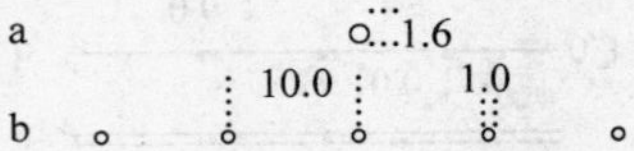 a ○…1.6 b 10.0 1.0	
48	栅栏、栏杆	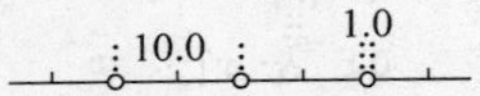 10.0 1.0		57	一般高程点及注记 a. 一般高程点 b. 独立性地物的高程	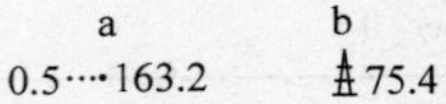 a 0.5…163.2 b 75.4	
49	篱笆	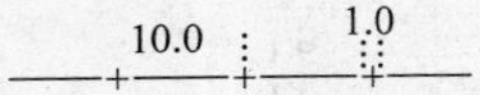 10.0 1.0		58	名称说明注记	友谊路 中等线体 4.0(18k) 团结路 中等线体 3.5(15k) 胜利路 中等线体 2.75(12k)	
50	活树篱笆	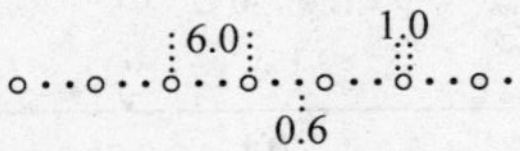 6.0 1.0 0.6		59	等高级 a. 首曲线 b. 计曲线 c. 间曲线	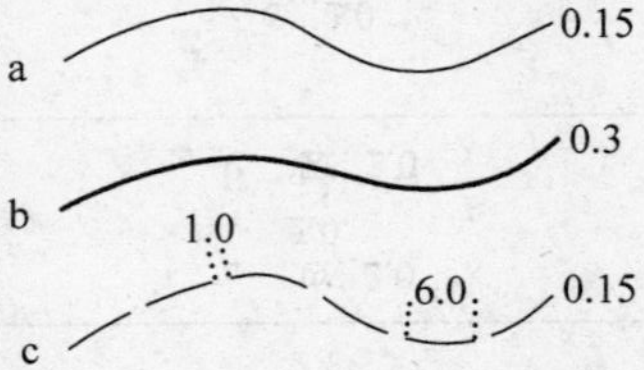 a 0.15 b 0.3 c 1.0 6.0 0.15	
51	铁丝网	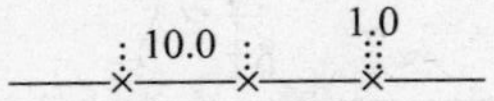 10.0 1.0		60	等高线标记	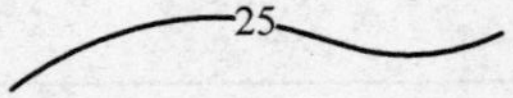 25	
52	通信线地面上的	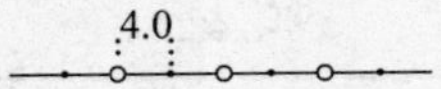 4.0		61	示坡线	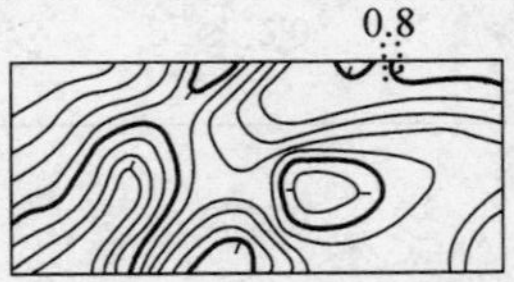 0.8	
53	电线架	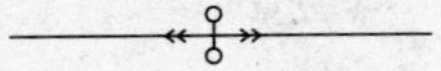		62	梯田坎	 56.4 1.2	
54	配电线地面上的	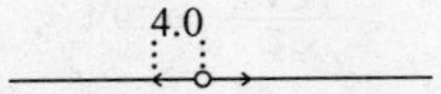 4.0					
55	陡坎 a. 加固的 b. 未加固的	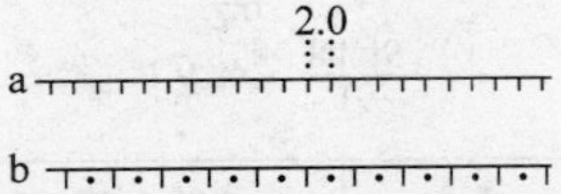 2.0 a b					

8.1.7　等高线表示地貌的原理

1. 原理内容

地面上高程相等的相邻各点连成的闭合曲线称为等高线。

图 8-3 中的山头被水所淹，水面高程为 50m，这时水面与山头的交线就是一条高程为 50m 的等高线。若水面上升 1m，又可得到高程为 51m 的等高线。依次类推，可得到一组等高线，将这组等高线投影到水平面上，再按测图比例尺缩绘到图纸上，就得到表示该山头的等高线图。

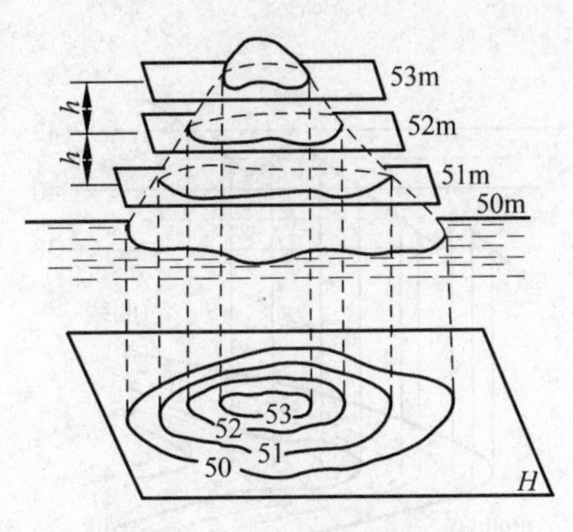

图 8-3　等高线绘制原理

2. 等高距 h 和等高线平距 d

地形图上相邻等高线间的高差称为等高距，用 h 表示。同一幅地形图的等高距是相同的，因此称为基本等高距。在测绘地形图时，应根据地面坡度、测图比例尺，按照国家规范要求选择合适的基本等高距，见表 8-3。

表 8-3　地形图的基本等高距/m

地形类别	比例尺			
	1∶500	1∶1 000	1∶2 000	1∶5 000
平地（$\alpha<3°$）	0.5	0.5	1	2
丘陵（$3°\leqslant\alpha<10°$）	0.5	1	2	5
山地（$10°\leqslant\alpha<25°$）	1	1	2	5
高山地（$\alpha\geqslant25°$）	1	2	2	5

注：α 为地面倾角。

两相邻等高线之间的水平距离称为等高线平距，用 d 表示。相邻两条等高线之间的地面坡度 i 为

$$i=\frac{h}{dM}\tag{8-2}$$

式中，M 为地形图比例尺分母。

在同一幅地形图上，由于相邻两条等高线的等高距相同，则等高线平距 d 的大小与地面坡度 i 有关。在地形图上等高线平距越小，则地面坡度越陡；等高线平距越大，则地面坡度越缓；等高线平距相同，则地面坡度相同。

8.1.8 等高线的种类

等高线可分为首曲线、计曲线、间曲线和助曲线 4 种，如图 8-4 所示。

（1）首曲线。按基本等高线绘制的等高线称为首曲线，用 0.15mm 宽的实线绘制。

（2）计曲线。由 0m 起算，每隔 4 条首曲线绘一条加粗的等高线称为计曲线，计曲线用 0.30mm 宽的粗实线绘制，其上注记高程。

（3）间曲线。按 1/2 基本等高距绘制等高线称为间曲线，用 0.15mm 宽的长虚线绘制。

（4）助曲线。按 1/4 基本等高距绘制等高线，称为助曲线，用 0.15mm 宽的短虚线绘制。

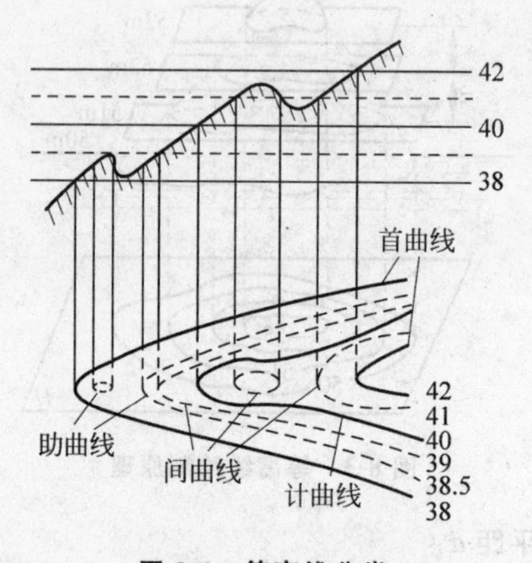

图 8-4 等高线分类

8.1.9 不同地貌的等高线表示方法

无论多么复杂的地貌形态，都是由山头、洼地、山脊、山谷、鞍部等几种类型的地貌组合而成。了解这些典型地貌的等高线图形将有助于测绘地形图和使用地形图，如图 8-5 所示。

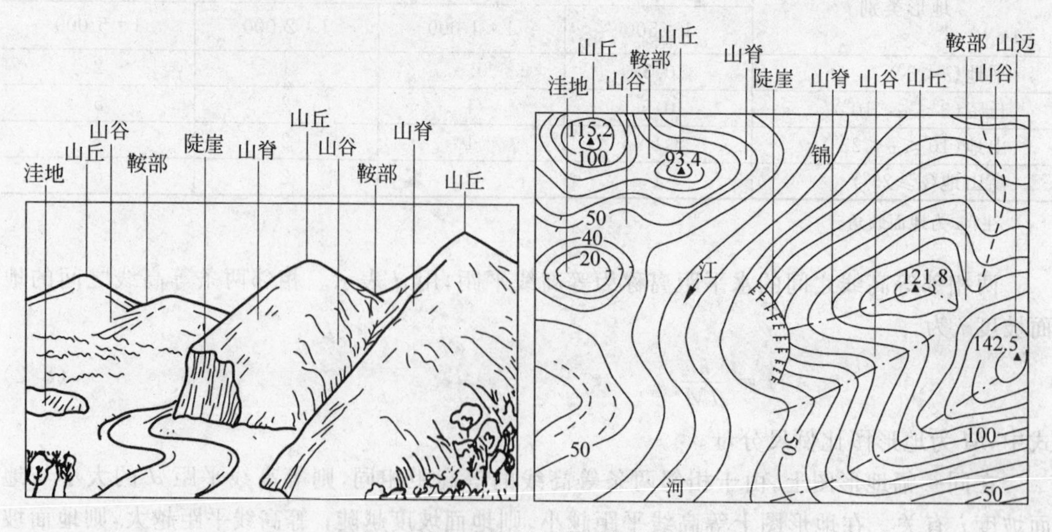

图 8-5 综合地貌及其等高线表示方法

1. 山头和洼地

山的最高部位称为山头。四周高而中间低的地形称为洼地。山头和洼地的等高线都是一组闭合曲线，如图 8-6 所示。其区别在于：山头等高线内圈等高线的高程大于外圈；洼地等高线外圈高程大于内圈。这种区别也可以用示坡线表示，示坡线是垂直绘在等高线上的短线，指向下坡方向。山头的示坡线绘在一组闭合曲线的外侧，而洼地的示坡线绘在闭合曲线的内侧。

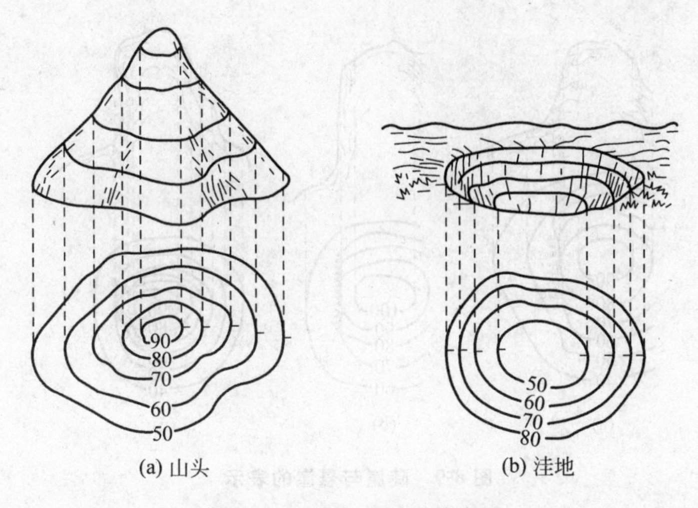

(a) 山头　(b) 洼地

图 8-6　山头与洼地的等高线

2. 山脊和山谷

山顶向一个方向延伸的高地称为山脊。山脊上最高点的连线称为山脊线，也称为分水线。向一个方向延伸的洼地称为山谷。山谷最低点连线称为山谷线，也称集水线。山脊和山谷的等高线都是由一组向某一方向凸出的曲线组成，凸出方向的等高线高程变大的是山谷，凸出方向高程变小的是山脊，如图 8-7 所示。

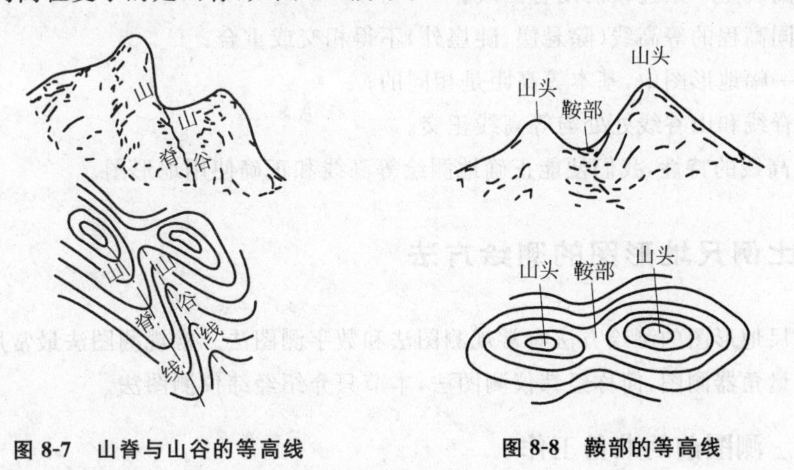

图 8-7　山脊与山谷的等高线　　**图 8-8　鞍部的等高线**

3. 鞍部

两相邻山头之间呈马鞍形的凹地称为鞍部，如图 8-8 所示。鞍部的最低点既是两个山顶的山脊线的连结点，又是两条山谷线的连结点。其等高线的特点是一组圈大的闭合曲线内，套有两组圈数不同闭合曲线组成。

4. 陡崖和悬崖

陡崖是坡度在70°以上的陡峭崖壁，有石质和土质之分。如果用等高线表示，将会非常密集或重合为一条线，因此采用陡崖符号来表示，如图8-9(a)和图8-9(b)所示。

悬崖是上部凸出、下部凹进的陡崖。悬崖上部的等高线投影到水平面时，与下部的等高线相交，下部凹进的等高线部分用虚线表示，如图8-9(c)所示。

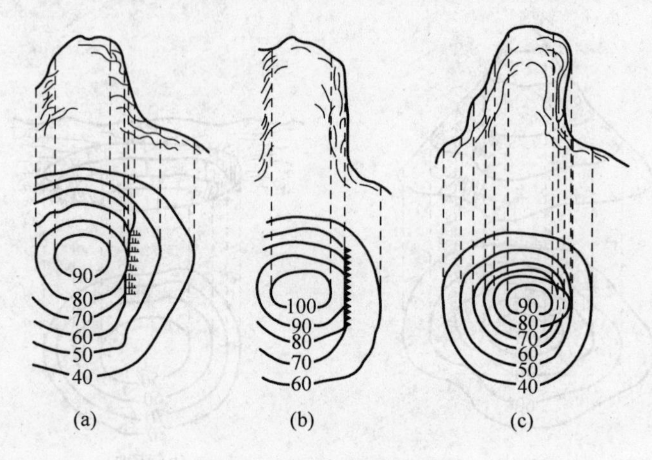

图8-9 陡崖与悬崖的表示

8.1.10 等高线的特性

通过研究等高线的原理以及典型地貌的等高线表示方法，可以归纳出等高线的特性如下。

(1) 同一条等高线上各点的高程相等；

(2) 等高线是一条连续的闭合曲线；

(3) 不同高程的等高线(除悬崖、陡崖外)不得相交或重合；

(4) 同一幅地形图中，基本等高距是相同的；

(5) 山脊线和山谷线处处与等高线正交。

掌握等高线的特性，我们便能正确地测绘等高线和正确使用地形图。

8.2 大比例尺地形图的测绘方法

大比例尺地形图的测绘方法有常规测图法和数字测图法。常规测图法最常用的方法是经纬仪配合量角器测图，简称经纬仪测图法，本节只介绍经纬仪测图法。

8.2.1 测图前的准备工作

在测区完成控制测量工作后，就可以得到图根控制点的坐标和高程，进行地形图的测绘。测图前应做好下列准备工作。

1. 图纸准备

测绘地形图使用图纸为一面打毛的聚酯薄膜，聚酯薄膜厚度为0.07～0.10mm，伸缩率小于0.2‰。聚酯薄膜图纸具有坚韧耐湿、透明度好、伸缩性小、可以水洗、着墨后可直接晒蓝图等优点，其缺点是易燃、易折、会老化，使用和保管中应当注意。

2. 绘制坐标格网

大比例尺地形图图式规定，1∶500～1∶2000比例尺地形图一般采用50cm×50cm正方形分幅或50cm×40cm矩形分幅；1∶5000一般采用40cm×40cm正方形分幅，或50cm×40cm矩形分幅。为了展绘控制点，需要在图纸上绘出10cm×10cm的正方形格网，称为坐标格网。绘制坐标格网的常用方法有对角线法、绘图仪法。

(1) 对角线法

如图8-10所示，先用1m钢板尺在图纸上绘两条对角线相交于M点。自交点M沿对角线量长度相等的4个线段得A、B、C、D 4点，并连成矩形。在矩形4条边自上而下和自左向右每10cm量取一分点，连接对边相应的分点，形成坐标格网。

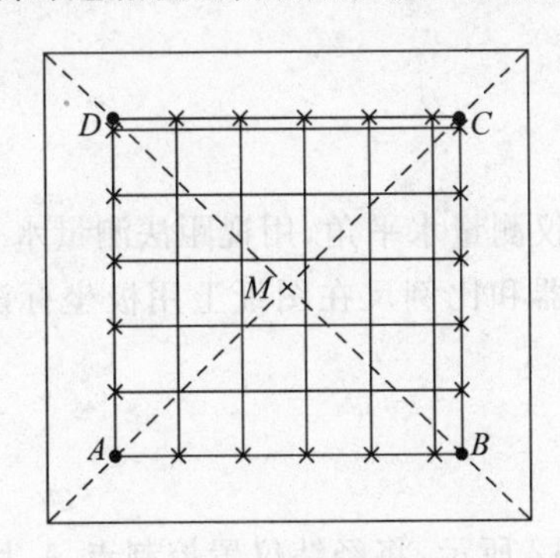

图8-10 对角线法绘制坐标方格网

(2) 绘图仪法

在计算机中用AutoCAD软件编辑好坐标格网图形，然后通过绘图仪绘制在图纸上。

绘出坐标格网后，应进行检查。用1m钢板尺检查对角线方向各格网交点是否位于同一条直线上，其偏差不超过0.2mm；用标准尺检查小方格的边长，其偏差不超过0.2mm，小方格对角线长度，其偏差不超过0.3mm。

3. 展绘控制点

根据控制点的坐标，将其点位表示在图上，称为展绘控制点。展点前，确定图幅的四角坐标并注记在图上。展点的方法有人工展点法和坐标展点仪法。下面介绍人工展点方法。

已知控制点A点的坐标为$x_A=214.60\text{m}$，$y_A=256.78\text{m}$。首先确定A点所在小方格1234。自1、2点用比例尺分别向右量256.78m－200m＝56.78m，定出a、b两点；自2、4点用比例尺分别向上量214.60m－200m＝14.60m，定出c、d两点。连接ab、cd，得到的交点即为A点位置，用相应的控制点符号表示，点的右侧用分数形式注明点号及控制点高程。用同样的方法展绘其他控制点，如图8-11所示的B、C、D点。

展绘控制点完成后，用比例尺检查相邻两控制点间的距离，其偏差在图上不得超过0.3mm。

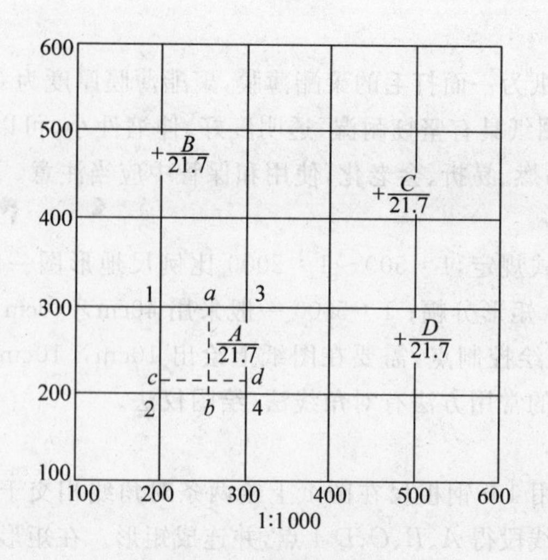

图 8-11 展绘控制点

8.2.2 经纬仪测图法

1. 方法概述

(1) 在控制点上安置经纬仪测量水平角,用视距法测量水平距离、高差和高程。

(2) 根据测量数据用量角器和比例尺在图纸上用极坐标法确定地形特征点,也称为碎部点的平面位置,并注记高程。

(3) 描绘地物和地貌。

2. 一测站的工作步骤

(1) 安置经纬仪。如图 8-12 所示,将经纬仪置控制点 A 上,量取仪器高 i。盘左位置瞄准另一控制点 B,配置水平度盘读数 0°00′00″。为了防止错误,瞄准另一控制点 C,检查水平角,水平距和高程。

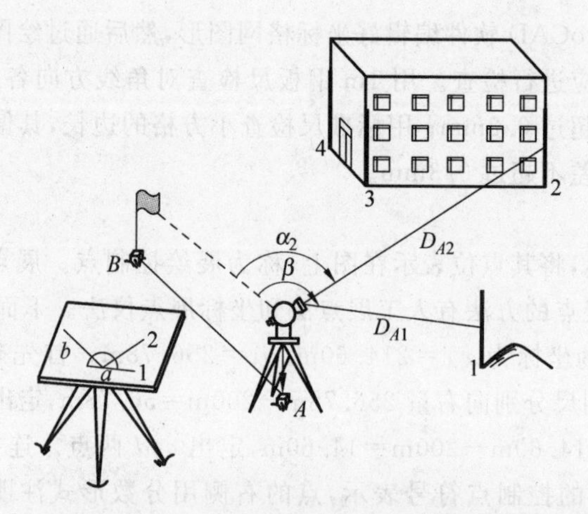

图 8-12 经纬仪配合量角器测图

(2) 安置小平板。小平板安置在经纬仪附近,图纸上控制点方向与实地控制点的方向大致相同。绘图员把 A、B 两点连接起来作为起始方向。把量角器的圆心,用小针固定在 A

点上(图 8-13)。

(3) 观测碎部点。碎部点 1 上立标尺，观测员照准 1 点的标尺，读取水平角 β、视距间隔 l、竖盘读数 L 和中丝读数 v。计算水平距离 D_{A1}、高差 h_{A1} 和高程 H_1。

(4) 展绘碎部点，注记高程。利用量角器量出水平角 β，画出 $A1$ 的方向线，再用比例尺量出水平距离 D_{A1}，将 1 点标定在图上，并注记高程。

(5) 根据许多碎部点，可以描绘地物和地貌。

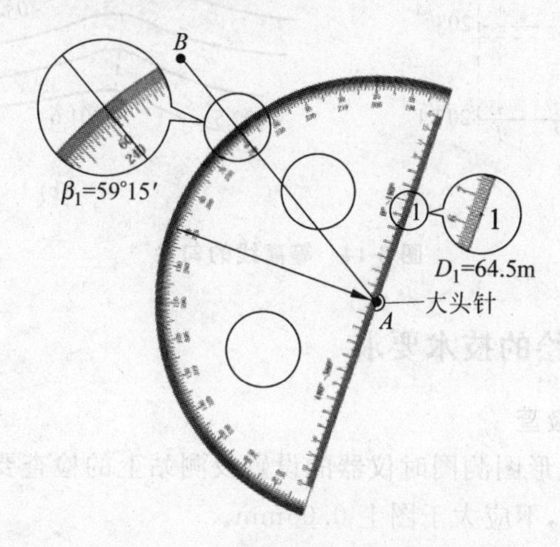

图 8-13　使用量角器展绘控制点

8.2.3　地形图的绘制

1. 地物的绘制

各种地物应按地形图图式规定的符号表示。房屋的轮廓用直线连接；河流、铁路、公路等应按实际形状连成光滑曲线；对于不能按比例描绘的重要地物，应按地形图图式规定的符号表示；有些地物需要用文字、数字、特定符号来说明。

2. 地貌的绘制

地貌主要用等高线来表示。对于不能用等高线表示的特殊地貌，如陡崖、悬崖、冲沟、雨裂等，按图式规定符号绘制。

如图 8-14(b)所示，在图纸上测定了许多地貌特征点和一般高程点，下面说明等高线勾绘的过程。

首先在图上连结山脊线、山谷线等地形线，用虚线表示。由于图上等高线的高程必须是等高距的整数倍，而碎部点的高程一般不是整数，因此需要在相邻点间用内插法定出等高线的通过点。等高线勾绘的前提是两相邻碎部点间坡度是均匀的，因此两点之间平距与高差成正比，内插出各条等高线的通过点。在实际工作中，内插等高线通过点可采用解析法、图解法和目估法，而目估法最常用。目估法是采用“先取头定尾，后中间等分”的方法。例如，图 8-14(b)中地面上两碎部点高程分别为 201.6m 和 205.8m，基本等高距为 1m，则首尾等高线的高程为 202m 和 205m，然后再首尾两等高线间 3 等分，共有 2 条等高线，高程分别为 203m 和 204m。用同样的方法定出相邻两碎部点间等高线的通过点。最后把高程相同的点用光滑的曲线连接起来，勾绘出等高线。首曲线用细实线表示；计曲线用粗实线表示，并注记高程。

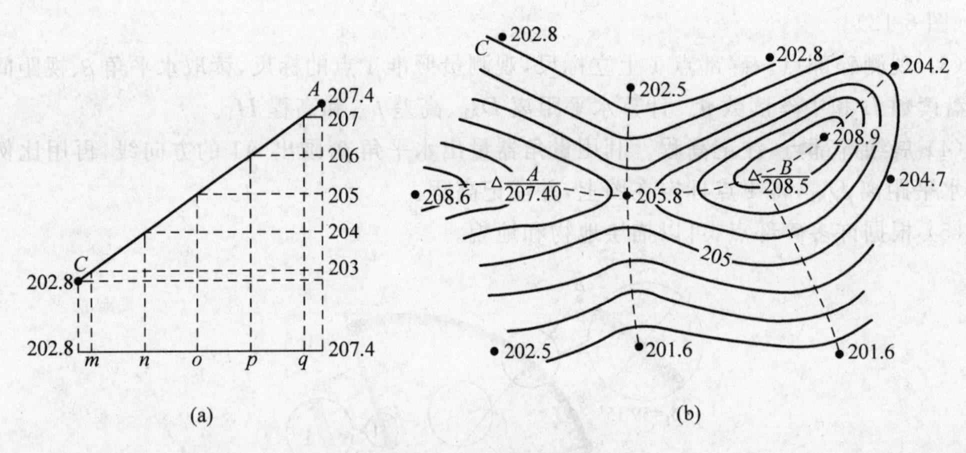

图 8-14 等高线的勾绘

8.2.4 地形图测绘的技术要求

1. 仪器设置及测站检查

《城市测量规范》对地形图测图时仪器的设置及测站上的检查要求如下。

(1) 仪器对中的偏差，不应大于图上 0.05mm。

(2) 以较远的一点定向，用其他点进行检核，如图 7-12，测绘时选择 B 点定向，C 点进行检核。采用平板仪测绘时，检核偏差不应大于图上 0.3mm；采用经纬仪或全站仪测绘时，检核偏差不应大于图上 0.2mm；每站测图过程中，应随时检查定向点方向，采用平板仪测绘时，偏差不应大于图上 0.3mm；采用经纬仪或全站仪测绘时，归零差不应大于 $4'$。

(3) 检查另一测站高程，其较差不应大于 1/5 基本等高距。

(4) 采用量角器配合经纬仪测图，当定向边长在图上小于 10cm，应以正北或正南方向作为起始方向。

2. 地物点、地形点视距和测距要求

地物点、地形点视距和测距的最大长度应符合表 8-4 的规定。

表 8-4 碎部点的最大间距和最大视距

测图比例尺	地貌点最大间距/m	最大视距/m			
		主要地物点		次要地物点和地貌点	
		一般地区	城市建筑区	一般地区	城市建筑区
1∶500	15	60	50	100	70
1∶1000	30	100	80	150	120
1∶2000	50	180	120	250	200
1∶5000	100	300	—	350	—

3. 误差要求

图上地物点的点位中误差、地物点间距中误差和等高线高程中误差应符合表 8-5 的规定。

表 8-5　地物点位、点间距和等高线高程中误差

地区类别	点位中误差（图上/mm）	地物点间距中误差（图上/mm）	等高线高程中误差（等高距）			
			平地	丘陵地	山地	高山地
平地、丘陵地和城市建筑区	0.5	0.4	1/3	1/2	2/3	1
山地、高山地和施测困难的旧街坊内部	0.75	0.6				

8.2.5　地形图的拼接、检查和整饰

1. 地形图的拼接

当测区面积较大时，整个测区可分成许多图幅分别进行测绘，这样相邻图幅连接处的地物和地貌应该完全吻合，但由于测量误差和绘图误差的存在，往往不能吻合。图 8-15 所示为相邻两图幅的接图情况。地形图测量规范规定，接图误差不应大于表 8-5 中规定的平面、高程中误差的 $2\sqrt{2}$ 倍。如果符合接图限差要求，可取平均位置改正相邻图幅的地物和地貌。

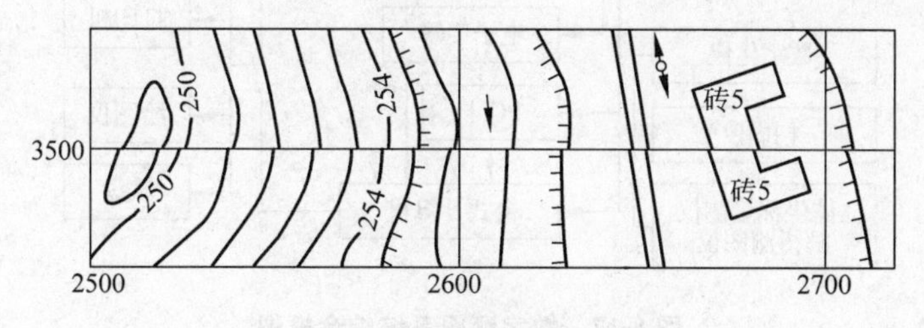

图 8-15　地形图的拼接

2. 地形图的检查

（1）室内检查

室内检查首先对控制测量资料做详细检查，然后对地形图进行检查，确定野外检查重点和巡视路线。

（2）野外检查

根据室内检查的重点按预定路线进行巡视检查。对于室内检查和巡视检查中发现的重大问题，应到野外设站用仪器检查，及时进行修改。

（3）地形图的整饰

地形图的整饰按照“先图内后图外，先地物后地貌”的顺序，依图式符号的规定进行整饰，使图面整洁清晰。图内整饰还包括坐标格网和图廓等全部内容。图外整饰包括图名、图号、接图表、平面坐标和高程系统、比例尺、施测单位、测绘者、测绘日期等。

8.3　大比例尺数字测图技术

数字测图是一种全解析的计算机辅助测图方法，与图解法测图相比，其具有明显的优越性和广阔的发展前景。

8.3.1 数字测图系统

数字测图系统是以计算机为核心，连接测量仪器的输入输出设备，在硬件和软件的支持下，对地形空间数据进行采集、输入、编辑、成图、输出、绘图、管理的测绘系统。数字测图系统的结构简图和综合框图分别如图 8-16 和图 8-17 所示。

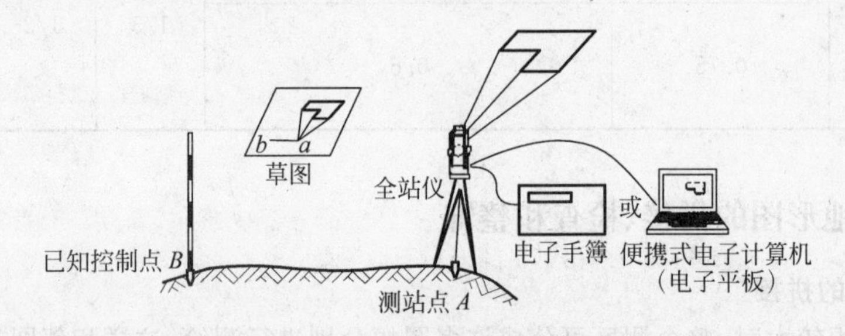

图 8-16 数字测图系统结构简图

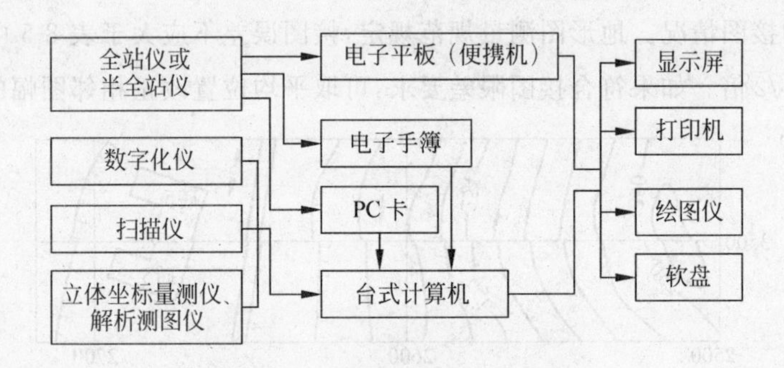

图 8-17 数字测图系统综合框图

用全站仪在测站进行数字化测图，称为地面数字测图。

由于用全站仪直接测定地物点和地形点的精度很高，所以，地面数字测图是几种数字测图方法中精度最高的一种，也是城市大比例尺地形图最主要的测图方法。

地面数字测图系统主要有数字测记法和电子平板两种模式。

数字测记法模式为野外测记，室内成图，即用全站仪测量，电子手簿记录，同时配以人工画草图和编码系统，到室内将野外测量数据从电子手簿直接传输到计算机中，再配以成图软件，根据编码系统以及参考草图编辑成图。

电子平板模式为野外测绘，实时显示，现场编辑成图。所谓电子平板测量，即将全站仪与装有成图软件的便携机联机，在测站上全站仪实测地形点，计算机屏幕现场显示点位和图形，并可对其进行编辑，满足测图要求后，将测量和编辑数据存盘。

8.3.2 数字测图图形信息的采集和输入

各种数字测图系统必须首先获取图形信息，地形图的图形信息包括所有与成图有关的资料，如测量控制点资料、解析点坐标、各种地物的位置和符号、各种地貌的形状、各种注记等。对于图形信息，常用的采集和输入方式有以下几种。

1. 地面测量仪器数据采集输入

应用全站仪或其他测量仪器在野外对成图信息直接进行采集。采集的数据载体为全站仪的存储器和存储卡。例如,全站仪 SET2000 即配备相应的存储器和存储卡;也可为电子手簿,如 GRE3、GRE4 等;或为各种袖珍计算机及便携机,如 PCE-500 等。采集的数据可通过接口电缆直接送入计算机中。

2. 人机对话键盘输入

对于测量成果资料、文字注记资料等,可以通过人机对话的方式由键盘输入计算机之中。

3. 数字化仪输入

应用数字化仪对收集的已有地形图的图形资料进行数字化,也是图形信息获取的一个重要途径。数字化仪主要以矢量数据形式输入各类实体的图形数据,即只需输入实体的坐标。除矢量数据外,数字化仪与适当的程序相配合,也可在数字化仪选择的位置上输入文本和特殊符号。对原有地形图,可采用点方式数字化的形式。点方式为选择最有利于表示图形特征的特征点逐点进行数字化。

8.3.3 数据传输

以用全站仪在测站进行数字化测图为例,数据传输是利用全站仪与计算机两者之间的数据相互传输,将全站仪野外采集的数据传输到计算机中;数据处理贯穿于数字测图的全过程,包括的内容有:当数据传输到计算机之后,对数据所进行的编辑(如坐标转换)、图形生成、图形编辑、图形整饰、图形分幅等。不同数字成图系统的菜单命令各不相同,因此数据传输和数据处理的方法也各不相同。下面以数字地形地籍成图系统 CASS7.0 与全站仪通信为例,说明数据的传输方法以及数据处理方法。

进行数据通信操作之前,首先将全站仪用串口数据线与计算机连接,然后打开计算机进入 Windows 系统,双击 CASS7.0 的图标或单击 CASS7.0 的图标再按回车键,即可进入 CASS 系统,此时屏幕上将出现系统的操作界面。

(1) 在菜单栏中单击"数据",出现如图 8-18 所示的下拉菜单。

(2) 单击"读取全站仪数据",出现如图 8-19 所示的对话框。

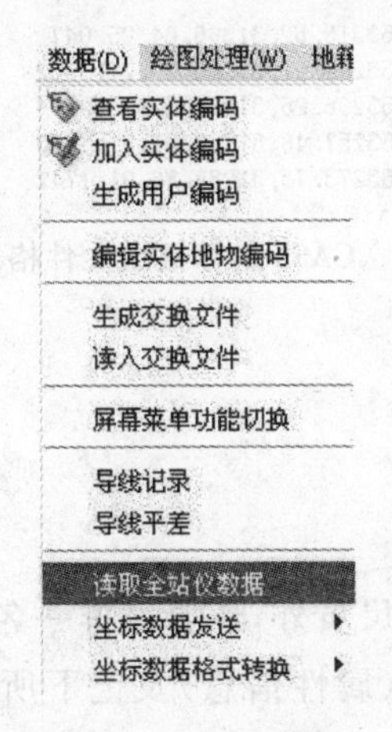

图 8-18 "数据"下拉菜单

图 8-19 全站仪内存数据转换菜单

(3) 在“仪器”下拉列表中选择仪器的型号，如“拓普康 GTS-200 全站仪”，单击。然后设置界面参数，与全站仪通信设置相同。在“CASS 坐标文件”文本框中输入想要保存的文件名，要留意文件的路径，为了避免找不到文件，可以输入完整的路径。最简单的方法是单击“选择文件”按钮，出现如图 8-20 所示的对话框，在“文件名”文本框中输入想要保存的文件名，单击“保存”按钮。这时，系统已经自动将文件名填在图 8-19 的“CASS 坐标文件”文本框中，这样就省去了手工输入路径的步骤。

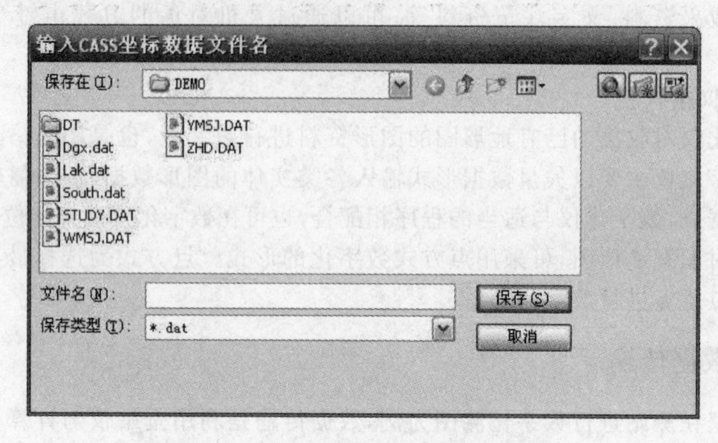

图 8-20 执行“选择文件”操作的对话框

输完文件名后在图 8-19 中单击“转换”按钮(或者直接按回车键)，出现图 8-21 所示的提示。

(4) 然后先在电脑上按回车键，再在全站仪上按 F3(是)键，之后数据开始导出。

CASS 软件导入的坐标数据文件具有固定格式，若全站仪下载的坐标数据文件格式不同，则应进行编辑转换，编辑转换可灵活应用 Excel、记事本等常用软件，也可以自编程序转换。

CASS 导入的坐标数据文件格式为：点号，编码，Y 坐标，X 坐标，高程，如图 8-22 所示(部分数据)。

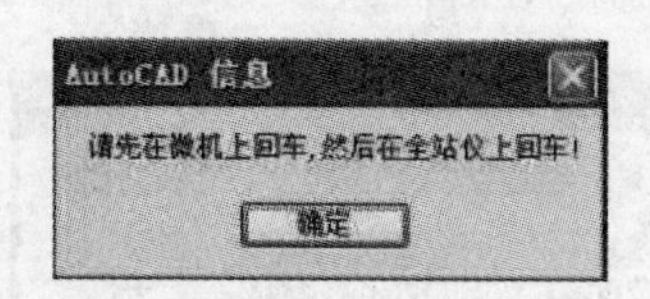

图 8-21 计算机等待全站仪信号

```
1,,53318.52,31360.04,25.047
2,,53299.21,31266.97,21.3352
3,,53236.25,31268.6,20.0949
4,,53257.48,31288.31,21.5553
5,,53273.73,31289.86,21.1742
```

图 8-22 CASS 坐标数据文件格式

8.3.4 内业成图

下面分别介绍“草图法”和“简码法”的作业流程。

1. “草图法”工作方式

“草图法”工作方式要求外业工作时，除了测量员和跑尺员外，还要安排一名绘草图的人员，在跑尺员跑尺时，绘图员要标注出所测的是什么地物(属性信息)及记下所测点的点号(位置信息)，在测量过程中与测量员及时联系，使草图上标注的某点点号与全站仪里记录的点号一致，而在测量每一个碎部点时不需要在电子手簿或全站仪里输入地物编码，故又称为

“无码方式”。

“草图法”在内业工作时，根据作业方式的不同，分为“点号定位”、“坐标定位”、“编码引导”几种方法。

(1)“点号定位”法作业流程

① 定显示区

定显示区的作用是根据输入坐标数据文件的数据大小定义屏幕显示区域的大小，以保证所有点可见。

首先在菜单栏中单击“绘图处理”，出现如图8-23所示的下拉菜单。然后单击“定显示区”，出现如图8-24所示的对话框。

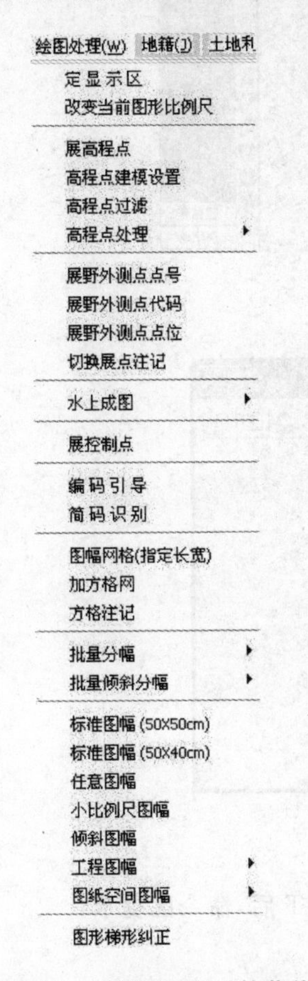

图8-23　“绘图处理”下拉菜单

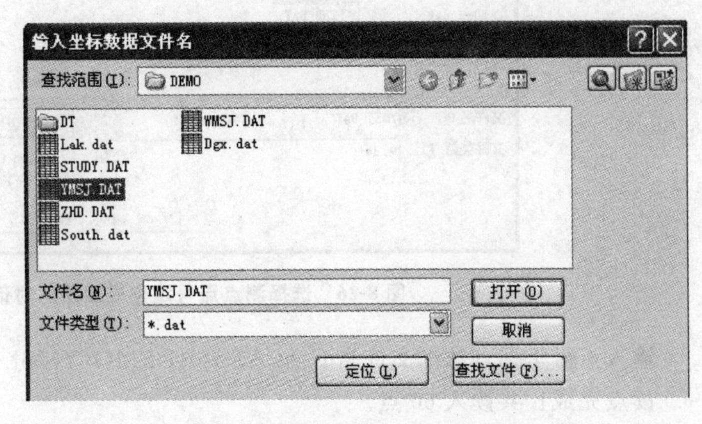

图8-24　选择文件定显示区菜单

这时，需输入碎部点坐标数据文件名。可直接通过键盘输入，以CASS70安装目录下的DEMO数据为例，如在“文件名”列表框中输入YMSJ.DAT，单击“打开”按钮。也可参考Windows选择打开文件的操作方法操作。这时，命令区显示：

```
最小坐标(m)X=87.315,Y=97.020
最大坐标(m)X=221.270,Y=200.00
```

② 选择测点点号定位成图法

如图 8-25 所示，在屏幕右侧菜单区单击“坐标定位→点号定位”选项，即出现如图 8-26 所示的对话框。

图 8-25 选项“坐标定位/点号定位”

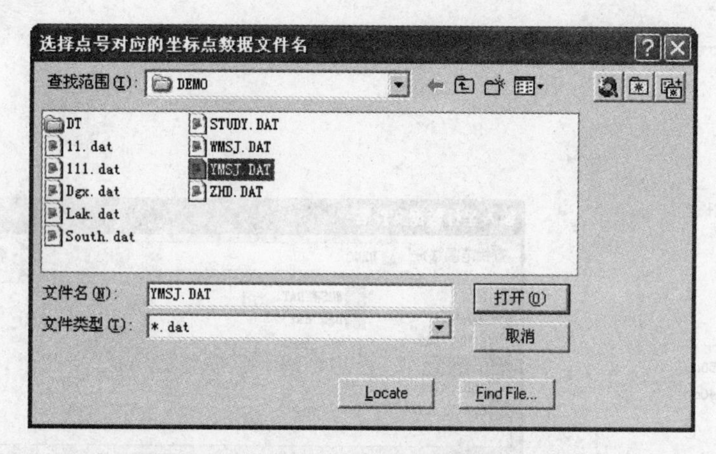

图 8-26 选择测点点号定位成图法的对话框

输入点号坐标点数据文件名 C:\CASS70\DEMO\YMSJ.DAT 后，命令区提示：

读点完成！共读入 60 点。

3）绘平面图

根据野外作业时绘制的草图，移动鼠标至屏幕右侧菜单区选择相应的地形图图式符号，然后在屏幕中将所有的地物绘制出来。系统中所有地形图图式符号都是按照图层来划分的，例如所有表示测量控制点的符号都放在“控制点”这一层，所有表示独立地物的符号都放在“独立地物”这一层，所有表示植被的符号都放在“植被园林”这一层。

(2)“坐标定位”法作业流程

① 定显示区

此步操作与“点号定位”法作业流程的“定显示区”的操作相同。

② 选择坐标定位成图法

在屏幕右侧菜单区单击“坐标定位”选项，即进入“坐标定位”选项的菜单。如果刚才在“测点点号”状态下，可通过选择“CASS7.0 成图软件”相关选项返回主菜单之后再进入“坐标定位”菜单。

③ 绘平面图

与“点号定位”法成图流程类似，需先在屏幕上展点，根据外业草图，选择相应的地图图式符号在屏幕上将平面图绘出来，区别在于不能通过测点点号来进行定位了。仍以居民地为例讲解。在屏幕右侧菜单区单击“居民地”选项，系统便弹出如图 8-27 所示的对话框。再单击“四点房屋”图标，图标变亮表示该图标已被选中，单击“确定”按钮，这时命令区提示：

已知三点/2.已知两点及宽度/3.已知四点<1>：输入 1，回车（或直接回车默认选 1）。

输入点：在屏幕右侧菜单区单击“捕捉方式”选项，弹出如图 8-28 所示的对话框。再单击“NOD”（节点）图标，图标变亮表示该图标已被选中，然后单击“确定”按钮。这时鼠标靠近 33 号点，出现黄色标记，单击，完成捕捉工作。

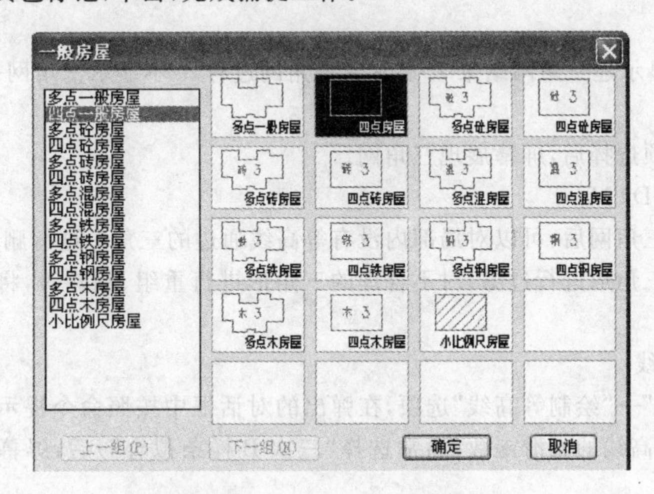

图 8-27　“一般房屋”绘制对话框

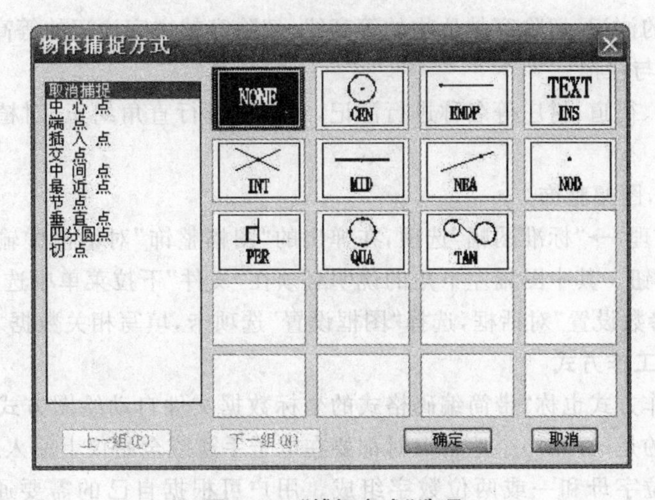

图 8-28　“捕捉方式”选项

输入点：同上操作捕捉 34 号点。

输入点：同上操作捕捉 35 号点。

这样，即将 33、34、35 号点连成一间普通房屋。

④ 展高程点

单击“绘图处理”→“展高程点”选项，将会弹出数据文件的对话框，输入坐标文件名，如找到 C:\CASS70\DEMO\STUDY. DAT，单击“确定”按钮，命令区提示：注记高程点的距离(m)：直接回车，表示不对高程点注记进行取舍，全部展出来。

⑤ 建立 DTM

单击“等高线”→“建立 DTM”选项，在弹出的“建立 DTM”对话框中选中“由数据文件生成”单选按钮，在“坐标数据文件名”文本框中输入坐标文件名，如找到 C:\CASS70\DEMO\STUDY. DAT，单击“确定”按钮，屏幕下方命令区提示：

请选择：1. 不考虑坎高 2. 考虑坎高<1>：回车(默认选 1)。

请选择地性线：(地性线应过已测点，如不选则直接回车) Select objects：回车(表示没有地性线)。

请选择：1. 显示建三角网结果 2. 显示建三角网过程 3. 不显示三角网<1>：回车(默认选 1)。

完成上述三项选择后，屏幕展现三角网。

⑥ 完善图面 DTM

当屏幕显示三角网后，可以对局部内没有等高线通过的三角形进行删除，对小角度的或边长相差悬殊的三角形进行过滤，对不合理的三角形进行重组、删除等，将修改后的三角形存盘。

⑦ 绘制等高线

单击“等高线”→“绘制等高线”选项，在弹出的对话框中按照命令提示输入绘制等高线的等高距、选择等高线的光滑函数(通常选择“三次 B 样条拟合”)后，屏幕显示计算机自动绘制的等高线。

⑧ 修饰等高线

包括计曲线的注记，切除穿越地物的等高线、切除穿越文字注记的等高线等修饰工作。

⑨ 图面整饰与注记

对道路、河流、街道、村庄等名称进行注记，对房屋进行直角纠正，对植被进行填充等编辑和整饰工作。

⑩ 图形分幅，图幅整饰

单击“绘图处理”→“标准图幅”选项，在弹出的“图幅整饰”对话框中输入分幅信息数据后，单击“确定”按钮。其中图幅左下角的说明必须在“文件”下拉菜单中选择“参数设置”后，出现“CASS7.0 参数设置”对话框，选择“图框设置”选项卡，填写相关数据才能完成。

2. “简码法”工作方式

“简码法”工作方式也称“带简编码格式的坐标数据文件自动绘图方式”，与“草图法”在野外测量时不同的是，每测一个地物点时都要在电子手簿或全站仪上输入地物点的简编码，简编码一般由一位字母和一或两位数字组成。用户可根据自己的需要通过 JCODE. DEF 文件定制野外操作简码。

(1) 定显示区

此步操作与“草图法”中“测点点号”定位绘图方式作业流程的“定显示区”操作相同。

(2) 简码识别

简码识别的作用是将带简编码格式的坐标数据文件转换成计算机能识别的程序内部码(又称绘图码)。

单击“绘图处理”→“简码识别”选项，即出现如图 8-29 所示对话框。输入带简编码格式的坐标数据文件名(此处以 C：\CASS70\DEMO\YMSJ. DAT 为例)。当提示区显示“简码识别完毕!”同时在屏幕绘出平面图形，如图 8-30 所示。

图 8-29　选择简编码文件

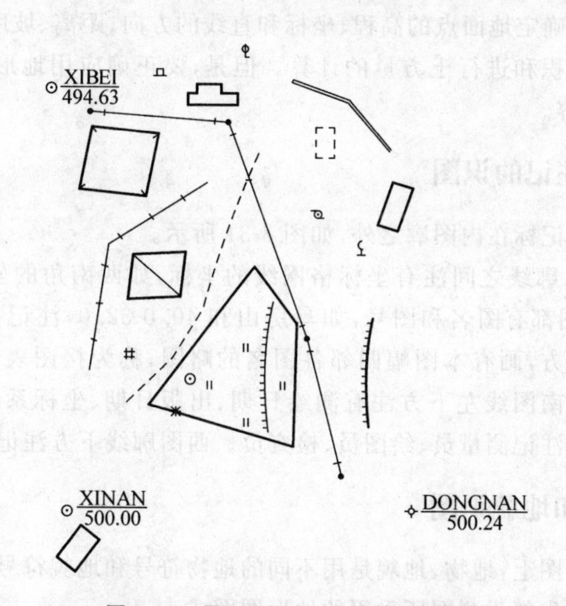

图 8-30　用 YMSJ. DAT 绘的平面图

以上介绍了“草图法”、“简码法”的工作方法。其中“草图法”包括点号定位法、坐标定位法、编码引导法。编码引导法的外业工作也需要绘制草图，但通过编辑编码引导文件，将编码引导文件与无码坐标数据文件合并生成带简码的坐标数据文件，其后的操作等效于“简码法”，“简码识别”时就可自动绘图。

CASS7.0 支持多种多样的作业模式，除了“草图法”、“简码法”以外，还有“白纸图数字化法”、“电子平板法”，可根据实际情况灵活选择适当的方法。

8.3.5 绘图输出

首先建立一个与地形编码相应的《地形图图式》符号库，供绘图使用。绘图程序根据输入的比例尺、图廓坐标、已生成的坐标文件和连接信息文件，按编码分类，分层进入房屋、道路、水系、独立地和植被及地貌等各层，进行绘图处理，生成绘图命令，并在屏幕上显示所绘图形，再根据操作员的人为判断，对屏幕图形进行最后的编辑、修改。经过编辑和修改的图形生成图形文件，由绘图仪绘制出地形图。通过打印机打印出必要的控制点成果数据。

将实地采集的地物、地貌特征点的坐标和高程，经过计算机处理，自动生成不规则的三角网，建立起数字地面模型。建立该模型的核心目的是用内插法求得任意已知坐标点的高程。据此可以内插绘制等高线和断面图，为道路、管线、水利等工程设计服务，还能根据需要随时取出数据，绘制任何比例尺的地形原图。

8.4 地形图的识图

地形图是包含丰富的自然地理、人文地理和社会经济信息的载体，并且具有可量性、可定向性等特点。在工程建设中，利用地形图使勘测、设计能充分利用地形条件，优化设计和施工方案，有效地节省工程建设费用。

在地形图上可以确定地面点的高程、坐标和直线的方向、距离、坡度、断面图、汇水面积，还可以测算图形的面积和进行土方量的计算。但是，要正确应用地形图，首先要看懂地形图，熟悉地形图的内容。

8.4.1 图外注记的识图

地形图上图外注记标在内图廓之外，如图 8-31 所示。

内图廓线与外图廓线之间注有坐标格网线的坐标，如西南角的坐标 $x=40.0\text{km}$，$y=32.0\text{km}$。每幅地形图都有图名和图号，如马房山和 40.0-32.0，注记在北图廓线上方的中央。在北图廓线左上方，画有本图幅四邻各图名的略图，称为接图表。南图廓线下方的中央，注有数字比例尺，南图线左下方注有测绘日期、出版日期、坐标系统、高程系统、图式版本。南图廓线右下方注记测量员、绘图员、检查员。西图廓线下方注记测绘单位。

8.4.2 地物和地貌识图

不同比例尺地形图上，地物、地貌是用不同的地物符号和地貌符号表示的。要正确识别地物、地貌，阅读前应先熟悉测图所采用的地形图图式。

1. 地物识别

识别地物的目的是了解地物的大小种类、位置和分布情况。按照地物符号先识别大的居民点、主要交通要道和大河流的分布及其流向和用图中需要的重要地物，然后扩大再识别小的居民点、次要交通路线等。通过综合分析，对地形图的地物有全面的了解。

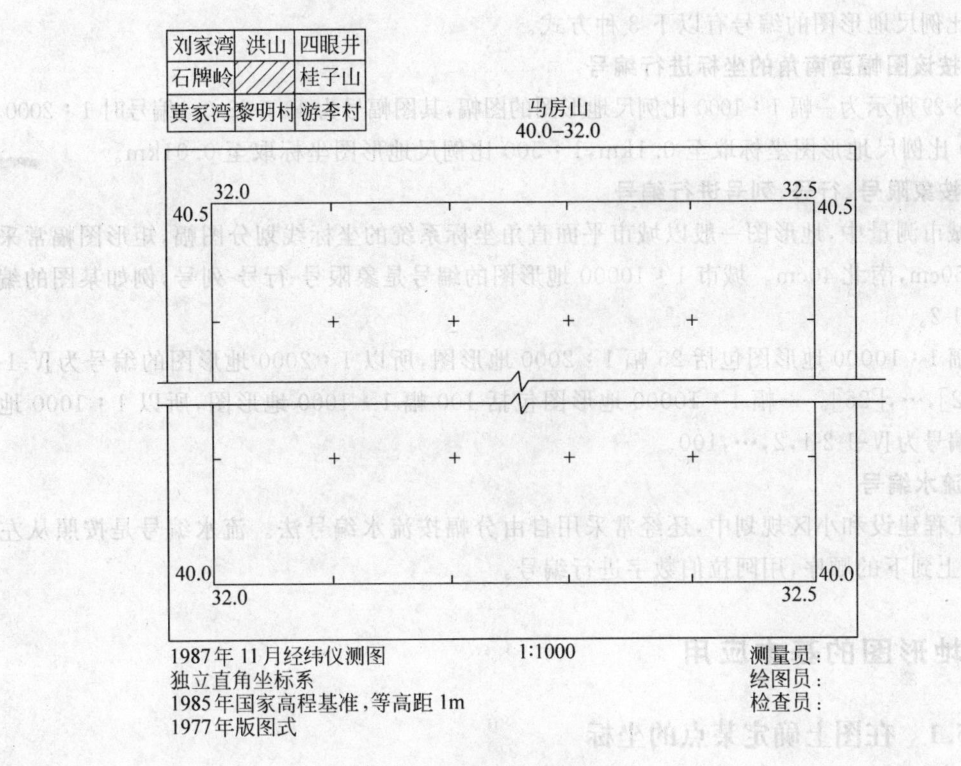

图 8-31 地形图

2. 地貌识别

地貌识别的目的是了解各种地貌的分布和地面的高低起伏状态，主要根据基本地貌的等高线特征和特殊地貌的符号进行。有河流时可找出山谷、山脊系列；无河流时可根据相邻山头找出山脊。再按照“两山谷间必有一山脊，两山脊之间必有一山谷”的特征，可识别山脊和山谷的分布情况。再结合特征地貌和等高线的疏密，便可清楚了解地形图上的地貌情况。

8.4.3 大比例尺地形图的分幅和编号

为了便于测绘、保管和使用，需要将大面积的地形图进行统一分幅、编号。对大比例尺地形图的图幅大小一般为 50cm×50cm、40cm×50cm、40cm×40cm。各种比例尺地形图的图幅大小见表 8-6。

表 8-6 矩形和正方形的分幅及面积

比例尺	矩形分幅		正方形分幅		
	图纸大小/(cm×cm)	实地面积/km²	图纸大小/(cm×cm)	实地面积/km²	一副 1∶5000 图所含副数
1∶5000	—	—	40×40	4	1
1∶2000	50×40	0.8	50×50	1	4
1∶1000	50×40	0.2	50×50	0.25	16
1∶500	50×40	0.05	50×50	0.0624	64

大比例尺地形图的编号有以下 3 种方式。

1. 按该图幅西南角的坐标进行编号

图 8-29 所示为一幅 1∶1000 比例尺地形图的图幅，其图幅号为 40.0-32.0。编号时 1∶2000，1∶1000 比例尺地形图坐标取至 0.1km，1∶500 比例尺地形图坐标取至 0.01km。

2. 按象限号、行号、列号进行编号

在城市测量中，地形图一般以城市平面直角坐标系统的坐标线划分图幅，矩形图幅常采用东西 50cm，南北 40cm。城市 1∶10000 地形图的编号是象限号-行号-列号，例如某图的编号为Ⅳ-1-2。

一幅 1∶10000 地形图包括 25 幅 1∶2000 地形图，所以 1∶2000 地形图的编号为Ⅳ-1-2-[1]，[2]，…，[25]。一幅 1∶10000 地形图包括 100 幅 1∶1000 地形图，所以 1∶1000 地形图的编号为Ⅳ-1-2-1，2，…，100。

3. 流水编号

在工程建设和小区规划中，还经常采用自由分幅按流水编号法。流水编号是按照从左到右，从上到下的顺序，用阿拉伯数字进行编号。

8.5 地形图的基本应用

8.5.1 在图上确定某点的坐标

大比例尺地形图上绘有 10cm×10cm 的坐标格网，并在图廓的西、南边上注有纵、横坐标值，如图 8-32 所示。

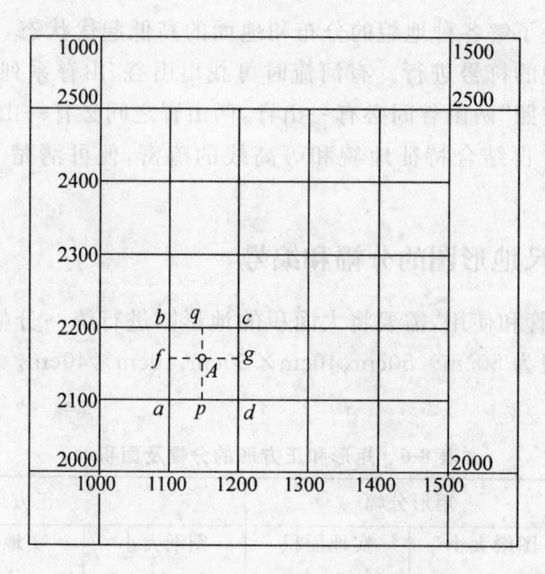

图 8-32 地形图应用的基本内容(一)

欲求图中 A 点的坐标，首先要根据 A 点在图中的位置，确定 A 点所在的坐标方格 $abcd$，过 A 点作平行于 x 轴和 y 轴的两条直线 pq、fg 与坐标方格相交于 p、q、f、g 共 4 点，再按地形图比例尺量出 af=60.7m，ap =48.6m，则 A 点的坐标为

$$\begin{cases} x_A = x_a + af = 2100\text{m} + 60.7\text{m} = 2160.7\text{m} \\ y_A = y_a + ap = 1100\text{m} + 48.6\text{m} = 1148.6\text{m} \end{cases} \tag{8-3}$$

如果精度要求较高，则应考虑图纸伸缩的影响，此时还应量出 ab 和 ad 的长度。设图上坐标方格边长的理论值为 $l(l=100\text{mm})$，则 A 点的坐标为

$$\begin{cases} x_A = x_a + \dfrac{1}{ab}af \\ y_A = y_a + \dfrac{1}{ad}ap \end{cases} \tag{8-4}$$

8.5.2　在图上确定两点间的水平距离

1. 解析法

如图 8-33 所示，欲求 A、B 两点间的距离，可按式(8-3)先求出图上 A、B 两点坐标(x_A，y_A)和(x_B，y_B)，然后按式(8-5)计算 A、B 间的水平距离。

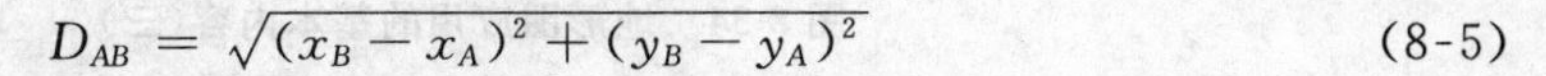

$$D_{AB} = \sqrt{(x_B - x_A)^2 + (y_B - y_A)^2} \tag{8-5}$$

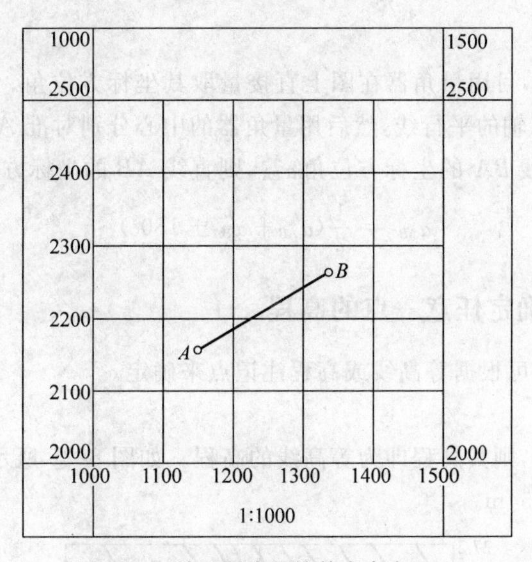

图 8-33　地形图应用的基本内容(二)

2. 图解法

用两脚规在图上直接卡出 A、B 两点的长度，再与地形图上的直线比例尺相比较，即可得出 A、B 间的水平距离。当精度要求不高时，可用比例尺直接在图上量取。

8.5.3　在图上确定某一直线的坐标方位角

1. 解析法

如图 8-32 所示，先求出图上 A、B 两点的坐标，可按坐标反算公式计算直线 AB 的坐标方位角，即

$$a_{AB} = \arctan\frac{y_B - y_A}{x_B - x_A} = \arctan\frac{\Delta y_{AB}}{\Delta x_{AB}} \tag{8-6}$$

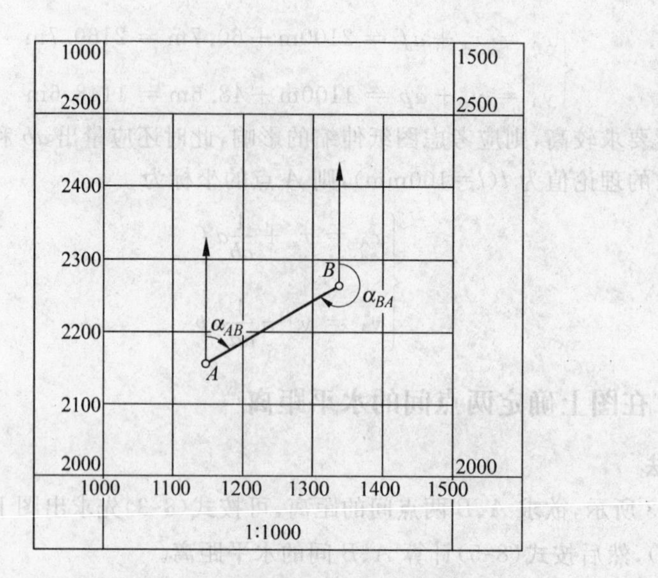

图 8-34 地形图应用的基本内容(三)

2. 图解法

当精度要求不高时,可用量角器在图上直接量取其坐标方位角。如图 8-34 所示,通过 A、B 两点分别作坐标纵轴的平行线,然后用量角器的中心分别对准 A、B 两点量出直线 AB 的坐标方位角 α'_{AB} 和直线 BA 的坐标方位角 α'_{BA},则直线 AB 的坐标方位角为

$$\alpha_{AB}=\frac{1}{2}(\alpha'_{AB}+\alpha'_{BA}\pm 180°) \tag{8-7}$$

8.5.4 在图上确定任意一点的高程

地形图上点的高程可根据等高线或高程注记点来确定。

1. 点在等高线上

如果点在等高线上,则其高程即为等高线的高程。如图 8-35 所示,E 点位于 54m 等高线上,则 E 点的高程为 54m。

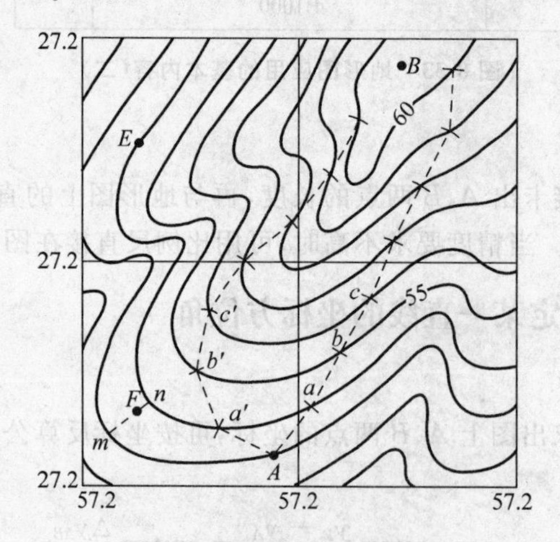

图 8-35 确定地面点的高程

2. 点不在等高线上

如果点位不在等高线上，则可按内插求得。如图 8-34 所示，F 点位于 53m 和 54m 两条等高线之间，这时可通过 F 点作一条大致垂直于两条等高线的直线，分别交等高线于 m、n 两点，在图上量取 mn 和 mF 的长度，又已知等高距为 $h=1\text{m}$，则 F 点相对于 m 点的高差 h_{mF} 为

$$h_{mF}=\frac{mF}{mn}h \tag{8-8}$$

通常，根据等高线用目估法确定图上点的高程。

8.5.5　在图上确定某一直线的坡度

在地形图上求得直线的长度以及两端点的高程后，可按式(8-9)计算该直线的平均坡度 i，即

$$i=\frac{h}{d\cdot M}=\frac{h}{D} \tag{8-9}$$

式中，d 为图上量得的长度，m；M 为地形图比例尺分母；h 为直线两端点间的高差，m；D 为直线实地水平距离，m。

坡度有正负号，“+”表示上坡，“−”表示下坡，常用百分率(%)或千分率(‰)表示。

8.5.6　按指定方向绘制纵断面图

在各种线路工程设计中，需要了解线路方向的地面起伏情况，为此要求绘出某一方向的断面图。如图 8-36(a)所示，欲沿 AB 方向绘出断面图，在地形图作 AB 的连线。另外在纵断面图上作两条互相垂直的轴线，如图 8-36(b)所示，横轴表示水平距离，纵轴表示高程。一般情况下，水平距离的比例尺与地形图比例尺相同，而高程的比例尺比水平距离比例尺大 5～20 倍。首先在地形图上量取 A 点至直线 AB 与等高线交点的水平距离，并把它们分别

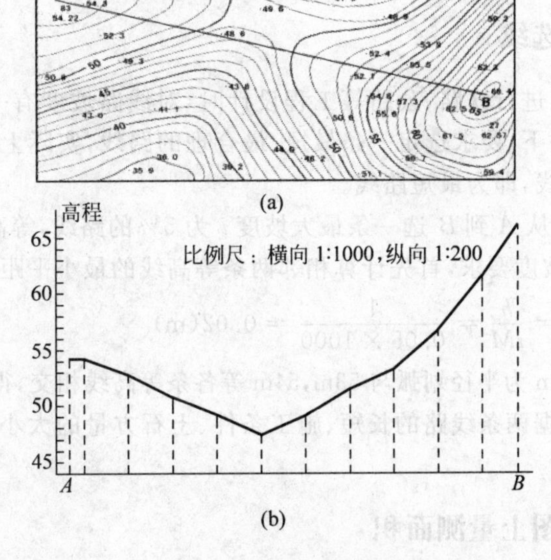

图 8-36　绘制纵断面图

绘制到纵断面图的横轴上，以相应的高程作为纵坐标，得到各交点在断面图上的位置。连结这些点，得到 AB 方向的纵断面图。

8.5.7 在图上确定汇水面积

铁路、公路跨越山谷或河流时，需要架桥梁、造涵洞。而桥梁、涵洞的孔径大小，都需要根据地形确定汇流水流量的多少而定，这样汇集流量的面积，称为汇水面积。

由于雨水沿山脊线分流，按山谷线汇集，所以汇水面积的边界线是由一系列山脊线连接而成的。如图 8-37 所示，公路通过山谷，在 P 处拟修一桥，其孔径大小应根据该处的水流量决定，而水流量又与山谷的汇水面积有关。由图 8-37 可以看出，由山脊线和公路上的线段所围成的边界线 $ABCDEFGHIA$ 的面积，就是该山谷的汇水面积。量出汇水面积，再根据当地的气象水文资料，计算经过 P 点的水流量，为桥梁的孔径设计提供依据。

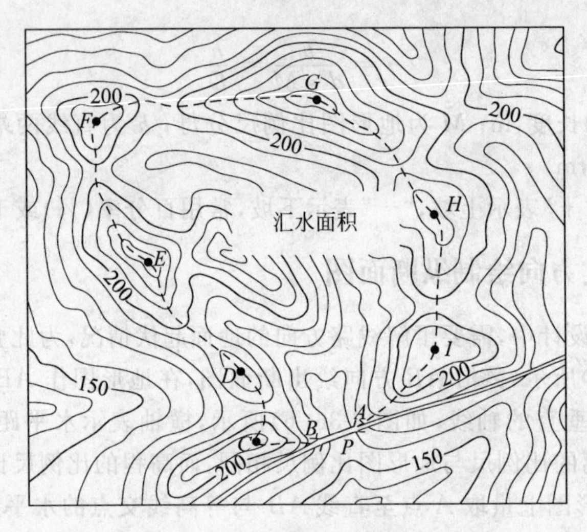

图 8-37 确定汇水面积

8.5.8 在图上选线

在丘陵或山地地区进行铁路、公路等工程设计时，对线路坡度有一定的要求。设计时，在满足限制坡度的条件下，要求选定一条最短、最合理的路线，实际上是以限制坡度为最大坡度，选出一条等坡度线，即为最短路线。

如图 8-35 所示，欲从 A 到 B 选一条最大坡度 i 为 5% 的路线，等高距为 $h=1\text{m}$，比例尺为 1∶1000，为了满足坡度要求，首先计算相邻两条等高线的最小平距 d：

$$d=\frac{h}{iM}=\frac{1}{0.05\times1000}=0.02(\text{m}) \tag{8-10}$$

从 A 点开始，以 2cm 为半径划弧与 53m，54m 等各条等高线相交，得到两条线路 $Aabc\cdots B$ 和 $Aa'b'c'\cdots B$，最后根据两条线路的长短、施工条件、土石方量的大小、投资多少等，选择一条最佳路线。

8.5.9 在地形图上量测面积

图上面积的量测方法有图解法、解析法、CAD 法和求积仪法，本节只介绍求积仪法与解析法。

1. 求积仪法

求积仪是一种专门供图上量测面积的仪器，其优点是操作简便、速度快，适用于任意曲线图形的面积量算，并能保证一定的精度。求积仪有机械求积仪和电子求积仪两种。下面重点介绍电子求积仪，如图 8-38 所示。

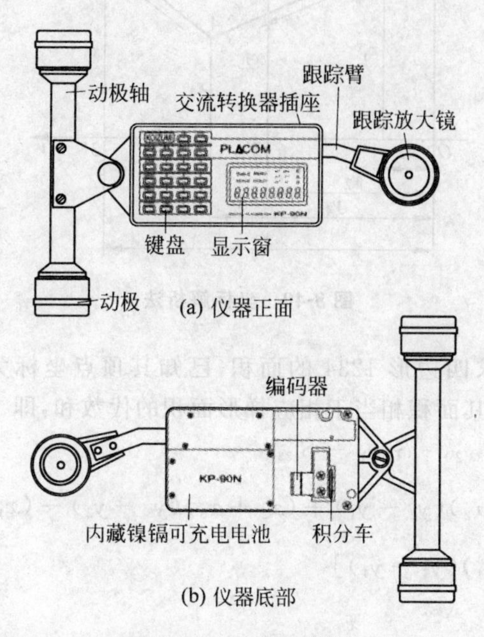

图 8-38　电子求积仪

电子求积仪是在机械装置动极、动极轴、跟踪臂等基础上，增加脉冲计数设备和微处理器，能自动显示量测面积。面积量测的相对误差为 2‰。

电子求积仪在动极轴两端各有一个动极轮 W_1、W_2，跟踪臂与动极轴连接，求积仪在地形图上只能在垂直动极轴方向滚动，而不能在动极轴方向滑动。其面积部分有测轮，各种功能键，显示屏，描迹点是跟踪放大镜中心的一个红点，其运动示意图如 8-39 所示。欲测图形面积 P，按 START 键，启动测量，移动跟踪放大镜的中心顺时针方向，沿着图形 P 绕行一周，在仪器显示屏上显示图形面积。电子求积仪的功能包括：选择面积的显示单位，设定图纸的纵横比例尺，几块图形分别测量显示面积总和，进行面积单位的换算等。

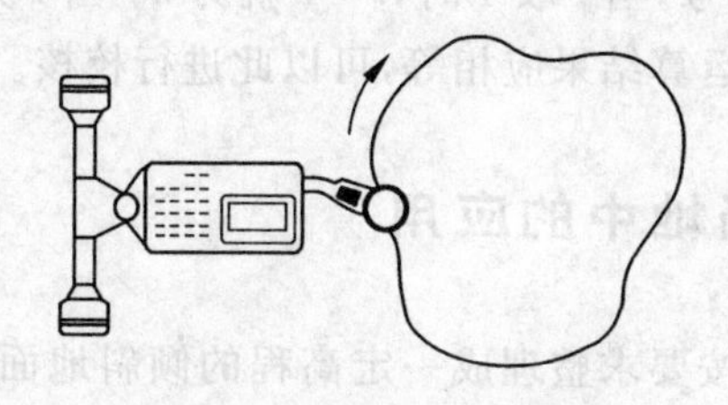

图 8-39　求积仪的使用

2. 解析法

如果要求测定面积的方法具有较高精度，且图形为多边形，各顶点的坐标值为已知值，此时可采用解析法计算面积。

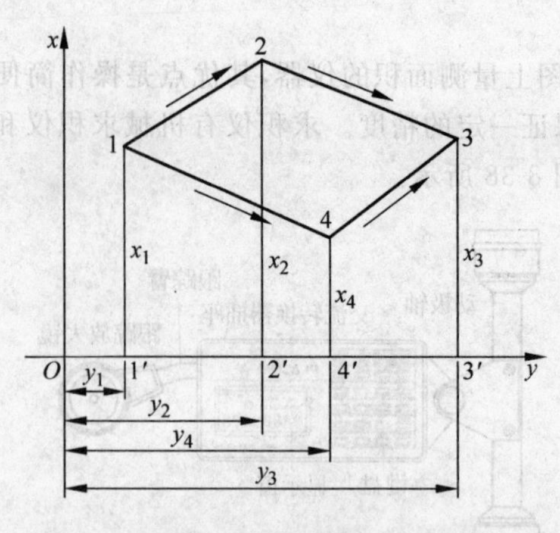

图 8-40　坐标解析法

如图 8-40 所示，欲求四边形 1234 的面积，已知其顶点坐标为 $1(x_1,y_1)$、$2(x_2,y_2)$、$3(x_3,y_3)$和 $4(x_4,y_4)$，则其面积相当于相应梯形面积的代数和，即

$$
\begin{aligned}
S_{1234} &= S_{122'1'} + S_{233'2'} - S_{144'1'} - S_{433'4'} \\
&= \frac{1}{2}[(x_1+x_2)(y_2-y_1)+(x_2+x_3)(y_3-y_2)-(x_1+x_4)(y_4-y_1) \\
&\quad -(x_3+x_4)(y_3-y_4)]
\end{aligned}
$$

整理得

$$S_{1234} = \frac{1}{2}[x_1(y_2-y_4)+x_2(y_3-y_1)+x_3(y_4-y_2)+x_4(y_1-y_3)]$$

$$S_{1234} = \frac{1}{2}[y_1(x_4-x_2)+y_2(x_1-x_3)+y_3(x_2-x_4)+y_4(x_3-x_1)]$$

对于 n 点多边形，其面积公式的一般式为

$$S = \frac{1}{2}\sum_{i=1}^{n} x_i(y_{i+1}-y_{i-1}) \tag{8-11}$$

或

$$S = \frac{1}{2}\sum_{i=1}^{n} y_i(x_{i-1}-x_{i+1}) \tag{8-12}$$

式中，i 为多边形各顶点的序号，当 i 取 1 时，$i-1$ 就为 n；当 i 为 n 时，$i+1$ 就为 1。

式(8-11)和式(8-12)的运算结果应相等，可以此进行校核。

8.6　地形图在平整场地中的应用

将施工场地的自然地表按要求整理成一定高程的倾斜地面工作，称为平整场地。在符合工程总体竖向规划的前提下，平整场地的原则是：满足地面自然排水的要求；使场地的填、挖方量平衡。场地平整计算土方量的方法有很多，其中最常用的是方格网法。

如图 8-41 所示，根据地形图上矩形 $A_1A_5D_5D_1$ 的场地平整为倾斜平面的场地，要求场地的填挖土方量相等。设计要求倾斜平面的坡度为：从南到北坡度为$+2\%$，从东到西的坡度为＋1.5％，具体计算步骤如下。

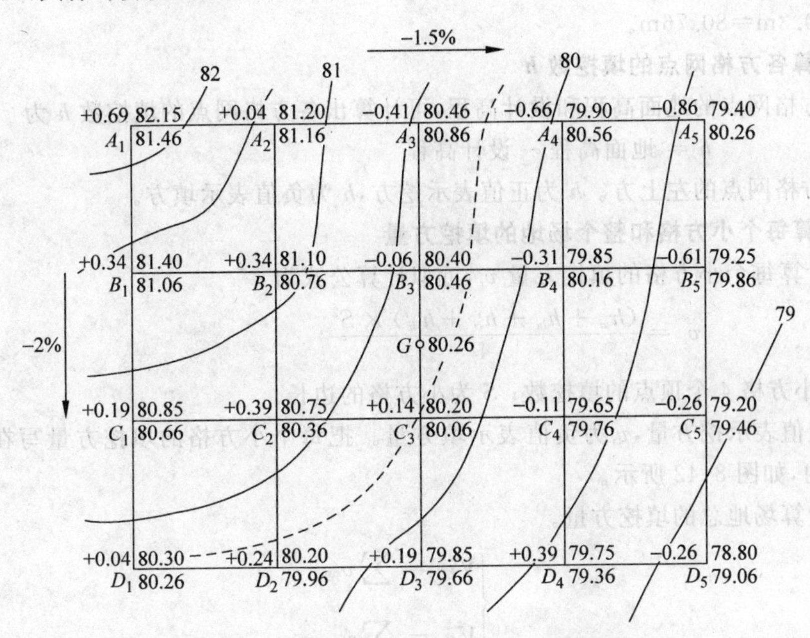

图 8-41　将场地平整为一定坡度的倾斜场地

1. 绘制方格网

在地形图上的矩形场地上绘制方格网，方格网的边长一般为 20m、40m 或 100m，方格网边长越短计算土方量越精确，本图形方格网采用边长 $S=20\text{m}$。将方格网点的编号写在方格网点的左下方。

2. 确定方格网点的地面高程

根据地形图的等高线确定各方格网点的高程 H_i，写在方格网点的右上方。

3. 计算场地的地面平均高程 $H_{平均}$

$$H_{平均}=\frac{P_1H_1+P_2H_2+\cdots+P_nH_n}{P_1+P_2+\cdots+P_n}=\frac{[PH]}{[P]} \tag{8-13}$$

式中，H_i 为各方格网点的地面高程；P_i 为方格网点的权，权等于该方格网点和几个小方格连结的个数。例如，A_1的权为 1，B_1的权为 2，C_2点的权为 4。图 8-41 所示场地的地面平均高程为

$$H_{平均}=\frac{[PH]}{[P]}=\frac{3852.48}{48}=80.26(\text{m})$$

在图上内插绘出 80.26m 的等高线，称为填挖边界线，用虚线表示。

4. 计算各方格网点的设计高程

为了使场地的填挖方量相等，把矩形场地重心 G 的设计高程 H_G设计为与场地的地面平均高程 $H_{平均}$相等，则无论把场地整理成通过 H_G的任何倾斜平面，它的总填挖方量相等。

重心 G 及高程 H_G确定后，根据方格点间距和设计坡度，自重心点高程起沿方格方向，向四周推算各方格网点的设计高程，写在方格网点的右下方。

南北方向两方格点间的设计高差为 20m×2％＝0.4m，东西方向两方格点间的设计高

差为 20m×1.5%＝0.3m，则 B_3点设计高程为 80.26m＋0.2m＝80.46m，B_2点设计高程为 80.46m＋0.3m＝80.76m。

5. 计算各方格网点的填挖数 *h*

用各方格网点的地面高程和设计高程，可计算出各方格网点的填挖数 h 为

$$h = \text{地面高程} - \text{设计高程} \tag{8-14}$$

把它写在方格网点的左上方。h 为正值表示挖方，h 为负值表示填方。

6. 计算每个小方格和整个场地的填挖方量

(1) 计算每个小方格的填挖方量 v_i，近似计算公式为

$$v_i = \frac{(h_{ai} + h_{bi} + h_{ci} + h_{di}) \times S^2}{4} \tag{8-15}$$

式中，h 为小方格 4 个顶点的填挖数；S 为小方格的边长。

v_i为正值表示挖方量，v_i为负值表示填方量。把每个小方格的填挖方量写在每个小方格的圆圈内，如图 8-42 所示。

(2) 计算场地总的填挖方量。

$$\begin{cases} V_{挖} = \sum v_{挖} \\ V_{填} = \sum v_{填} \end{cases} \tag{8-16}$$

图 8-41 中，总的挖方量为 591m³，总的填方量为 584m³。两者在理论上应相等，但因计算小方格土方量采用了近似公式，计算场地的地面高程时的尾数取舍关系，实际上存在微小的偏差。

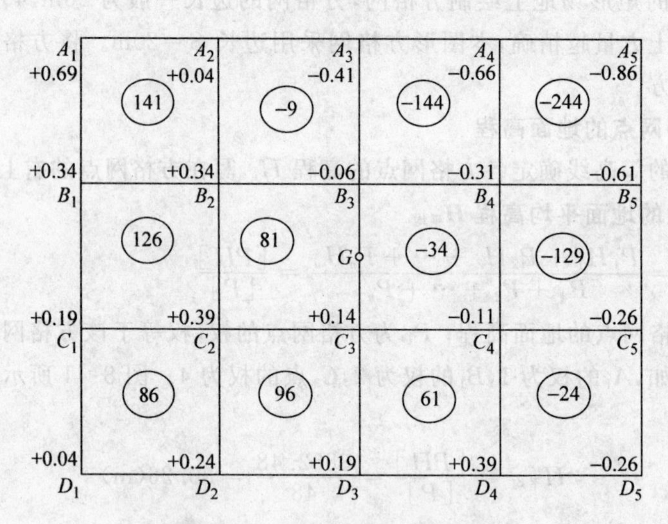

图 8-42 每个小格的填挖方量

思考题与练习题

8-1 何为等高线？等高线可分为几种？试简述之。

8-2 地形测量如何选择地物点和地形点？

8-3　简述利用经纬仪测绘法进行测图的主要步骤。

8-4　何为汇水面积？为什么要计算汇水面积？试对题 8-4 图标绘汇水面积界线。

题 8-4 图

8-5　比例尺精度是如何定义的？有何作用？

8-6　计算题 8-6 表中各碎部点的水平距离和高差。

测站：A；测站高程：$H_A=94.050\text{m}$；仪器高：$i=1.370\text{m}$；竖盘指标差：$x=0$。

题 8-6 表

点号	尺间隔 /m	中丝读数 /m	竖盘读数	竖直角	初算高差 /m	改正数 /m	改正后高差/m	水平距离 /m	高程 /m
1	0.647	1.530	84°17′00″						
2	0.772	1.370	81°52′00″						
3	0.396	2.370	93°55′00″						
4	0.827	2.070	80°17′00″						

注：盘左视线水平时竖盘读数为 90°，视线向上倾斜时竖盘读数减小。

8-7　按题 8-7 图所给地形点的高程和地性线的位置（实线为山脊，虚线为山谷）描绘等高线，规定等高距为 10m。

8-8　地形测量中，地形控制点的密度和精度是如何确定的？

8-9　用支导线测定测站点时，已知测图比例尺为 1∶2000，方向误差为±3′，视距相对中误差为 1/300，按比例尺在图上确定线段长度的误差为±0.1mm，若支导线边长为 100m，求支导线点在图上的点位误差。

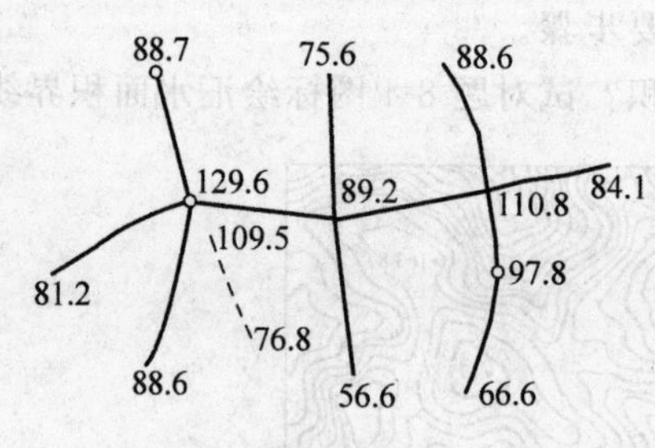

题 8-7 图

19.2( )	20.5( )	21.2( )	22.2( )
1	2	3	
18.8( )	19.5( )	20.8( )	21.8( )
4	5	6	
18.8( )	19.6( )	20.3( )	21.4( )

题 8-10 图

8-10　某块地建立方格网，方格边长为 10m，测得的各方格点的高程如题 8-10 图所示。试求：(1)平整土地设计高程；(2)在各方格点旁的括号内标出施工量(填“－”，挖“＋”)；(3)在图上标出填挖分界线(注明它到方格顶点的距离)；(4)分别计算各填挖的土方量(要列计算式子)及总填挖方。

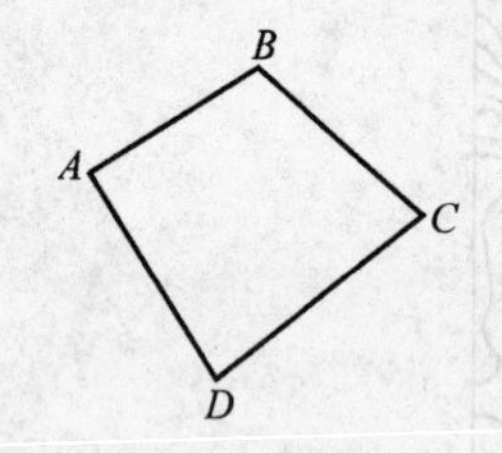

题 8-11 图

8-11　如题 8-11 图所示四边形 $ABCD$，各点坐标为

A 点：$X_A=375.12\text{m}, Y_A=120.51\text{m}$；

B 点：$X_B=480.63\text{m}, Y_B=275.45\text{m}$；

C 点：$X_C=250.78\text{m}, Y_C=425.92\text{m}$；

D 点：$X_D=175.72\text{m}, Y_D=210.83\text{m}$。

试用解析法求四边形 $ABCD$ 的面积，并进行校核计算，计算过程填入题 8-11 表。

题 8-11 表

点号	坐标值/m		坐标差/m		乘积/m²	
	X	Y	$X_{i-1}-X_{i+1}$	$Y_{i+1}-Y_{i-1}$	$Y_i(X_{i-1}-X_{i+1})$	$X_i(Y_{i+1}-Y_{i-1})$
A	375.12	120.51				
B	480.63	275.45				
C	250.78	425.92				
D	175.72	210.83				
$\sum$						

第9章

施工测量的基本工作

本章学习要点

- 水平距离、水平角和高程的测设
- 点的平面位置测设
- 坡度线测设
- 圆曲线的测设

测设工作是根据工程设计图纸上待建的建(构)筑物的轴线位置、尺寸及其高程,计算出待建的建(构)筑物各特征点(或轴线交点)与控制点(或已建成建筑物特征点)之间的距离、角度、高差等测设数据,然后以地面控制点为根据,将待建的建(构)筑物的特征点在实地标定出来,以便施工。

不论测设对象是建筑物还是构筑物,测设的基本工作都是测设已知的水平距离、水平角度和高程。

9.1 水平距离、水平角和高程的测设

9.1.1 测设已知水平距离

1. 用钢尺测设的一般方法

如图 9-1 所示,已知直线 AC,要在 AC 上定出 B 点,使 AB 的水平距离等于已知水平距离 D=120.000m,测设步骤如下。

(1) 由 A 点量取 $D_{往}$=120.000m,初定 B'。

(2) 由 B'点返测水平距离,量得 $D_{返}$=119.980m。

(3) 计算 AB'的平均值及相对精度 K。

$$D_{平} = \frac{1}{2}(D_{往} + D_{返}) = 119.990\text{m}$$

图 9-1 钢尺测设水平距离一般方法

$$K=\frac{|D_{往}-D_{返}|}{D_{平}}=\frac{\Delta D}{D_{平}}=\frac{1}{6000}$$

$$K_{允}=\frac{1}{3000}>\frac{1}{6000}(合格)$$

(4) 实地改正。把 B'在直线方向上量得 ΔD,改正到 B 点。

2. 用钢尺测设短距离的精密方法

如图 9-2 所示,若测设水平距离小于钢尺的长度时,精密测设水平距离的方法是从 A 点直接测量应量距离 D',定出 C_0点。精密量距的计算公式为

$$D=D'+\Delta D_d+\Delta D_t+\Delta D_h \tag{9-1}$$

那么,测设时应量距离的计算公式为

$$D'=D-\Delta D_d-\Delta D_t-\Delta D_h=D-\frac{\Delta l\times D}{l_0}-\alpha(t-t_0)\times D+\frac{h^2}{2D} \tag{9-2}$$

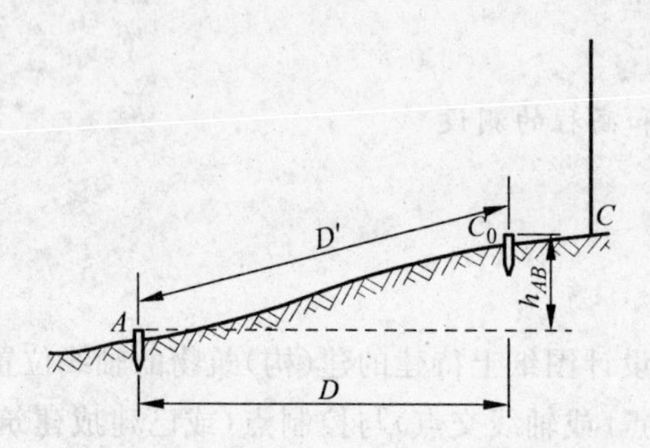

图 9-2 用钢尺测设已知水平距离的精密方法

[例题 9-1] 已知:在 AC 上放样 C_0点,使 AC_0的水平距离 $D=29.9100$m。钢尺的尺长方程式为 $l_t=30-0.0050+1.25\times10^{-5}(t-20)\times30$。测设时钢尺温度 $t=28.5$℃,AC_0的高差 $h=0.385$m。试求:在地面上放样 C_0点的应量距离 D'。

解:

$$\begin{aligned}D'&=D-\Delta D_d-\Delta D_t-\Delta D_h\\&=D-\frac{\Delta l\times D}{l_0}-\alpha(t-20)\times D+\frac{h^2}{2D}\\&=29.9100-\frac{(-0.005)\times29.9100}{30}-1.25\times10^{-5}\times(28.5-20)\times29.9100+\frac{0.385^2}{2\times29.9100}\\&=29.9100+0.0050-0.0032+0.0025=29.9143(\text{m})\end{aligned}$$

3. 用钢尺测设长距离的精密方法

如图 9-1 所示,在 AC 直线上初定 B'。用钢尺精密丈量 AB'的长度,计算 AB'的水平距离 D'。计算较差 $\Delta D=D-D'$。实地改正,把 B'改正到 B 点。

4. 电磁波测距仪测设法

由于电磁波测距仪的普及,目前水平距离的测设,尤其是长距离的测设多采用电磁波测距仪或全站仪。如图 9-3 所示,安置测距仪于 A 点,瞄准 AC 方向,指挥安装在对中杆上的棱镜前后移动,使仪器显示值略大于测设的距离,定出 B'点。在 B'点安置反光棱镜,测出竖直角 α 及斜距 L(必要时加测气象改正),计算出水平距离 $D'=L\cdot\cos\alpha$,求出 D'与应测设的水平距离 D 之差 $\Delta D(\Delta D=D-D')$。根据 ΔD 的符号在实地用钢尺沿测设方向将 B'改正

到 B 点，并用木桩标定其点位。为了检核，应将反光镜安置于 B 点，再实测 AB 的距离，其不符值应在限差之内，否则应再次进行改正，直至符合限差为止。

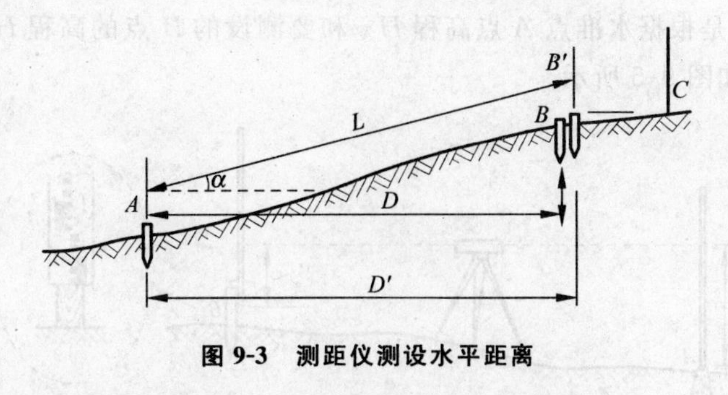

图 9-3　测距仪测设水平距离

若用全站仪测设，仪器可直接显示水平距离，则更为方便。

9.1.2　测设已知水平角

测设已知水平角是根据水平角的已知数据 β 和水平角的一边 AB，把该角的另一方向 $A\bar{C}$ 测设在地面上，如图 9-4 所示。

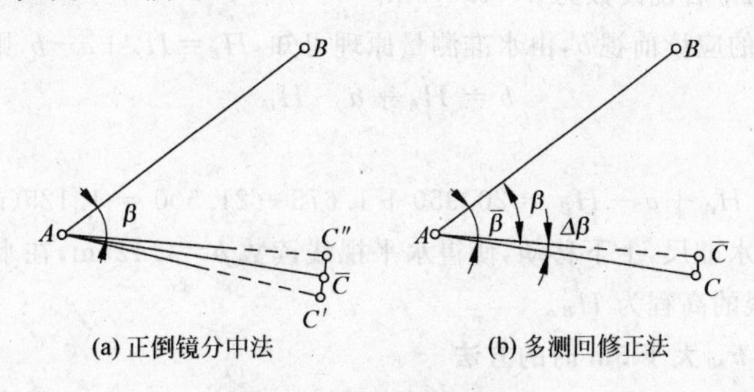

图 9-4　测设已知水平角

1. 一般方法（正倒镜分中法）

(1) 经纬仪安置在 A 点。盘左，瞄准 B 点，并使读数为 $0°00'00''$。

(2) 拨 β 角，在地面上定出 C'。

(3) 变成盘右，瞄准 B 点，并使读数为 $180°00'00''$。

(4) 拨 β 角，在地面上定出 C''。

(5) 取 $C'C''$ 的中点 $\bar{C}$，则 $\angle BA\bar{C}=\beta$。

2. 精确方法

(1) 用一般方法，盘左时初定 $\bar{C}$ 点，见图 9-4(b)。

(2) 再用测回法测几个测回，取平均值得 $\angle BA\bar{C}=\bar{\beta}$，计算角差 $\Delta\beta=\bar{\beta}-\beta$。

(3) 计算 $\bar{C}$ 点改正数：

$$C\bar{C}=\frac{D(\bar{\beta}-\beta)}{\rho''} \tag{9-3}$$

式中，D 为 AC 的水平距离。

(4) 从 $\bar{C}$ 点开始，垂直于 $\bar{C}A$ 方向作垂线，量取 $C\bar{C}$ 距离，得 C 点，则 $\angle BAC=\beta$。当 $\Delta\beta=\bar{\beta}-\beta>0$，说明 $\angle BA\bar{C}$ 偏大，向内改正；反之，应向外改正。

9.1.3 测设已知高程

测设已知高程是根据水准点 A 点高程 H_A 和要测设的 B 点的高程 H_B，在地面上测设 B 点的高程位置，如图 9-5 所示。

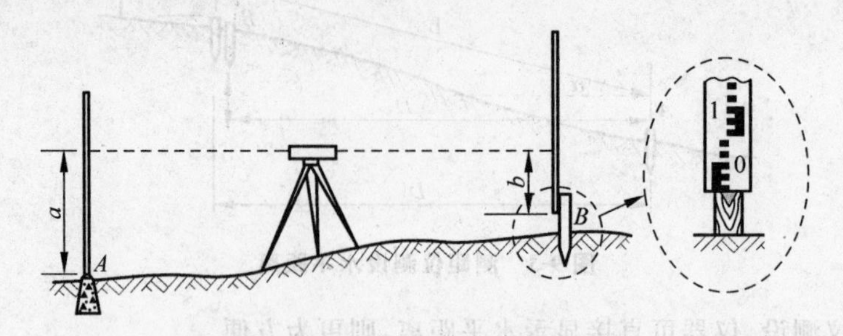

图 9-5 已知高程的测设

1. 当 AB 高差 h_{AB} 小于 5m 时的方法

(1) 水准点 A 的高程 $H_A=20.950$m，放样 B 点的高程 $H_B=21.500$m。首先把水准仪安置在 AB 中间，测得后视读数为 $a=1.675$m。

(2) 计算 B 点的应读前视 b，由水准测量原理可知，$H_B=H_A+a-b$，则

$$b = H_A + a - H_B \tag{9-4}$$

代入数据得

$$b = H_A + a - H_B = 20.950 + 1.675 - 21.500 = 1.125(\text{m})$$

(3) 在 B 点立水准尺，上下移动，使得水平视线读数 $b=1.125$m，在水准尺底部画一条水平线，则此水平线的高程为 H_B。

2. 当 AB 高差 h_{AB} 大于 5m 时的方法

在深基坑内或者高层建筑物上放样 B 点高程时，用悬挂钢尺法来代替水准尺法。如图 9-6 所示，水准点 A 的高程已知，为了在深基坑内测设出设计点 B 的高程 H_B，应在深基坑的上面一侧悬挂钢尺，钢尺零点在下端，并挂一个重量约等于钢尺检定时拉力的重锤。

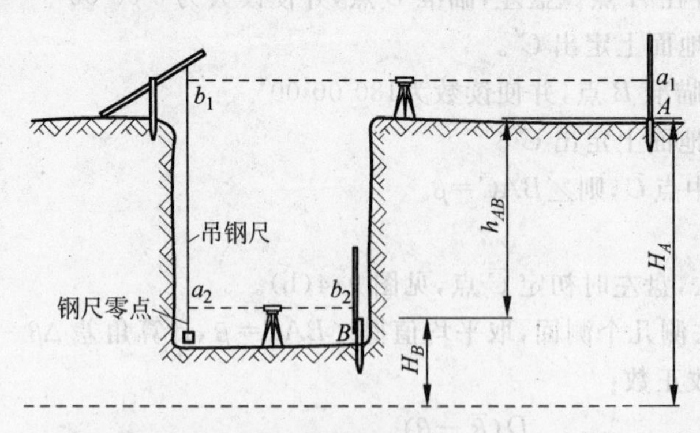

图 9-6 测设深基坑内的高程

(1) 首先在地面上安置水准仪，测得钢尺零点高程 H_0，则

$$H_0 = H_A + a_1 - b_1$$

(2) 把水准仪搬到坑内，计算 B 点应读前视。

$$H_B = H_0 + a_2 - b_2 = H_A + a_1 - b_1 + a_2 - b_2 \tag{9-5}$$

因此

$$b_2 = H_A + a_1 - b_1 + a_2 - H_B \tag{9-6}$$

(3) 在 B 点立水准尺，使 B 点读数等于应读前视 b_2，在水准尺底部画一条水平线。

9.2　平面点位的测设

点的平面位置放样的常用方法有直角坐标法、极坐标法、角度交会法、距离交会法。至于选用哪种方法，应根据控制网的形式、现场情况、精度要求等因素进行选择。

9.2.1　直角坐标法

当欲测设的建筑物附近有建筑方格网或建筑基线时，可采用此方法。如图 9-7 所示，有 L 形的建筑基线 AOB。设计总平面图上有放样建筑物的 4 个角点 $MNPQ$ 的平面坐标以及建筑物的长度、宽度。

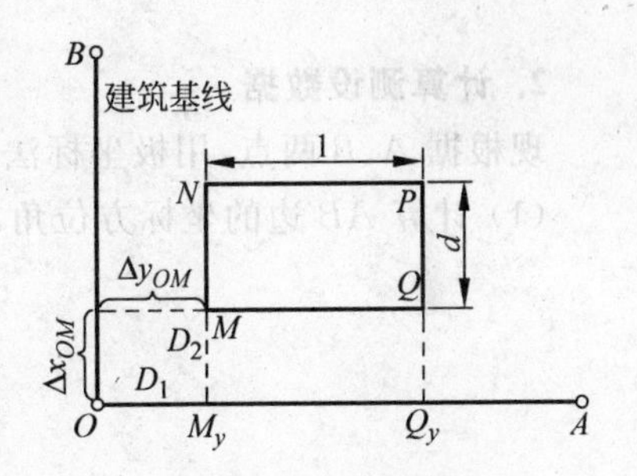

图 9-7　直角坐标法

1. 测设方法

(1) 经纬仪置于 O 点，瞄准 A 点，沿 OA 方向，测设水平距离 D_1，得方向点 M_y。

(2) 将仪器搬到 M_y 点，瞄准 A 点，盘左、盘右测设 90°水平角，定出 M_yN 方向，在此方向上由 M_y 点测设水平距离 D_2 得 M 点。

(3) 用同样的方法可定出 N、P、Q 各点。

(4) 测量检核：测量矩形 $MNPQ$ 的 4 个直角，测量矩形的 4 条边或者矩形的 2 条对角线的长度，使其误差在限差范围内。

2. 放样数据准备

放样 M 点的数据为

$$D_1 = |\Delta y_{OM}| = |y_M - y_O| \tag{9-7}$$

$$D_2 = |\Delta x_{OM}| = |x_M - x_O| \tag{9-8}$$

9.2.2　极坐标法

极坐标法是根据一个水平角和一段水平距离，测设点的平面位置。极坐标法适用于量距方便，且待测设点距控制点较近的建筑施工场地。

1. 点位测设方法

如图 9-8 所示，A、B 为已知平面控制点，用极坐标法放样建筑物 $PQRS$，设计给出建筑物的 4 个角点的坐标，测设步骤如下。

(1) 在 A 点安置经纬仪，瞄准 B 点，按逆时针方向测设 β 角，定出 AP 方向；

(2) 沿 AP 方向自 A 点测设水平距离 D_{AP}，定出 P 点，做出标志；

(3) 用同样的方法测设 Q、R、S 点。全部测设完毕后，检查建筑物的 4 个角是否等于 90°，各边长是否等于设计长度，其误差均应在限差范围之内。

同样，在测设距离和角度时，可根据精度要求分别采用一般方法或精密方法。

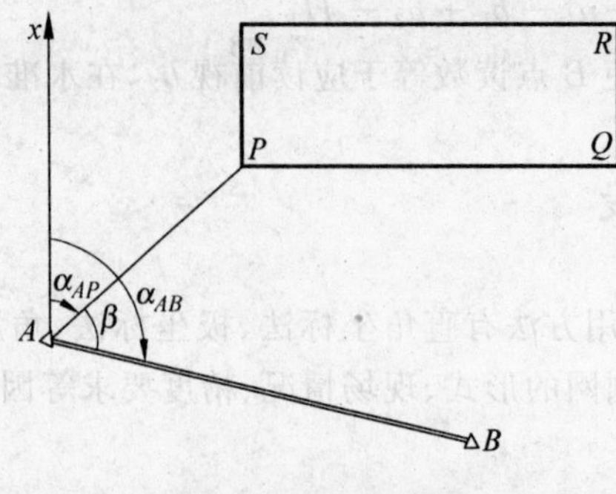

图 9-8 极坐标法

2. 计算测设数据

现根据 A、B 两点，用极坐标法测设 P 点，其测设数据计算方法如下。

(1) 计算 AB 边的坐标方位角 α_{AB} 和 AP 边的坐标方位角 α_{AP}。

$$\alpha_{AB} = \arctan \frac{\Delta Y_{AB}}{\Delta X_{AB}} \tag{9-9}$$

$$\alpha_{AP} = \arctan \frac{\Delta Y_{AP}}{\Delta X_{AP}} \tag{9-10}$$

(2) 计算 AP 与 AB 之间的夹角。

$$\beta = \alpha_{AB} - \alpha_{AP} \tag{9-11}$$

(3) 计算 A、P 两点间的水平距离。

$$D_{AP} = \sqrt{(X_P - X_A)^2 + (Y_P - Y_A)^2} = \sqrt{\Delta X_{AP}^2 + \Delta Y_{AP}^2} \tag{9-12}$$

[**例题 9-2**] 已知：控制点 A、B 点坐标，放样点 P 点坐标，见表 9-1。

表 9-1 放样点坐标

点名	X/m	Y/m
A	599.485	604.843
B	453.649	781.175
P	720.000	765.000

(1) 按点的坐标绘草图；

(2) 在 B 点用极坐标法放样 P 点所需数据 D_2 和 β_2。

解：(1) 按坐标法绘草图，见图 9-9。

(2) 计算放样数据。

$$D_2 = \sqrt{(\Delta X_{BP})^2 + (\Delta Y_{BP})^2} = \sqrt{(266.351)^2 + (-16.175)^2} = 266.842(\text{m})$$

$$\begin{aligned}\beta_2 &= \alpha_{BP} - \alpha_{BA} = \arctan \frac{-16.175}{266.351} - \arctan \frac{-176.332}{145.836} \\ &= 356°31'29'' - 309°35'33'' = 46°55'56''\end{aligned}$$

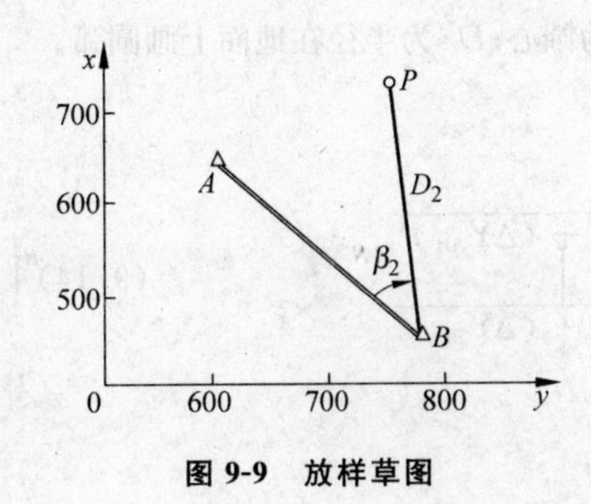

图 9-9　放样草图

9.2.3　角度交会法

当放样地区受地形条件限制或测距困难时，常采用角度交会法。如图 9-10(a)所示，有任意两个平面控制点 A、B。放样点 P 的设计平面坐标为(x_P，y_P)。

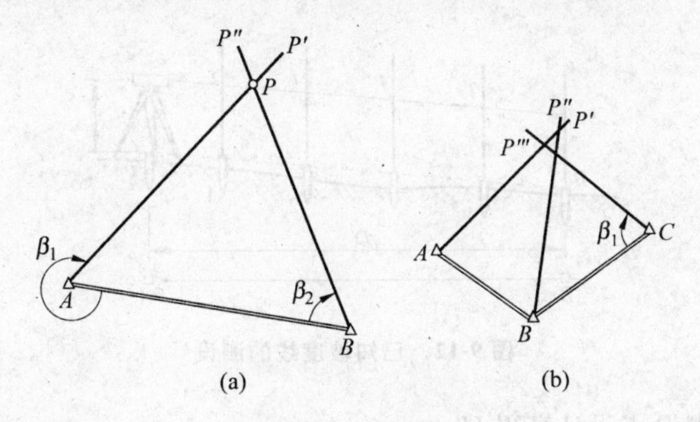

图 9-10　角度交会法

1. 测设方法

(1) 经纬仪置于 A 点，拨 β_1，得方向线 AP'。

(2) 另一台经纬仪置于 B 点，拨 β_2，得方向线 BP''。

(3) 两方向线相交于 P 点。

(4) 为了提高精度，防止测量错误，在已知点 C 上拨 β_3，得方向线 CP'''。由于测量误差存在，3 条方向线不可能相交于一点，形成一个误差三角形。当误差三角形的边长在允许范围内时，可取三角形的重心作为 P 点点位。

2. 放样数据准备

$$\begin{cases}\beta_1 = \alpha_{AP} - \alpha_{AB} \\ \beta_2 = \alpha_{BP} - \alpha_{BA}\end{cases} \tag{9-13}$$

9.2.4　距离交会法

当建筑物场地平坦，量距方便，且控制点离放样点的距离小于钢尺长度时，可以采用距离交会法。

1. 测设方法

(1) 如图 9-11 所示，钢尺以 A 点为圆心、D_1 为半径在地面上画圆弧。

(2) 另一条钢尺以 B 点为圆心、D_2 为半径在地面上画圆弧。

(3) 两圆弧相交于 P 点。

2. 放样数据准备

$$\begin{cases} D_1 = \sqrt{(\Delta X_{AP})^2 + (\Delta Y_{AP})^2} \\ D_2 = \sqrt{(\Delta X_{BP})^2 + (\Delta Y_{BP})^2} \end{cases} \tag{9-14}$$

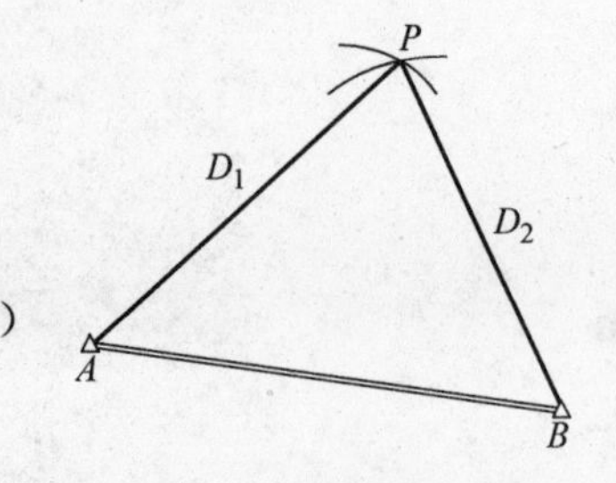

图 9-11 距离交会法

9.3 坡度线的测设

在道路、管道、排水沟、场地平整等工程施工中,需要测设已知设计坡度的直线。坡度测设所用仪器有水准仪或经纬仪。

如图 9-12 所示,直线 $A1234B$ 各点平面位置已确定,A 点设计高程为 H_A,AB 设计坡度为 i,要求把 $A1234B$ 的高程位置测设木桩上,使用水准仪的测设方法如下。

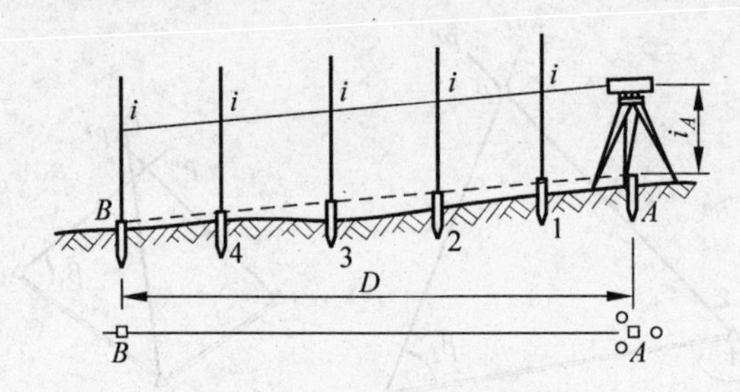

图 9-12 已知坡度线的测设

(1) 首先计算出 B 点设计高程 H_B:

$$H_B = H_A + i \times D_{AB} \tag{9-15}$$

应用高程测设方法,把 A、B 两点木桩顶部高程测设为 H_A、H_B。

(2) 在 A 点安置水准仪,使一个脚螺旋在 AB 方向上,另外两个脚螺旋的连线垂直于 AB 方向线,把水准仪的圆水准器气泡居中,量取水准仪的仪器高 i_A,用望远镜瞄准 B 点水准尺,旋转处在 AB 方向线上的脚螺旋,使视线对准水准尺上的读数为仪器高 i_A,此时仪器视线坡度为 i。然后在中间方向点 1、2、3、4 的桩顶分别立水准尺,调节木桩顶面高度,使桩顶水准尺的读数均等于仪器高 i_A,这样各桩顶的连线就是测设在地面上的设计坡度线。

当设计坡度 i 较大时,可使用经纬仪进行测设,方法相同。

9.4 圆曲线的测设

现代办公楼、旅馆、饭店、医院等建筑物的平面图形常被设计成圆弧形。有的整个建筑为圆弧形,有的建筑物由一组或数组圆弧曲线与其他平面图形组合而成,这时候需要测设圆曲线。另外,在铁路、道路、桥隧工程中也需要测设圆曲线。

如图 9-13 所示,圆曲线测设的已知条件是设计给定圆曲线半径 R,线路的转角 Δ 是用经纬仪测定的。在设计图上给出了圆曲线起点 ZY、圆曲线的中点 QZ、圆曲线的终点 YZ 和线路的交点 JD 的桩号。

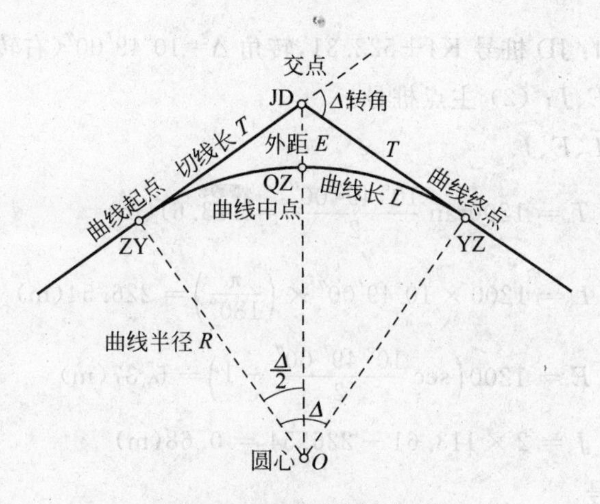

图 9-13　圆曲线测设要素

圆曲线测设可分为主点测设和辅点测设。

(1) 实地定出直圆点 ZY,曲中点 QZ,圆直点 YZ,称为主点测设。

(2) 再根据主点在圆曲线上每隔一定距离钉一桩,以详细标定曲线位置,称为辅点测设。

9.4.1　圆曲线的主点测设

1. 圆曲线要素的计算

为测设圆曲线主点,应先计算出切线长 T、曲线长 L、外距 E 和切曲差 J,这些元素称为主点测设元素,计算公式如下。

切线长

$$T = R\tan\frac{\Delta}{2} \tag{9-16}$$

曲线长

$$L = R\Delta\left(\frac{\pi}{180^\circ}\right) \tag{9-17}$$

外距

$$E = R\left(\sec\frac{\Delta}{2} - 1\right) \tag{9-18}$$

切曲差

$$J = 2T - L \tag{9-19}$$

2. 主点桩号计算

根据交点 JD 桩号和曲线测设元素可计算主点桩号,计算公式为

$$\text{ZY 桩号} = \text{JD 桩号} - T \tag{9-20}$$

$$\text{QZ 桩号} = \text{ZY 桩号} + L/2 \tag{9-21}$$

$$\text{YZ 桩号} = \text{QZ 桩号} + L/2 \tag{9-22}$$

计算检核:

$$\text{YZ 桩号} = \text{JD 桩号} + T - J \tag{9-23}$$

[**例题 9-3**] 已知：JD 桩号 K4＋522.31，转角 $\Delta=10°49'00''$（右转），半径 $R=1200\text{m}$。试求：(1) T、L、E、J；(2) 主点桩号。

解：(1) 计算 T、L、E、J。

$$T = 1200\tan\frac{10°\,49'\,00''}{2} = 113.61(\text{m})$$

$$L = 1200 \times 10°49'00'' \times \left(\frac{\pi}{180°}\right) = 226.54(\text{m})$$

$$E = 1200\left(\sec\frac{10°\,49'\,00''}{2} - 1\right) = 5.37(\text{m})$$

$$J = 2 \times 113.61 - 226.54 = 0.68(\text{m})$$

(2) 计算主点桩号。

$$\text{ZY 桩号} = 4522.31 - 113.61 = 4408.70(\text{m})$$

$$\text{QZ 桩号} = 4408.70 + 226.54/2 = 4521.97(\text{m})$$

$$\text{YZ 桩号} = 4521.97 + 226.54/2 = 4635.24(\text{m})$$

计算检核：

$$\text{YZ 桩号} = 4522.31 + 113.61 - 0.68 = 4635.24(\text{m})$$

3. 主点测设的步骤

(1) 经纬仪置于 JD 点，后视相邻两交点方向，分别量取切线长 T，可得 ZY 和 YZ 点。

(2) 确定$(180°-\Delta)$的角平分线，在此方向上量取 E，可得 QZ 点。

(3) 测量检核。经纬仪搬到 ZY 点，后视 JD 点，对 0°00′00″，前视 YZ 点的水平角应为 $\Delta/2$；前视 QZ 点的水平角应为 $\Delta/4$，其差值应该在误差允许范围内。

9.4.2 用偏角法测设圆曲线的辅点

1. 测设方法

(1) 如图 9-14 所示，经纬仪置于 ZY 点，后视 JD 点，读数为 0°00′00″。

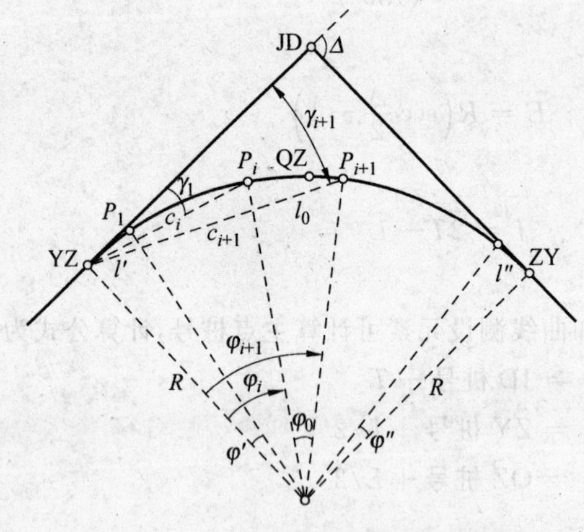

图 9-14 偏角法测设圆曲线的辅点

(2) 拨 γ_1,量取 C_1 得 P_1 点；再拨 γ_2,量取 C_2 得 P_2点。

(3) 依次类推。

(4) 测量检核。到 QZ 点时进行测量检核,如果两个 QZ 点不重合,其闭合差应在误差允许范围内。

(5) 将仪器搬到 YZ 点,再测设另外半条圆曲线。

2. 测设数据计算

拨角

$$\gamma_i = \frac{l_i \times 180^\circ}{2R\pi} \tag{9-24}$$

弦长

$$C_i = 2R\sin\gamma_i \tag{9-25}$$

弦弧差

$$\delta_i = l_i - c_i \approx \frac{l_i^3}{24R^2} \tag{9-26}$$

式中,l_i 为 i 点到 ZY 点的弧长；R 为圆曲线半径。

[**例题 9-4**]　已知：$\alpha = 10°49'00''$(右转),R=1200m。试求：在整 20m 的桩号上,用偏角法测设圆曲线辅点的测设数据。

解：(1) 首先确定整 20m 桩号的辅点。

(2) 计算弧长 l_i。

$$l_i = i\text{点桩号} - \text{ZY点桩号}$$

$$l_1 = 4420.00 - 4408.70 = 11.30(\text{m})$$

(3) 计算拨角 γ_i。

$$\gamma_1 = \frac{l_1 \times 180^\circ}{2R\pi} = \frac{11.30 \times 180^\circ}{2400 \times \pi} = 0^\circ 16' 11''$$

(4) 计算弦长 C_i。

$$C_1 = 2R\sin\gamma_1 = 2 \times 1200 \times \sin 0^\circ 16' 11'' = 11.298(\text{m}) \approx 11.30(\text{m})$$

将所有测设数据列入表 9-2 中。

表 9-2　偏角法测设圆曲线计算表

点名	桩号	弧长	弦长	偏角	切线支距		备注
				γ	x	y	
ZY	K4+408.70	0.00	0.00	0°00′00″	0.00	0.00	
1	K4+420	11.30	11.30	0°16′11″	11.30	0.05	
2	K4+440	31.30	31.30	0°44′50″	31.30	0.41	
3	K4+460	51.30	51.30	1°13′29″	51.29	1.10	
4	K4+480	71.30	71.29	1°42′08″	71.26	2.12	
5	K4+500	91.30	91.28	2°10′47″	91.22	3.47	
6	K4+520	111.30	111.27	2°39′26″	111.15	5.16	
QZ	K4+521.97	113.27	113.23	2°42′15″	113.10	5.34	

9.4.3 用切线支距法测设圆曲线的辅点

1. 测设方法

(1) 如图 9-15 所示，首先建立测量坐标系 xOy。原点 O 设在 ZY 点上，切线方向定为 x 轴，过 O 点垂直于 x 轴方向定为 y 轴。

(2) 经纬仪置于 ZY 点，后视 JD 点，量取 x_i 得 m 点。

(3) 经纬仪搬至 m 点，后视 ZY 点，转直角，量取 y_i 得 P_i 点。

(4) 依次类推，到 QZ 点进行测量检核。

(5) 将仪器搬到 YZ 点，再测设另外半条圆曲线。

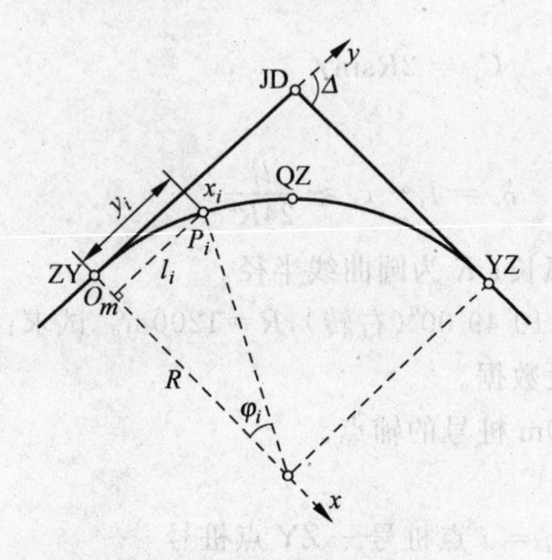

图 9-15 切线支距法测设圆曲线辅点

2. 测设数据计算

由图 9-15 可得

$$x_i = R\sin\varphi_i = R\sin(2\gamma_i) \tag{9-27}$$

$$y_i = R(1-\cos\varphi_i) = R(1-\cos 2\gamma_i) \tag{9-28}$$

式中，φ_i 为 p_i 点到 ZY 点弧长所对圆心角。

$$\varphi_i = \frac{l_i \times 180^\circ}{R\pi} = 2\gamma_i \tag{9-29}$$

[**例题 9-5**] 已知：$\alpha=10°49'00''$(右转)，$R=1200\text{m}$。试求：在整 20m 的桩号上，用切线支距测设圆曲线辅点的测设数据。

解：(1) 首先确定整 20m 桩号的辅点。

(2) 计算弧长 l_i。

(3) 计算拨角 γ_i。

$$\gamma_1 = \frac{l_1 \times 180^\circ}{2R\pi} = \frac{11.30 \times 180^\circ}{2400\pi} = 0^\circ\ 16'\ 11''$$

(4) 计算 x_i、y_i。

如：$\begin{cases} x_1 = 1200\sin(2\times 0°16'11'') = 11.30(\text{m}) \\ y_1 = 1200[1-\cos(2\times 0°16'11'')] = 0.05(\text{m}) \end{cases}$

所有测设数据列入表 9-2 中。

思考题与练习题

9-1　施工测量遵循的测量原则是什么?

9-2　测设的基本工作有哪几项?测设与测量有何不同?

9-3　在地面上欲测设一段25.000m的水平距离AB,所用钢尺的尺长方程式为

$$l_t = 30 - 0.0060 + 1.2\times10^{-5}\times30(t-20℃)\text{m}$$

测设时温度为25℃,经简单量测得到A、B两点间的高差$h=-0.400$m。所施于钢尺的拉力与检定时拉力相同。试计算测设时在地面上应量出的长度l。

9-4　测设点的平面位置有哪些方法?各适用于什么场合?各需要哪些测设数据?

9-5　已测设直角AOB,并用多个测回测得其平均角值为90°00′48″,又知OB的长度为180.000m,问在垂直于OB的方向上,B点应该向哪个方向移动多少距离才能得到90°00′00″的角?

9-6　利用高程为9.531m的水准点A,测设设计高程为9.800m的室内±0.000标高,水准仪安置在合适位置,读取水准点A上水准尺读数为1.035m,问水准仪瞄准±0.000处水准尺,读数应为多少时,尺底高程就是±0.000标高位置?

9-7　A、B是平面控制点,已知其坐标与方位角为:A(1000.00,1000.00),$\alpha_{AB}=125°48'32''$,放样点设计坐标为P(1033.640,1028.760),求用极坐标法放样P点的测设数据,并简述测设过程。

9-8　要在BA方向测设一条坡度为$i=-2\%$的坡度线,已知B点的高程为37.566m,BA的水平距离为110m,则A点的高程应为多少?

第10章

工业与民用建筑施工测量

本章学习要点

- 建筑场地上的控制测量
- 民用建筑施工中的测量工作
- 工业厂房施工中的测量工作
- 高层建筑物的轴线投测和高程传递

10.1 概述

10.1.1 施工测量的目的和内容

1. 施工测量的目的

将设计的建筑物的平面位置和高程，按设计要求用一定精度测设在地面上，作为施工的依据。

2. 施工测量的内容

(1) 施工控制测量工作。开工前在施工场地上建立平面和高程控制网，以保证施工放样的整体精度，可分批分片测设，同时开工，可缩短建设工期。

(2) 建筑物的施工放样工作。

(3) 编绘建筑物场地的竣工总平面图。作为验收时鉴定工程质量的必要资料以及工程交付使用后运营、管理、维修、扩建的主要依据之一。

(4) 变形观测。对建筑物进行变形观测，以保证工程质量和建筑物的安全。

10.1.2 施工测量原则

施工测量也必须遵循“从整体到局部，先控制后放样”的原则。首先，在建筑场地上建立统一的平面和高程控制网，然后根据施工控制网来放样建筑物的主轴线，再根据建筑物的主轴线来放样建筑物的各个细部。施工控制网不仅是施工放样的依据，同时也是变形观测，竣工测量以及将来建筑物扩、改建的依据。为了防止测量错误，施工测量同样必须遵循的“步步检核”的原则。

10.1.3　施工测量的特点

与地形图的测绘相比，施工测量具有如下特点：

1. 工作性质不同

测绘地形图是将地面上的地物、地貌测绘在图纸上；而施工测量与之相反，是将设计图纸上的建筑物按其位置放样在相应的地面上。

2. 精度要求不同

测绘地形图的精度取决于测图比例尺。一般来说，施工控制网的精度高于测图控制网的精度。施工测量的精度主要取决于工程性质、建筑物的大小高低、建筑材料、施工方法等因素。一般来说，高层、大型建筑物的施工测量精度高于低层、中小型建筑物；钢、木结构的建筑物的施工测量精度高于钢筋混凝土结构的建筑物；装配式施工的建筑物的施工测量精度高于非装配式施工的建筑物。

3. 施工测量与工程施工密切相关

施工测量贯穿于整个施工过程之中。场地平整、建筑物定位、基础施工、建筑物构件安装、竣工测量、变形观测都需要进行施工测量。

4. 受施工干扰大

施工现场工种多，交叉作业频繁，进行测量工作受干扰较大。测量标志必须埋在不易破坏且稳定的位置，还应做到妥善保护，如有破坏应及时恢复。

10.2　建筑场地上的控制测量

10.2.1　概述

1. 施工控制网

施工控制网包括平面控制网和高程控制网。

施工控制网的布设形式，应以经济、合理、适用为原则，根据建筑设计总平面图和施工现场的地形条件来确定。在大中型建筑场地上，施工平面控制网一般布置成建筑物方格网，施工高程网布置成水准网。对于小型建筑场地，施工平面控制网布置成建筑基线。施工高程控制网布置成附合或闭合水准路线。当建筑场地建立建筑方格网有困难时，可以采用导线网作为施工平面控制。如图 10-1 所示，施工坐标系的纵轴通常用 A 表示，横轴用 B 表示，施工坐标也称 A、B 坐标。

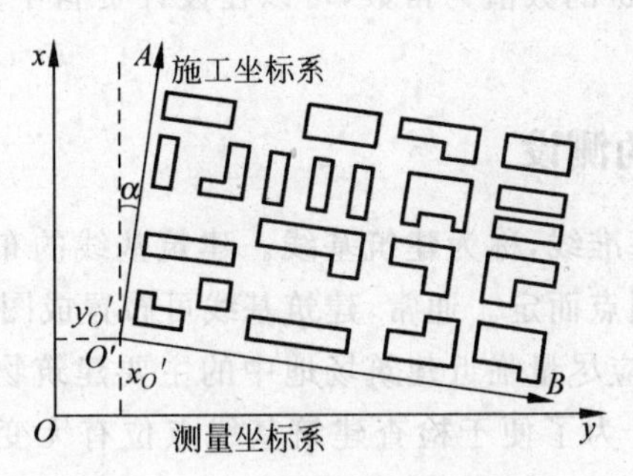

图 10-1　施工坐标系与测量坐标系

施工坐标系的要求如下。

(1) 施工坐标系的 A 轴和 B 轴，应与厂区主要建筑物或主要道路、管线方向平行。

(2) 坐标原点设在总平面图的西南角，使所有建筑物和构筑物的设计坐标均为正值。

(3) 施工坐标系与国家测量坐标系之间的关系，可用施工坐标系原点 O' 的测量系坐标 $x_{O'}$、$y_{O'}$ 及 $O'A$ 轴的坐标方位角 α 来确定。

在进行施工测量时，上述数据由勘测设计单位给出。

厂区平面控制网，应根据工程规模和工程需要分级布设。对于建筑场地大于 $1km^2$ 的工程项目或重要工业区，应建立一级或一级以上精度等级的平面控制网；对于场地面积小于 $1km^2$ 的工程项目或一般性建筑区，可建立二级精度的平面控制网。

厂区的平面控制网相对于勘察阶段控制点的定位精度，不应大于 5cm。

2. 测量坐标系与施工坐标系的换算

供工程建设施工放样使用的平面直角坐标系，称为施工坐标系。建筑施工通常采用施工坐标系，也称为建筑坐标系。其坐标轴线与建筑物主轴线平行，便于设计坐标计算和施工放样工作。由于建筑设计是在总体规划下进行的，因此建筑物的轴线往往不能与测量坐标系的坐标轴相平行或垂直，此时施工坐标系通常选用独立坐标系，这样可使独立坐标系的坐标轴与建筑物的主轴线方向相一致，坐标原点 O 通常设在建筑物的西南角上，纵轴记为 A 轴，横轴记为 B 轴，用 A、B 坐标确定各建筑物的位置。由此建筑物的坐标位置计算简便，而且所有坐标数据均为正值。

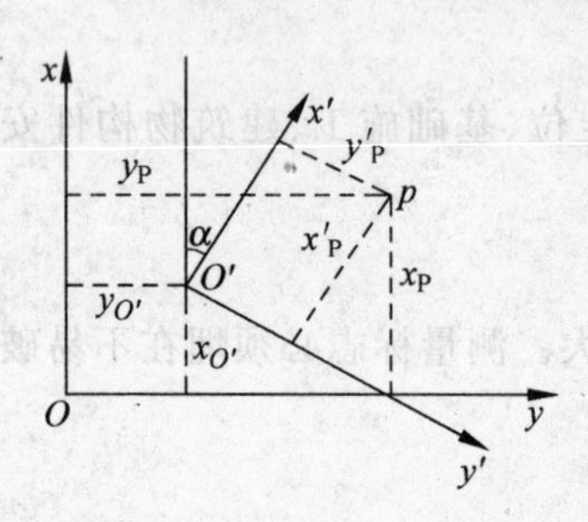

图 10-2 测量坐标系与施工坐标

如图 10-2 所示，设 xOy 为测量坐标系，$x'O'y'$ 为施工坐标系。将 P 点从施工坐标系中的坐标 (x'_P, y'_P) 换算到测量坐标系中的坐标 (x_P, y_P)，换算公式为

$$\begin{cases} x_P = x_{O'} + x'_P\cos\alpha - y'_P\sin\alpha \\ y_P = y_{O'} + x'_P\sin\alpha + y'_P\cos\alpha \end{cases} \tag{10-1}$$

将 P 点的测量坐标 (x_P, y_P) 换算到施工坐标 (x'_P, y'_P) 的公式为

$$\begin{cases} x'_P = (x_P - x_{O'})\cos\alpha + (y_P - y_{O'})\sin\alpha \\ y'_P = -(x_P - x_{O'})\sin\alpha + (y_P - y_{O'})\cos\alpha \end{cases} \tag{10-2}$$

式中 $x_{O'}$、$y_{O'}$ 为 O' 在测量坐标系中的坐标；α 为 x' 轴在测量坐标系中的方位角。

式(10-2)中，$x_{O'}$、$y_{O'}$ 与 α 的数值为常数，可以在设计资料中查得，或者在建筑设计总平面图上用图解法求得。

10.2.2 建筑基线的测设

建筑场地的施工控制基准线，称为建筑基线。建筑基线的布置，应根据建筑物的分布、场地的地形和已有测量控制点而定。通常，建筑基线可布置成图 10-3 所示的形式。

建筑基线布设的位置，应尽量临近建筑场地中的主要建筑物，且与其轴线相平行，以便采用直角坐标法进行放样。为了便于检查建筑基线点位有无变动，基线点不得少于 3 个。基线点位应选在通视良好且不受施工干扰的地方。为能使点位长期保存，要建立永久性

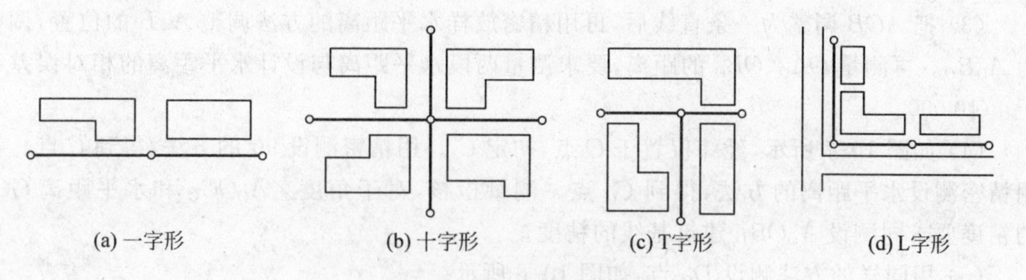

图 10-3　建筑基线的形式

标志。

根据建筑场地已有测量控制点的情况不同，建筑基线的测设方法主要有以下两种。

1. 根据建筑红线测设建筑基线

城市规划行政主管部门批准并由测绘部门实地测定的建设用地位置的边界线称为建筑红线。

建筑红线与拟建的主要建筑物或建筑群中的多数建筑物的主轴线平行。因此，可根据建筑红线用平行线推移法测设建筑基线。

如图 10-4 所示，1、2、3 点是建筑红线点，AOB 是建筑基线点。在 1、2、3 点上分别用直角坐标法放样 AOB 3 个建筑基线点。然后进行测量校核，实量 AO、BO 的距离与设计距离相对误差不应超过 1/10 000，$\angle AOB$ 与 90°之差不得超过20″。

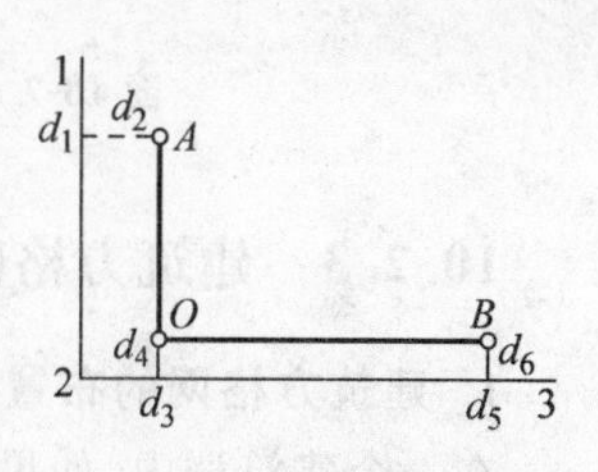

图 10-4　建筑红线

2. 根据测量控制点测设建筑基线

在非建筑区，没有建筑红线作为依据时，就需要在建筑设计总平面图上，根据建筑物的设计坐标和附近已有的测量控制点来选定建筑基线的位置，并在实地采用极坐标法或角度交会法把基线点在地面上标定出来。

(1) 如图 10-5 所示，在测量控制点 1、2 上，用极坐标初定建筑基线点 $A'O'B'$。

(2) 如图 10-6 所示，由于存在测量误差，$A'O'B'$不在同一条直线上。在 O' 点用经纬仪测量水平角$\angle A'O'B'=\beta$，再测量 $A'O'$、$O'B'$ 的长度分别为 a、b。沿与基线垂直方向各移动相同的距离 δ，其值为

$$\delta=\frac{ab}{(a+b)\times\rho''}\left(90^\circ-\frac{\beta}{2}\right)\tag{10-3}$$

把 $A'O'B'$ 调整到 AOB。将经纬仪置于 O 点，再测水平角 $\angle AOB$，要求 $|\angle AOB-180^\circ|\leqslant 20''$。

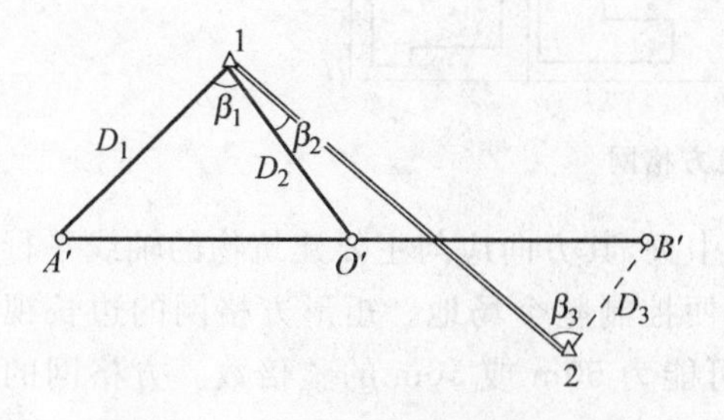

图 10-5　根据控制点测设建筑基线

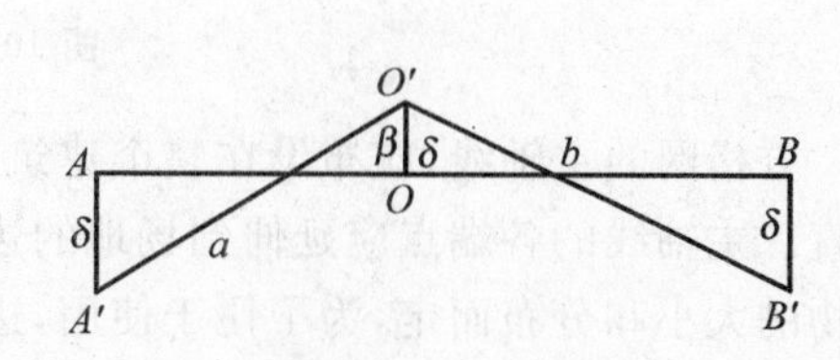

图 10-6　点位调整

(3) 把 AOB 调整为一条直线后，再用精密放样水平距离的方法调整 A、B 的位置，调整为 A_OB_O。再测量 OA_O、OB_O 的距离，要求测量两段水平距离与设计水平距离的相对误差小于 1/10 000。

(4) 如图 10-7 所示，经纬仪置于 O 点，初定 C'。用精密测设 90°的方法，得到 C 点。再用精密测设水平距离的方法，得到 C_O 点。测量检核，对于角度$\angle A_OOC_O$ 和水平距离 OC_O 的精度要求同测设 A_OOB_O 建筑基线的精度。

(5) 用同样的方法测设 D_O 点，如图 10-8 所示。

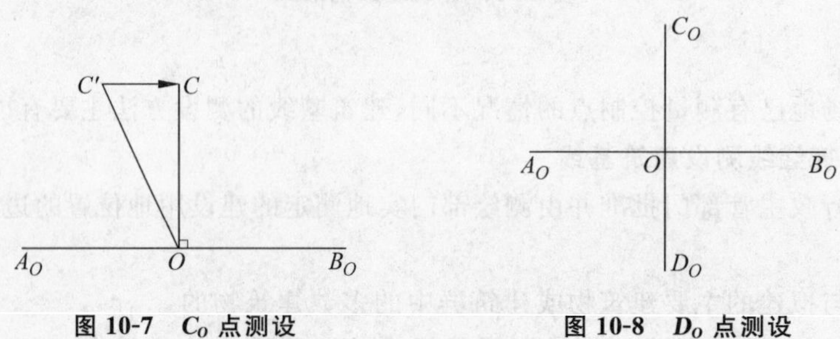

图 10-7 C_O 点测设　　图 10-8 D_O 点测设

10.2.3 建筑方格网的测设

1. 建筑方格网的布置及精度指标

在一个建筑群内，如果其主要建筑物的轴线相互垂直，而且建筑物轴线、道路中心线、管线等相互平行或垂直，则这个建筑场地的平面控制网可布置为与建筑物主轴线平行的矩形格网的形式，称为建筑方格网。

建筑方格网的设计，应根据建筑设计总平面图上各种建筑物、道路、管线的分布情况，并结合现场地形情况而拟定。布置建筑方格网时，先要选定两条相互垂直的主轴线，如图 10-9 中的 MON 与 COD，再全面布设格网。当建筑场地占地面积较大时，通常分两级布设，首级为基本网，先布设成十字形、口字形或田字形的主轴线，然后再加密次级的方格网；当场地面积不大时，尽量布置成全方格网。

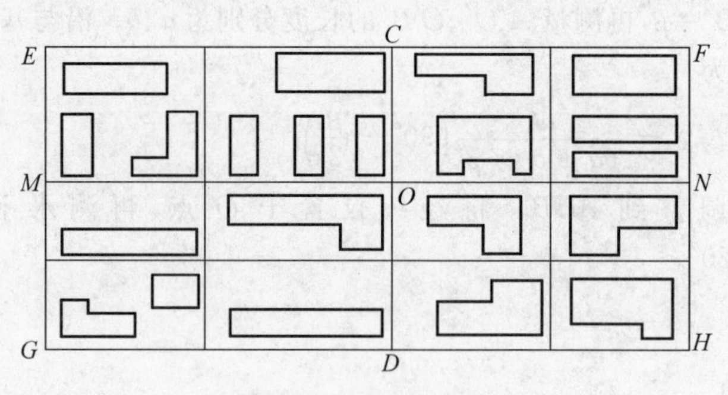

图 10-9 建筑方格网

方格网的主轴线，应布设在整个建筑场地的中央，其方向应与主要建筑物的轴线平行或垂直。主轴线的各端点应延伸到场地的边沿，以便控制整个场地。矩形方格网的边长视建筑物的大小和分布而定，为了便于使用，边长尽可能为 50m 或 50m 的整倍数。方格网的边应保证通视且便于测距和测角，点位标石应能长期保存。

方格网的测设方法，可采用布网法或者轴线法。当采用布网法时，宜增测方格网的对角线；当采用轴线法时，长轴线的定位点不得少于3个，点位偏离直线在180°±5″以内，短轴线应根据长轴线定向，其直角偏差应在90°±5″以内。

当方格网的主轴线选定后，就可根据建筑物的大小和分布情况而加密格网。在选定格网点时，应以简单、实用为原则，在满足测角、测距的前提下，格网点的点数应尽量少。方格网的转折角应严格为90°，相邻格网点要保持通视，点位要能长期保存。

建筑方格网的主要技术要求，可参见表10-1的规定。

表10-1　建筑方格网的主要技术要求

等级	边长/m	测角中误差/(″)	边长相对中误差	测角检测限差/(″)	边长检测限差
Ⅰ级	100～300	5	1/30 000	10	1/15 000
Ⅱ级	100～300	8	1/20 000	16	1/10 000

2. 建筑方格网主轴线点的测设

(1) 主轴线测设

主轴线测设与建筑基线测设方法相似。首先，准备测设数据。然后，测设两条互相垂直的主轴线 *MON* 和 *COD*，如图10-9所示。当场区很大时，主轴线很长，一般只测设其中的一段，如图中的 *AOB* 段，该段上 *A*、*O*、*B* 点是主轴线的定位点，称主点。主轴线实质上是由5个主点 *M*、*N*、*O*、*C* 和 *D* 组成。最后，精确检测主点的相对位置关系，并与设计值相比较，如果超限，则应进行调整。

(2) 方格网点测设

如图10-9所示，主轴线测设后，分别在主点 *M*、*C* 和 *N*、*D* 安置经纬仪，后视主点 *O*，向左右测设90°水平角，即可交会出田字形方格网点。随后进行检核，测量相邻两点间的距离，看是否与设计值相等，测量其角度是否为90°，误差均应在允许范围内，并埋设永久性标志。方格网水平角观测的主要技术要求见表10-2。

表10-2　方格网水平角观测的主要技术要求

等级	仪器精度等级	测角中误差/(″)	测回数	半测回归零差/(″)	一测回2C互差/(″)	各测回方较差/(″)
Ⅰ级	1″仪器	5	2	≤6	≤9	≤6
	2″仪器	5	3	≤8	≤13	≤9
Ⅱ级	2″仪器	8	2	≤12	≤18	≤12
	6″仪器	8	4	≤18	—	≤24

建筑方格网轴线与建筑物轴线平行或垂直，因此，可用直角坐标法进行建筑物的定位。该方法计算简单，测设比较方便，而且精度较高。其缺点是必须按照总平面图布置，其点位易被破坏，而且测设工作量也较大。

10.2.4　施工高程控制测量

施工高程控制测量的要求是：①水准点的密度尽可能满足施工放样时安置一次水准仪即可测设所需点的高程；②施工期间高程控制点的位置保持不变；③每栋较大建筑物附近，还要测设建筑物的±0.000高程标志。

大型的建筑场地高程控制网分为首级网和加密网两个等级。首级水准网一般布设为闭合环线、附合路线或结点网。大中型施工项目的场区高程测量精度，不应低于三等水准。场区的水准点，应在原有测图高程网的基础上，可单独增加布设在场地相对稳定的区域，也可布设在平面控制点的标石上。水准点间距宜小于 1km，距离建筑物（构筑物）不宜小于 25m，距离回填土边线不宜小于 15m。凡是重要建筑物附近均应设水准点。整个建筑场地至少要设置 3 个永久性的水准点。

加密水准网是在首级水准网的基础上进一步加密而得，采用附合水准路线，可按四等水准测量要求进行施测。加密水准网一般不能单独埋设，要与建筑方格网合并，即在各格网点的标志上加设一个突出的半球状标志，各个点之间的距离宜在 200m 左右，以便施工时安置一次仪器即可测出所需高程。

中、小型的建筑场地高程控制可采用一个等级，按国家四等水准测量要求进行施测。

为了测设方便，减少计算，通常在较大的建筑物附近建立专用的水准点，即±0.000 标高水准点，其位置多选在较稳定的建筑物的墙或柱的侧面，用红色油漆绘成上顶呈水平线的倒三角，形如“▼”。必须注意，在设计中各建筑物的±0.000 高程不一定是相等的，应严格加以区别，防止用错设计高程。

10.3 民用建筑施工中的测量工作

10.3.1 概述

1. 民用建筑物的分类

住宅楼、商店、学校、医院、食堂、办公楼、水塔等建筑物都属于民用建筑物。民用建筑物分为单层、低层(2～3 层)、多层(4～8 层)和高层(9 层以上)。

2. 民用建筑放样过程

建筑物的定位、放线，建筑物基础施工测量，墙体施工测量等。在建筑场地完成了施工控制测量工作后，将建筑物的位置、基础、墙、柱、门楼板、顶盖等基本结构放样出来，设置标志，作为施工的依据。

3. 建筑物施工放样的主要技术指标

建筑物施工放样的主要技术指标如表 10-3 所示。

表 10-3 建筑物施工放样的主要技术指标

建筑物结构	测距相对中误差 K/mm	测角中误差 m_β/(″)	按距离控制点 100m，采用极坐标法测设点位中误差 m_P/mm	在测站上测定高差中误差/mm	根据起始水平面在施工水平面上测定高程中误差/mm	竖向传递轴线点中误差/mm
金属结构、装配式钢筋混凝土结构、建筑物高度 100～200m，或跨度 30～36m	1/20 000	±5	±5	1	6	4

续表

建筑物结构	测距相对中误差 K/mm	测角中误差 m_β/(″)	按距离控制点 100m，采用极坐标法测设点位中误差 m_P/mm	在测站上测定高差中误差/mm	根据起始水平面在施工水平面上测定高程中误差/mm	竖向传递轴线点中误差/mm
15 层房屋、建筑物高度 60～100m 或跨度 18～30m	1/10 000	±10	±11	2	5	3
5～15 层房屋、建筑物高度 15～60m 或跨度 6～18m	1/5000	±20	±22	2.5	4	2.5
5 层房屋、建筑物高度 15m 或跨度 6m 以下	1/3000	±30	±36	3	3	2
木结构、工业管线或公路铁路专用线	1/2000	±30	±52	5	—	—
土木竖向整平	1/1000	±45	±102	10	—	—

注：采用极坐标测设点位，当点位距离控制点 100m 时，其点位中误差的计算公式为 $m_P=\sqrt{100m_A/\rho''+(100K)^2}$。

10.3.2　施工前的准备工作

1. 了解设计意图，熟悉设计资料，核对设计图纸

设计图纸是施工测量的主要依据，测设前应充分熟悉各种有关的设计图纸，以便了解施工建筑物与相邻地物的相互关系，以及建筑物本身的内部尺寸关系，准确无误地获取测设工作中所需要的各种定位数据，测设时必须具备下列图纸资料。

(1) 建筑总平面图。建筑总平面图是施工测设的总体依据，建筑物就是根据总平面图上所给的尺寸关系进行定位的。建筑总平面图给出了建筑场地上所有建筑物和道路的平面位置及其主要点的坐标，标出相邻建筑物之间的尺寸关系，注明各栋建筑物室内地坪高程，是测设建筑物总体位置和高程的重要依据，如图 10-10 所示。

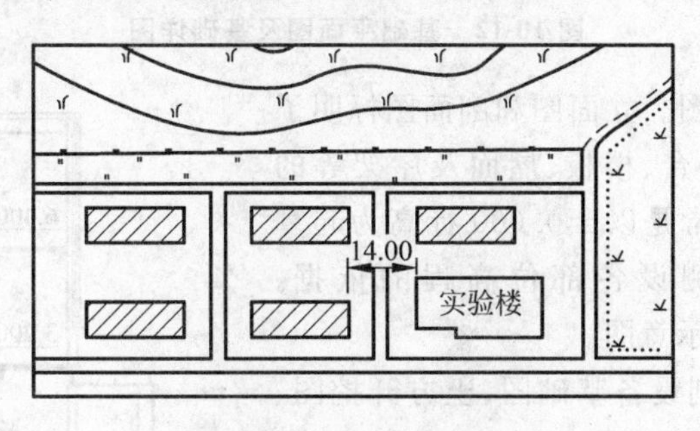

图 10-10　建筑总平面图

(2) 建筑平面图。建筑平面图标明了建筑物首层、标准层等各楼层的总尺寸，以及楼层内部各轴线之间的尺寸关系，如图 10-11 所示。它是测设建筑物细部轴线的依据，要注意其尺寸是否与建筑总平面图的尺寸相符。

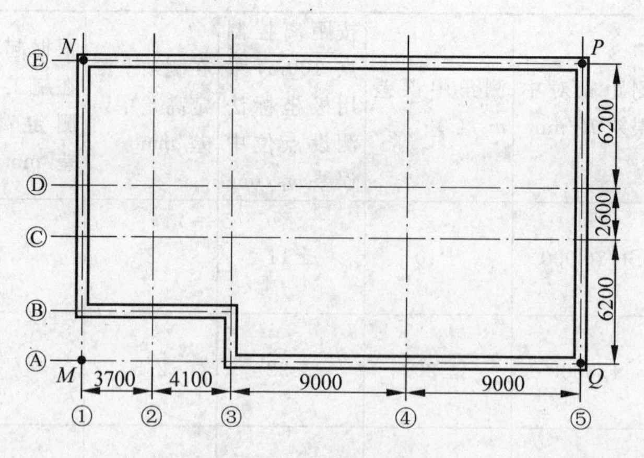

图 10-11 建筑平面图

(3) 基础平面图及基础详图。基础平面图及基础详图(即基础大样图)标明了基础形式、基础平面位置、基础中心或中线的位置、基础边线与定位轴线之间的尺寸关系、基础横断面的形状和大小,以及基础不同部位的设计标高等,如图 10-12 所示。它是测设基槽(基坑)、开挖边线和开挖深度的依据,也是基础定位及细部放样的依据。

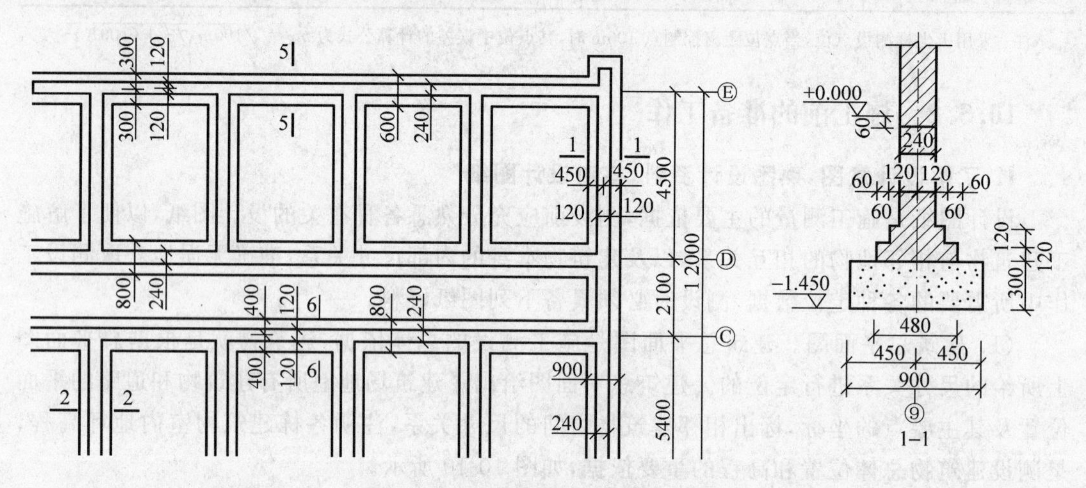

图 10-12 基础平面图及基础详图

(4) 立面图和剖面图。立面图和剖面图标明了室内地坪、门窗、楼梯平台、楼板、屋面及屋架等的设计高程,这些高程通常是以±0.000 标高为起算点的相对高程,它是测设各部位高程的依据。图 10-13 给出了剖面图示意图。

另外,还有可能用到设备基础图、土方开挖图、建筑物的结构图、管网图及厂区控制点坐标、高程点位分布图等。

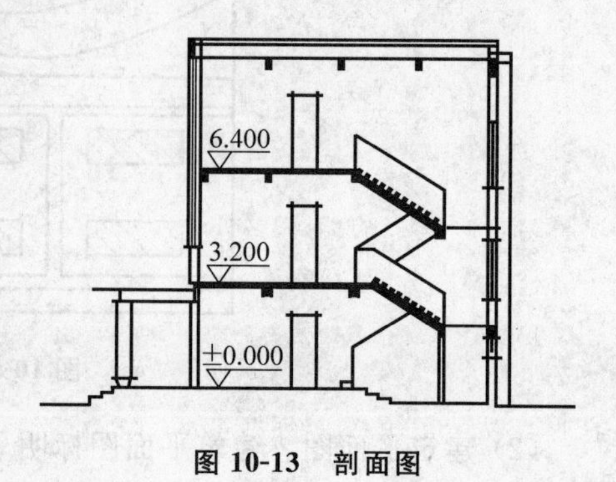

图 10-13 剖面图

2. 现场踏勘，检测平面控制点和水准点

为了解施工场地上地物、地貌以及现有测量控制点的分布情况，应进行现场踏勘，以便根据实际情况制定测设方案。

3. 制定施工放样的方案，准备放样数据，绘制放样略图

在熟悉设计图纸、掌握施工计划和施工进度的基础上，结合现场条件和实际情况，拟定测设方案。测设方案包括测设方法、测设步骤、采用的仪器工具、精度要求、时间安排等。在每次现场测设前，应根据设计图纸和测量控制点的分布情况，准备好相应的测设数据并对数据进行检核，需要时还要绘制测设略图，把测设数据标注在略图上，使现场测设时更加方便和快捷，并减少错误的出现。

10.3.3　民用建筑物的定位和放线

1. 建筑物定位

建筑物的定位就是把建筑物外廓各轴线的交点，也称为定位点或角(点)桩，放样到地面上，作为放样基础和细部的依据。

2. 建筑物定位的方法

(1) 根据建筑基线、建筑方格网定位

如果待定建筑物的定位点设计坐标是已知的，且建筑场地已设有建筑方格网或建筑基线，可利用直角坐标法测设定位点，当然也可以用极坐标法等其他方法进行测设，但直角坐标法所需要的测设数据计算较为方便，在用经纬仪和钢尺进行实地测设时，建筑物总尺寸和四大角的精度容易控制和检核。

(2) 根据测量控制点定位

如果待定位建筑物的定位点设计坐标是已知的，且附近有高级控制点可供利用，可根据情况选用极坐标法、角度交会法或距离交会法来测设定位点。

(3) 根据已有建筑物或道路定位

如果设计图上只给出新建筑物与附近原有建筑物或道路的相互关系，而没有提供建筑物定位点坐标，周围又没有测量控制点、建筑方格网和建筑基线可供利用，则可根据原有建筑物的边线或道路中心线，将新建筑物的定位点测设出来。

建筑物的定位，就是将建筑物外廓各轴线交点(简称角桩，即图 10-14 中的 M、N、P 和 Q)测设在地面上，作为基础放样和细部放样的依据。

由于定位条件不同，定位方法也不同，下面介绍根据已有建筑物测设拟建建筑物的方法。

(1) 如图 10-14 所示，用钢尺沿宿舍楼的东、西墙，延长出一小段距离 l 得 a、b 两点，做出标志。

(2) 在 a 点安置经纬仪，瞄准 b 点，并从 b 沿 ab 方向量取 14.240m(因为教学楼的外墙厚 370mm，轴线偏里，离外墙皮 240mm)，定出 c 点，做出标志，再继续沿 ab 方向从 c 点起量取 25.800m，定出 d 点，做出标志，cd 线就是测设教学楼平面位置的建筑基线。

(3) 分别在 c、d 两点安置经纬仪，瞄准 a 点，顺时针方向测设 90°，沿此视线方向量取距离 l+0.240m，定出 M、Q 两点，做出标志，再继续量取 15.000m，定出 N、P 两点，做出标志。

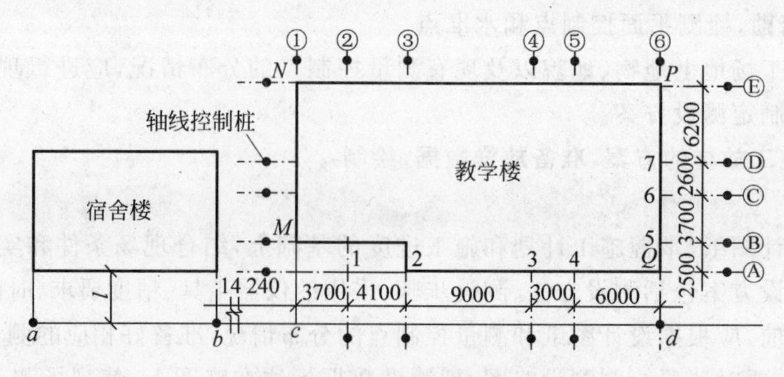

图 10-14 建筑物的定位和放线

M、N、P、Q 这 4 个点即为教学楼外廓定位轴线的交点。

(4) 检查 NP 的距离是否等于 25.800m，$\angle N$ 和 $\angle P$ 是否等于 90°，其误差应在允许范围内。

如施工场地已有建筑方格网或建筑基线时，可直接采用直角坐标法进行定位。

具体测设方法随实际情况不同而不同，但基本过程是一致的，就是在现场先找出原有建筑物的边线或道路中心线，再用经纬仪和钢尺将其延长、平移、旋转或相交，得到新建筑物的一条定位轴线，然后根据这条定位轴线，用经纬仪测设角度(一般是直角)，用钢尺测设长度，得到其他定位轴线或定位点，最后检核 4 个大角和 4 条定位轴线长度是否与设计值一致。

3. 建筑物放线

建筑物的放线，是指根据已定位的外墙轴线交点桩(角桩)，详细测设出建筑物各轴线的交点桩(或称中心桩)，然后，根据交点桩用白灰撒出基槽开挖边界线。放线方法如下：

(1) 在外墙轴线周边上测设中心桩位置

如图 10-14 所示，在 M 点安置经纬仪，瞄准 Q 点，用钢尺沿 MQ 方向量出相邻两轴线间的距离，定出 1、2、3、4 各点，同理可定出 5、6、7 各点。量距精度应达到设计精度要求。量取各轴线之间距离时，钢尺零点要始终对在同一点上。

(2) 恢复轴线位置

由于在开挖基槽时，角桩和中心桩要被挖掉，为了便于在施工中恢复各轴线位置，应把各轴线延长到基槽外安全地点，并做好标志。其方法有设置轴线控制桩和龙门板两种形式。

① 设置轴线控制桩。轴线控制桩设置在基槽外、基础轴线的延长线上，以此作为开槽后各施工阶段恢复轴线的依据，如图 10-14 所示。轴线控制桩一般设置在基槽外 2～4m 处，打下木桩，桩顶钉上小钉，准确标出轴线位置，并用混凝土包裹木桩，如图 10-15 所示。如附近有建筑物，亦可把轴线投测到建筑物上，用红漆做出标志，以代替轴线控制桩。

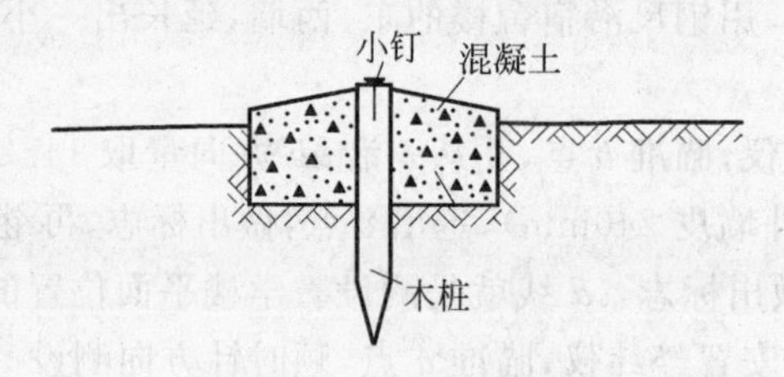

图 10-15 轴线控制桩

② 设置龙门板。在小型民用建筑施工中，常将各轴线引测到基槽外的水平木板上。水平木板称为龙门板，固定龙门板的木桩称为龙门桩，如图 10-16 所示。

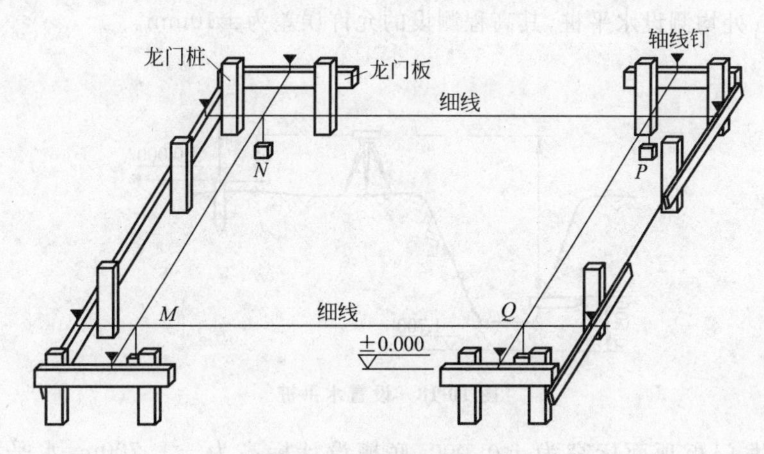

图 10-16　龙门板及龙门桩

设置龙门板的步骤如下。

在建筑物四角与隔墙两端，基槽开挖边界线以外 1.5～2.0m 处，设置龙门桩。龙门桩要钉得竖直、牢固，龙门桩的外侧面应与基槽平行。

根据施工场地的水准点，用水准仪在每个龙门桩外侧，测设出该建筑物室内地坪设计高程线(即±0.000 标高线)，并做出标志。

沿龙门桩上±0.000 标高线钉设龙门板，这样龙门板顶面的高程就同在±0.000 的水平面上。然后，用水准仪校核龙门板的高程，如有差错应及时纠正，其允许误差为±5mm。

在 N 点安置经纬仪，瞄准 P 点，沿视线方向在龙门板上定出一点，用小钉做标志，纵转望远镜在 N 点的龙门板上也钉一个小钉。用同样的方法，将各轴线引测到龙门板上，所钉之小钉称为轴线钉。轴线钉定位误差应小于±5mm。

最后，用钢尺沿龙门板的顶面，检查轴线钉的间距，其误差不超过 1∶3000。检查合格后，以轴线钉为准，将墙边线、基础边线、基础开挖边线等标定在龙门板上。

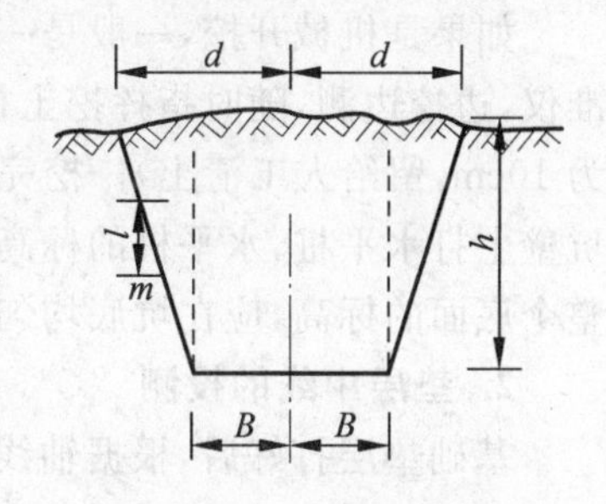

图 10-17　基槽开挖宽度

③ 撒开挖边线。如图 10-17 所示，先按基础剖面图给出的设计尺寸，计算基槽的开挖深度 d：

$$d = B + 2mh \tag{10-4}$$

式中，B 为基槽底部宽度，可由剖面图查取；H 为基槽深度；m 为边坡坡度的分母。

根据计算结果，在地面上以轴线为中心往两边各量出 $d/2$ 的距离，拉线并撒上白灰，即为开挖边线。如果是基坑开挖，则只需按最外围墙体基础的宽度、深度及放坡确定开挖边线。

10.3.4　建筑物基础施工中的测量工作

1. 控制基槽开挖深度和垫层标高

为了控制基槽开挖深度，当基槽挖到接近槽底设计高程时，用水准仪在槽壁上测设一些水平桩(图 10-18),使木桩的上表面距离槽底设计标高为一固定值(如 0.500m),以控制挖槽深度,也可以作为槽底清理和打基础垫层时掌握标高的依据。一般在槽壁各拐角处和槽壁每隔 3～4m 处均测设水平桩,其高程测设的允许误差为±10mm。

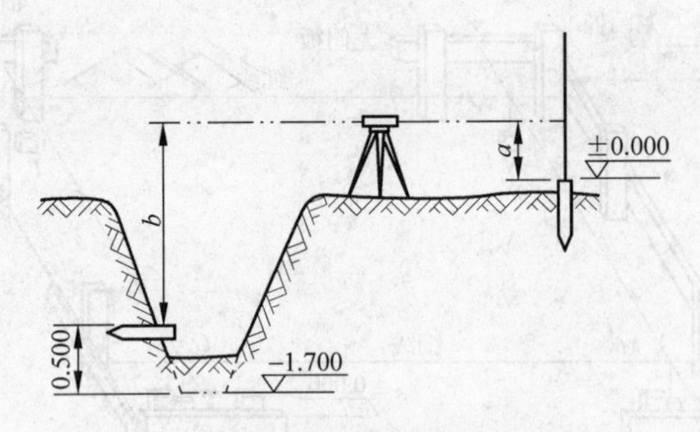

图 10-18 设置水平桩

例如,设龙门板顶面标高为±0.000,底槽设计标高为−1.700m,水平桩高于底槽0.5m,即水平桩的标高为−1.200m,用水准仪后视龙门板顶面的水准尺,读数 $a=1.123$m,则水平桩上标尺的读数应为

$$b=0+1.123-(-1.200)=2.323(\mathrm{m})$$

测设时,沿基槽壁上下移动水准尺,当读数为 2.323m 时沿尺底水平地将桩打进槽壁,然后检核该桩的标高,如超限则进行调整,直到误差在规定范围内。

垫层面标高的测设可以以水平桩为依据在槽壁上弹线,也可以在槽底打入垂直桩,使桩顶标高等于垫层面的标高。如果垫层需要安装模板,则可以直接在模板上弹出垫层面的标高线。

如果是机械开挖,一般是一次挖到设计槽底或坑底的标高,因此需要在施工现场安置水准仪,边挖边测,随时指挥挖土机调整挖土深度,使槽底或坑底的标高略高于设计标高(一般为 10cm,留给人工清土)。挖完后,为了给人工清底和打垫层提供标高依据,还应在槽壁或坑壁上打水平桩,水平桩的标高一般为垫层面的标高。当基坑底面积较大时,为了便于控制整个底面的标高,应在坑底均匀地打一些垂直桩,使桩顶标高等于垫层面的标高。

2. 垫层中线的投测

基础垫层打好后,根据轴线控制桩或龙门板上的轴线钉,用经纬仪或用拉绳挂锤球的方法,把轴线投测到垫层上,如图 10-19 所示,并用墨线弹出墙中心线和基础边线,作为砌筑基础的依据。

由于整个墙身砌筑均以此线为准,这是确定建筑物位置的关键环节,所以要严格校核后方可进行砌筑施工。

3. 基础墙体标高控制

房屋基础墙是指±0.000 以下的砖墙,它的高度是用基础皮数杆来控制的,如图 10-20 所示。

(1) 基础皮数杆是一根木制的杆子,如图 10-20 所示,在杆上事先按照设计尺寸,将砖、灰缝厚度画出线条,并标明±0.000 和防潮层的标高位置。

(2) 立皮数杆时,先在立杆处打一木桩,用水准仪在木桩侧面定出一条高于垫层某一数值(如 100mm)的水平线,然后将皮数杆上标高相同的一条线与木桩上的水平线对齐,并用大铁钉把皮数杆与木桩钉在一起，作为基础墙的标高依据。

对于采用钢筋混凝土的基础，可以用水准仪将设计标高测设于模板上。

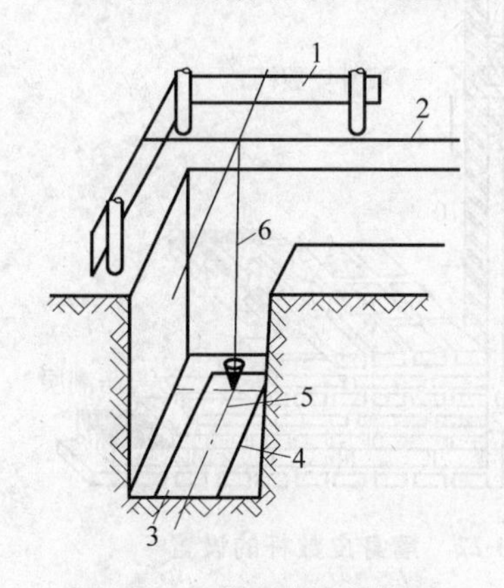

图 10-19　垫层中线的投测

1—龙门板；2—细线；3—垫层；
4—基础边线；5—墙中线；6—投测垂线

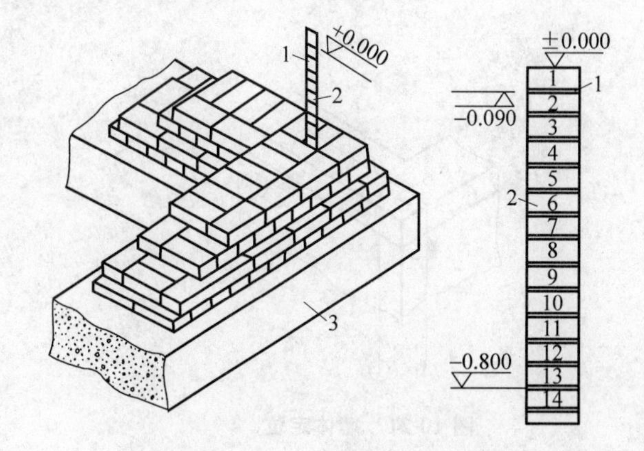

图 10-20　基础墙体标高的控制

1—防潮层；2—皮数杆；3—垫层

4. 基础墙顶面标高检查

基础施工结束后，应检查基础面的标高是否符合设计要求（也可检查防潮层），可用水准仪测出基础面上若干点的高程与设计高程相比较，允许误差为±10mm。

10.3.5　墙体施工中的测量工作

1. 墙体定位

（1）利用轴线控制桩或龙门板上的轴线和墙边线标志，用经纬仪或拉细绳挂锤球的方法将轴线投测到基础面上或防潮层上。

（2）用墨线弹出墙中线和墙边线。

（3）检查外墙轴线交角是否等于90°。

（4）把墙轴线延伸并画在外墙基础上，如图10-21所示，作为向上投测轴线的依据。

（5）把门、窗和其他洞口的边线，也在外墙基础上标定出来。

2. 墙体各部位标高控制

在墙体施工中，墙身各部位标高通常也是用皮数杆加以控制。

（1）在墙身皮数杆上，根据设计尺寸，按砖、灰缝的厚度画出线条，并标明±0.000、门、窗、楼板等的标高位置，如图10-22所示。

（2）墙身皮数杆的设立与基础皮数杆相同，使皮数杆上的±0.000标高与房屋的室内地坪标高相吻合。在墙的转角处，每隔10～15m设置一根皮数杆。

（3）在墙身砌起1m以后，就在室内墙身上定出+0.500m的标高线，作为该层地面施工和室内装修用。

（4）2层及以上墙体施工中，为了使皮数杆在同一水平面上，要用水准仪测出楼板四角的标高，取平均值作为地坪标高，并以此作为立皮数杆的标志。

框架结构的民用建筑，墙体砌筑是在框架施工后进行的，故可在柱面上画线，代替皮数杆。

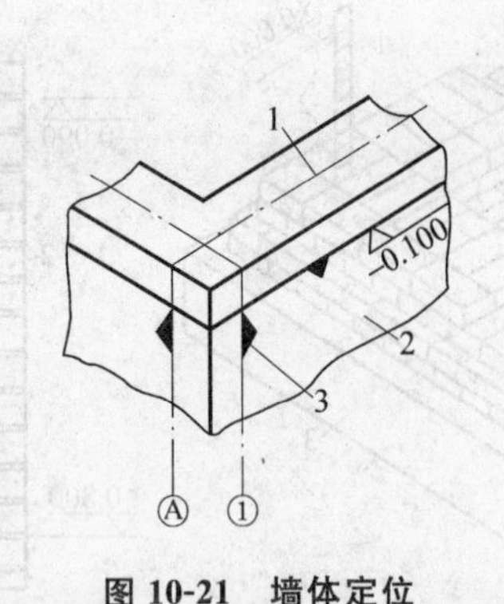

图 10-21 墙体定位

1—墙中心线;2—外墙基础;3—轴线

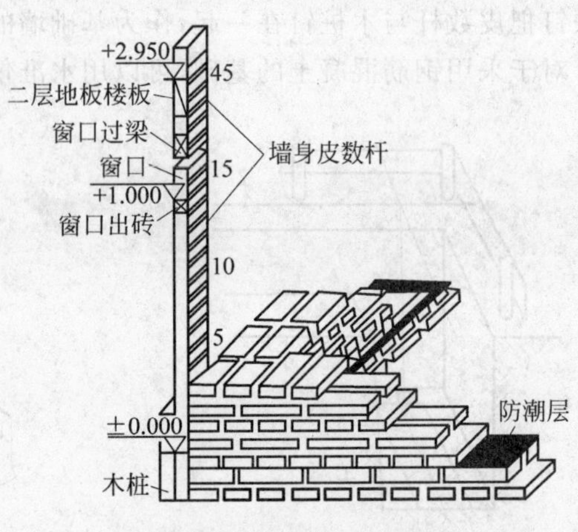

图 10-22 墙身皮数杆的设置

10.3.6 建筑物轴线投测

在多层建筑墙身砌筑过程中,为了保证建筑物轴线位置正确,可用吊锤球或经纬仪将轴线投测到各层楼板边缘或柱顶上。

1. 吊锤球法

将较重的锤球悬吊在楼板或柱顶边缘,当锤球尖对准基础墙面上的轴线标志时,线在楼板或柱顶边缘的位置即为楼层轴线端点位置,并画出标志线。各轴线的端点投测完后,用钢尺检核各轴线的间距,符合要求后,继续施工,并把轴线逐层自下向上传递。

吊锤球法简便易行,不受施工场地限制,一般能保证施工质量。但当有风或是建筑物较高时,投测误差较大,应采用经纬仪投测法。

2. 经纬仪投测法

在轴线控制桩上安置经纬仪,严格整平后,瞄准基础墙面上的轴线标志,用盘左、盘右分中投点法,将轴线投测到楼层边缘或柱顶上。将所有端点投测到楼板上之后,用钢尺检核其间距,相对误差不得大于 1/3000。检查合格后,才能在楼板分间弹线,继续施工。

10.3.7 建筑物高程传递

在多层建筑施工中,应由下层向上层传递高程,以使楼板、门窗口等的标高符合设计要求。高程传递有以下 3 种方法。

1. 利用皮数杆传递高程

一般建筑物可用墙体皮数杆传递高程,具体方法参照 10.3.5 节。

2. 利用钢尺直接丈量

对于高程传递精度要求较高的建筑物,通常用钢尺直接丈量来传递高程。对于 2 层以上的各层,每砌高一层,就从楼梯间用钢尺从下层的“+0.500m”标高线,向上量出层高,测出上一层的“+0.500m”标高线。这样用钢尺逐层向上引测。

3. 吊钢尺法

用悬挂钢尺代替水准尺,用水准仪读数,从下向上传递高程。

10.4　工业厂房施工中的测量工作

10.4.1　工业厂房控制网的测设

工业厂房多为排架式结构，对测量的精度要求较高。工业建筑在基坑施工、安置基础模板、灌注混凝土、安装预制构件等工作中，都以各定位轴线为依据指导施工，因此在工业建筑施工中，均应建立独立的厂房矩形施工控制网。

1. 基线法

基线法是首先根据厂区控制网定出厂房矩形网的一边 S_1S_2 作为基础，如图 10-23 所示，再在基线 S_1S_2 的两端测设直角，设置矩形的两条边 S_1N_1，S_2N_2，并沿各边丈量距离，设置距离指示桩 1、2、3、4、5、6。最后在 N_1N_2 处安置仪器，检查角度，并测量 N_1、N_2 之间的距离，进行检查。这种方法的误差集中在最后一边 N_1N_2 上，这条边误差最大。该方法一般适用于中、小型工业厂房。

2. 轴线法

对于大型工业厂房，应根据厂区控制网定出厂房矩形控制网的主轴线 *AOB* 和 *COD*，然后根据两条主轴线测设矩形控制网 *EFGH*。如图 10-24 所示，测设两条主轴线 *AOB* 和 *COD*，两主轴线交角允许误差为 3″～5″，边长误差不低于 1∶30 000。然后用角度交会法，交会出 *E*、*F*、*G*、*H* 各点，其精度要求与主轴线相同。

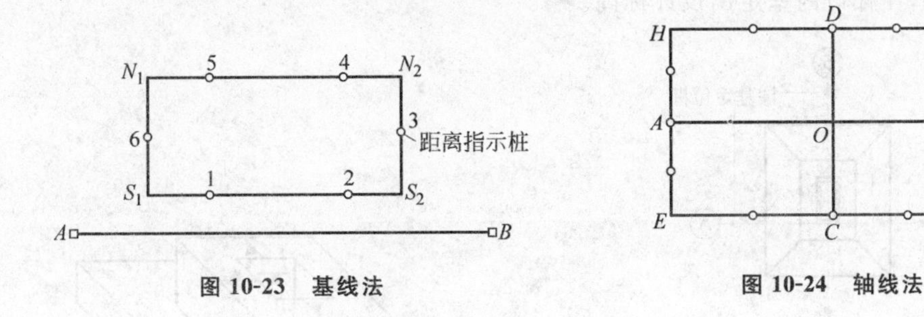

图 10-23　基线法

图 10-24　轴线法

10.4.2　厂房柱列轴线和柱基的测设

1. 厂房柱列轴线的测设

根据厂房平面图上所注的柱间距和跨距尺寸，用钢尺沿厂房矩形控制网各边量出各柱列轴线控制桩的位置，如图 10-25 所示，并打入大木桩，桩顶用小钉标出点位，作为柱基测设和施工安装的依据。丈量时应以相邻的两个距离指标桩为起点分别进行，以便检核。

2. 杯形桩基的施工测量

(1) 柱基的测设。柱基测设是为每个柱子测设出 4 个柱基定位桩。如图 10-26 所示，作为放样柱基坑开挖边线、修坑和立模板的依据。按照基础大样图的尺寸，放出基坑开挖线，撒白灰标出开挖范围。

(2) 基坑高程的测设。当基坑开挖到一定深度时，应在坑壁四周距离坑底设计高程 0.3～0.5m 处设置几个水平桩，作为基坑修坡和清底的依据。

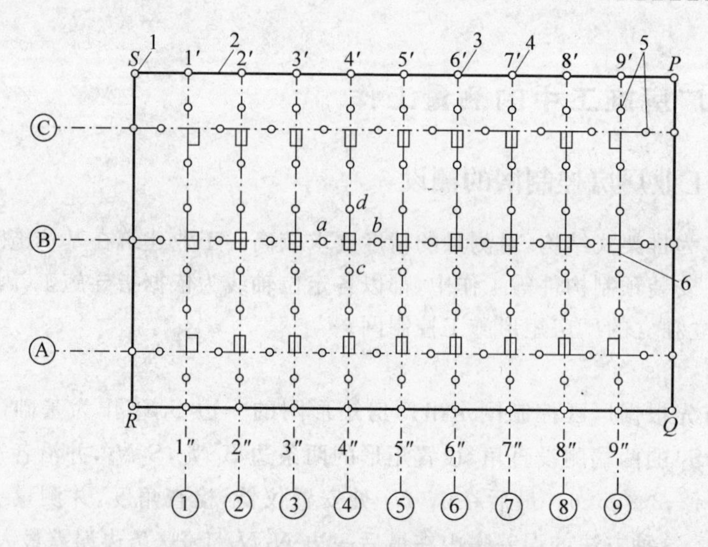

图 10-25 厂房柱列轴线和柱基测设

1—厂房控制桩；2—厂房矩形控制网；3—柱列轴线控制桩；4—距离指标桩；5—定位小木桩；6—柱基础

(3) 垫层和基础放样。在基坑底设置垫层小木桩，使桩顶面高程等于垫层设计高程，作为垫层施工依据。

(4) 基础模板定位。如图 10-27 所示，在完成垫层施工之后，根据基坑边的柱基定位桩，将柱基定位线投测在垫层上，作为柱基立模板和布置基础钢筋的依据。拆模后，在杯口面定出柱轴线，在杯口内壁定出设计标高。

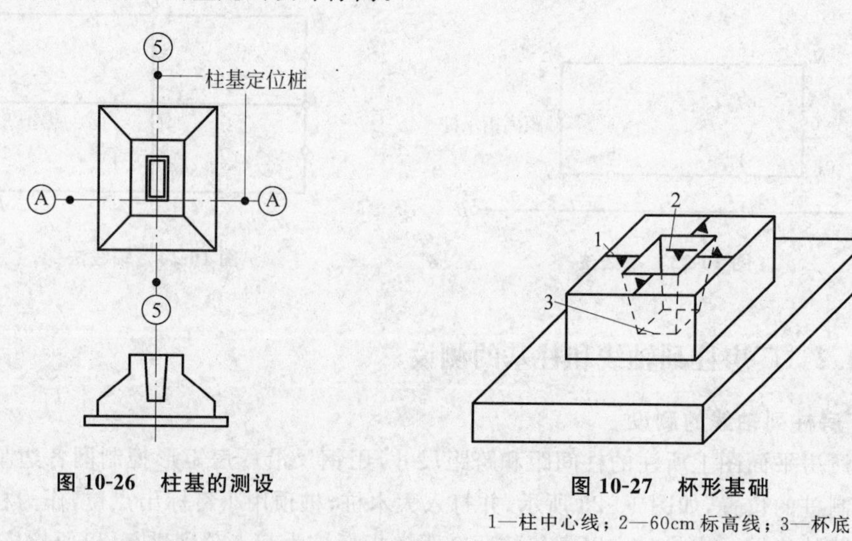

图 10-26 柱基的测设

图 10-27 杯形基础

1—柱中心线；2—60cm 标高线；3—杯底

10.4.3 厂房构件的安装测量

1. 厂房柱子的安装测量

(1) 柱子安装的精度要求

① 柱脚中心线应对准柱列轴线，偏差应不超过±5mm。

② 牛脚顶面和柱顶面的实际高程与设计高程一致，其允许误差应不超过±5mm(柱高≤5m)或±8mm(柱高≤8m)。

③ 柱身垂直的允许误差：当柱高≤5m时，允许误差为±5mm；当柱高为5～10m时，允许误差为±10mm；当柱高超过10m时，允许误差为柱高的1/1000，但不得超过±20mm。

(2) 吊装前的准备工作

① 由柱列轴线控制桩，用经纬仪把柱列轴线投测在杯口顶面上，并弹出墨线，用红漆画上"▶"标志。此外，在杯口内壁，用水准仪测设一条－60cm的高程线，并用"▼"表示，用以检查杯底标高。

② 每根柱子按轴线位置进行编号，在柱身的3个侧面弹出柱中心线和柱下水平线，如图10-28所示。

(3) 柱长检查及杯底抄平

为了保证吊装后的柱子牛腿面符合设计高程 H_2，必须使杯底高程 H_1 加上柱脚到牛腿面的长度等于 H_2。

(4) 柱子的竖直校正

将两台经纬仪分别安置在柱基纵、横轴线上，与柱子间的距离约为柱子高的1.5倍。瞄准柱子底部中心线，上仰望远镜至柱子顶面中心线。如不重合，应调整使柱子垂直。

由于成排柱子，柱距很小，可以将经纬仪安置在纵轴一侧，偏离柱列轴线3m以内。这样安置一次仪器，可校正数根柱子，如图10-29所示。

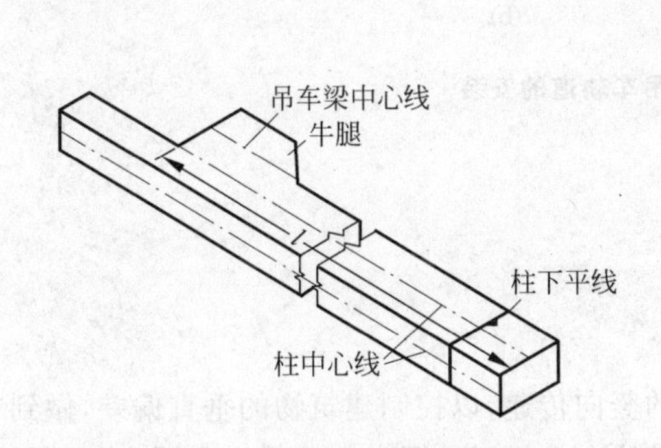

图10-28　在预制的厂房柱子上弹线

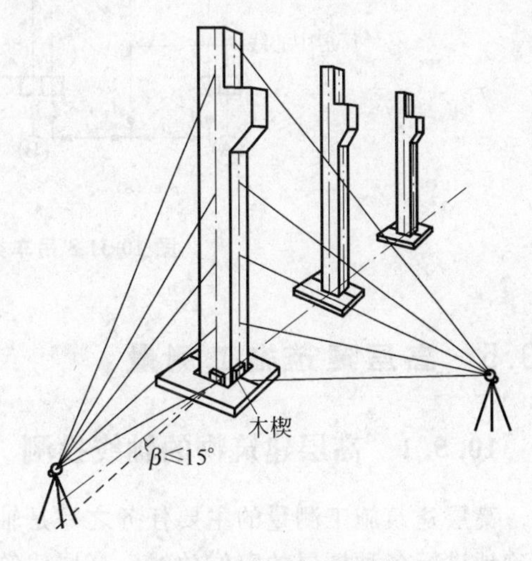

图10-29　柱子的竖直校正

2. 吊车梁的安装测量

(1) 吊车梁安装时的梁中心线测量

如图10-30所示，吊车梁吊装前，应先在其顶面和两端面弹出中心线。如图10-31所示，利用厂房中心线 A_1A_1，根据设计图纸上的数据在地面上测设出吊车轨道中心线 $A'A'$。在一个端点 A' 上安置经纬仪，瞄准另一个端点 A'，将吊轨中心线投测到每根柱子的牛腿面上，并弹出墨线。吊装时吊车梁中心线与牛脚上中心线对齐，其允许误差为±3mm。安装完成后，用钢尺丈量吊车梁中心线间隔与设计间距，其允许误差不得超过±5mm。

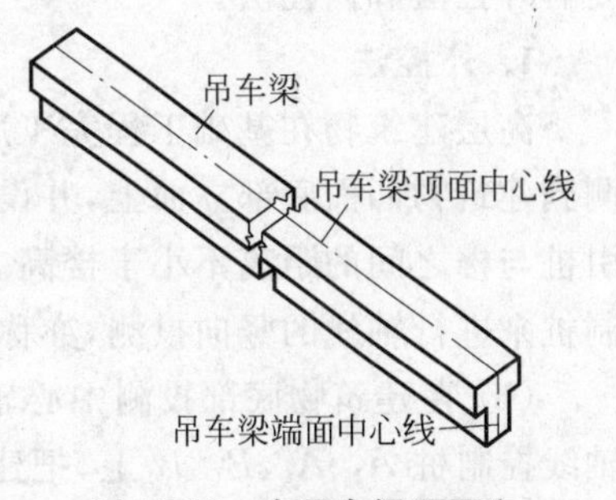

图10-30　在吊车梁顶面和端面弹出中心线

（2）吊车梁安装时的高程测量

吊车梁安装完成后，检查吊车梁顶面高程，其高程的允许误差为±3～±5mm。

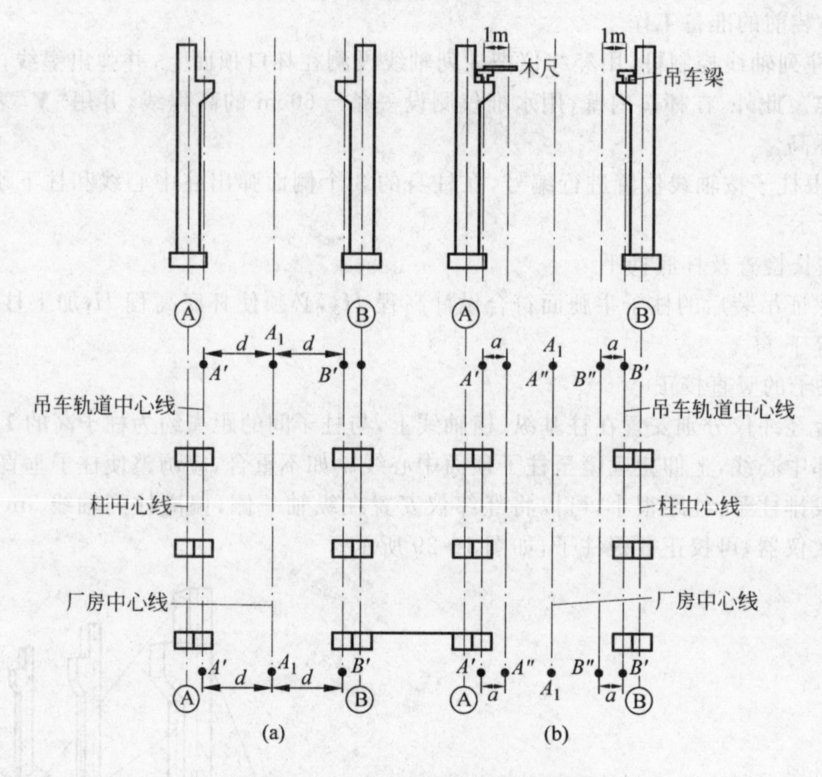

图 10-31　吊车梁和吊车轨道的安装

10.5　高层建筑施工测量

10.5.1　高层建筑物的轴线投测

高层建筑施工测量的主要任务之一是轴线的竖向传递，以控制建筑物的垂直偏差，做到正确地进行各种楼层的定位放线。高层建筑物轴线向上投射的竖向偏差值在本层内不超过5mm，全高不超过楼高的1/1000，累计偏差不超过20mm。高层建筑物的轴线投测方法主要有外控法和内控法。

1. 外控法

高层建筑物在基础工程完工后，用经纬仪将建筑物的主轴线从轴线控制桩上，精确地引测到建筑物四面底部立面上，并设标志，以供向上投测用。同时在轴线延长线上设置引桩，引桩与楼之间的距离不小于楼高。外控法是在建筑物外部，利用经纬仪，根据建筑物轴线控制桩来进行轴线的竖向投测，亦称“经纬仪引桩投测法”。具体操作方法如下：

（1）在建筑物底部投测中心轴线位置。高层建筑的基础工程完工后，将经纬仪安置在轴线控制桩 A_1、A_1'、B_1、B_1'上，把建筑物主轴线精确地投测到建筑物的底部，并设立标志，如图 10-32 中的 a_1、a_1'、b_1、b_1'，以供下一步施工与向上投测之用。

（2）向上投测中心线。随着建筑物不断升高，要逐层将轴线向上传递，如图 10-32 所示，将经纬仪安置在中心轴线控制桩 A_1、A_1'、B_1、B_1'上，严格整平仪器，用望远镜瞄准建筑物底部已标出的 a_1、a_1'、b_1、b_1'点，用盘左和盘右分别向上投测到每层楼板上，并取其中点作为该层中心轴线的投影点，如图 10-32 中的 a_2、a_2'、b_2、b_2'。

(3) 增设轴线引桩。当楼房逐渐增高，而轴线控制桩与建筑物又较近时，望远镜的仰角较大，操作不便，投测精度也会降低。为此，要将原中心轴线控制桩引测到更远的安全地方或者附近大楼的屋面。

具体作法是：将经纬仪安置在已经投测上去的较高层（如第 10 层）楼面轴线 $a_{10}a_{10}'$上，如图 10-33 所示，瞄准地面上原有的轴线控制桩 A_1和 A_1'点，用盘左、盘右分中投点法，将轴线延长到远处 A_2和 A_2'点，并用标志固定其位置，A_2、A_2'即为新投测的 A_1A_1'轴控制桩。

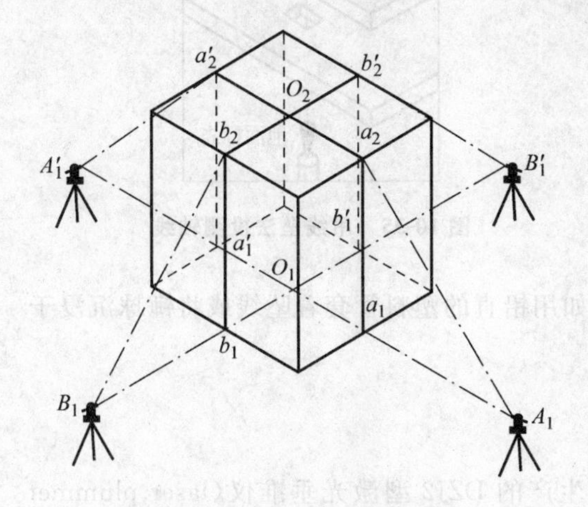

图 10-32　经纬仪投测中心轴线

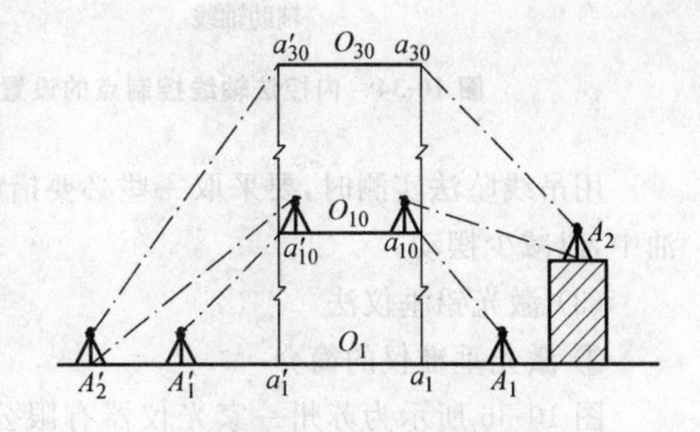

图 10-33　经纬仪引桩投测

对于更高各层的中心轴线，可将经纬仪安置在新的引桩上，按上述方法继续进行投测。

2. 内控法

内控法是在建筑物内±0.000 平面设置轴线控制点，并预埋标志，以后在各层楼板相应位置上预留 200mm×200mm 的传递孔，在轴线控制点上直接采用吊线坠法或激光铅垂仪法，通过预留孔将其点位垂直投测到任意楼层。

(1) 内控法轴线控制点的设置

在基础施工完毕后，在±0.000 首层平面上的适当位置设置与轴线平行的辅助轴线。辅助轴线距轴线 500～800mm 为宜，并在辅助轴线交点或端点处埋设标志，如图 10-34 所示。

(2) 吊线坠法

吊线坠法是利用钢丝悬挂重锤球的方法，进行轴线竖向投测。这种方法一般用于高度在 50～100m 的高层建筑施工中，锤球的质量为 10～20kg，钢丝的直径为 0.5～0.8mm。投测方法如下。

如图 10-35 所示，在预留孔上面安置十字架，挂上锤球，对准首层预埋标志。当锤球线静止时，固定十字架，并在预留孔四周做出标记，作为以后恢复轴线及放样的依据。此时，十字架中心即为轴线控制点在该楼面上的投测点。

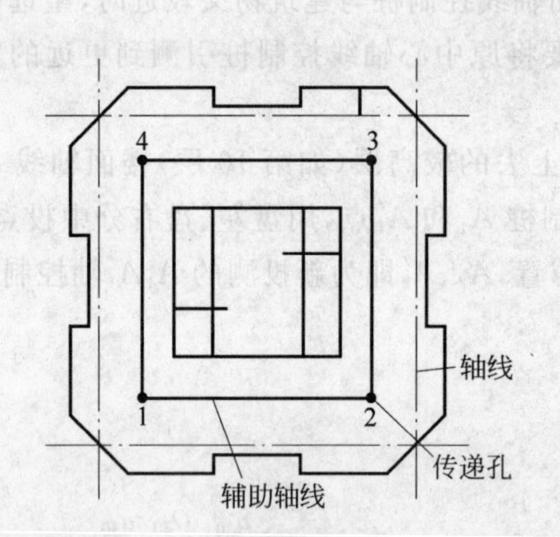

图 10-34 内控法轴线控制点的设置

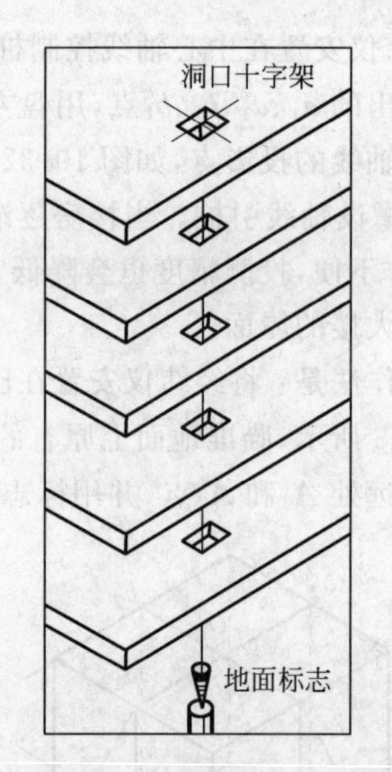

图 10-35 吊线坠法投测轴线

用吊线坠法实测时，要采取一些必要措施，如用铅直的塑料管套着坠线或将锤球沉浸于油中，以减少摆动。

(3) 激光铅垂仪法

① 激光垂准仪的简介

图 10-36 所示为苏州一家光仪器有限公司生产的 DZJ2 型激光垂准仪(laser plummet apparatus)。它是在光学垂准系统的基础上添加了半导体激光器，可以分别给出上、下同轴的两根激光铅垂线，并与望远镜视准轴同心、同轴、同焦。当望远镜照准目标时，在目标处就会出现一个红色光斑，并可以从目镜中观察到；另一个激光器通过下对点系统将激光束发

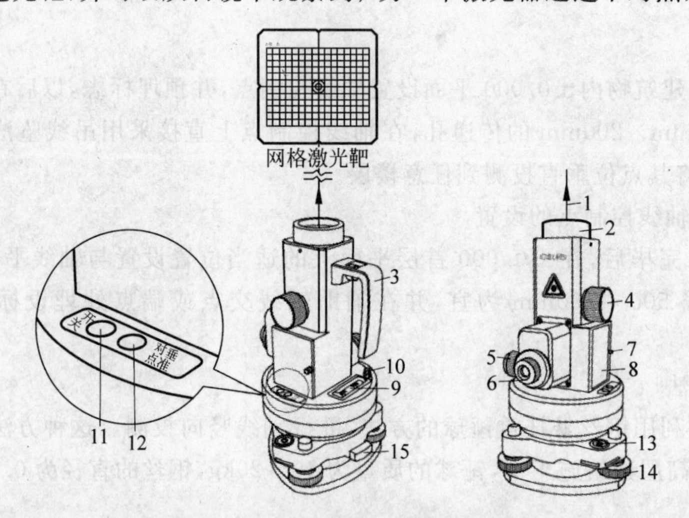

图 10-36 DZJ2 型激光垂准仪

1—望远镜端激光束；2—物镜；3—手柄；4—物镜调焦螺旋；5—激光光斑调焦螺旋；6—目镜；7—电池盒盖固定螺旋；8—电池盒盖；9—管水准器；10—管水准器校正螺丝；11—电源开关；12—对点/垂准激光切换开关；13—圆水准器；14—脚螺旋；15—轴套锁定钮

射出来，利用激光束照射到地面的光斑进行对中操作。

DZJ2 型激光垂准仪是利用圆水准器和管水准器来整平仪器，激光的有效射程白天为 120m，夜间为 250m，距离仪器望远镜 80m 处的激光光斑直径不大于 5mm，其向上投测一测回垂直测量标准偏差为 1/45 000，等价于激光铅垂精度为±5″。

② 激光垂准仪投测轴线点

如图 10-37 所示，先根据建筑物的轴线分布和结构情况设计好投测点位，投测点位距离最近轴线的距离一般为 0.5～0.8m。基础施工完成后，将设计投测点位准确地测设到地坪层上，以后每层楼板施工时，都应在投测点位处预留 30cm×30cm 的垂准孔，见图 10-38。

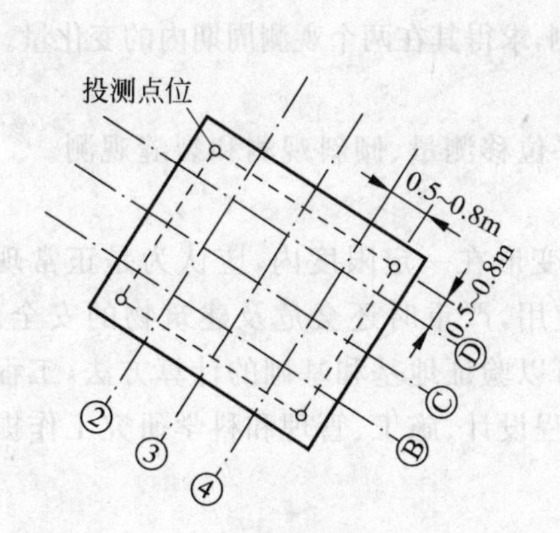

图 10-37　投测点位设计

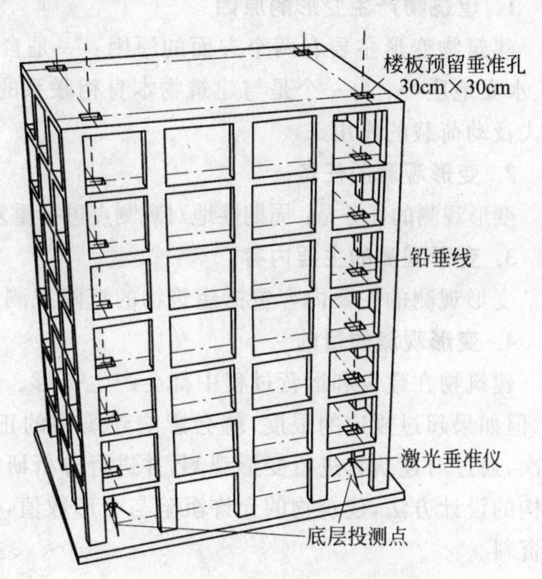

图 10-38　用激光垂准仪投测轴线点

10.5.2　高层建筑物的高程传递

高层建筑施工测量的另一个主要任务是高程传递。建筑物首层±0.000 高程由水准点测设，由首层逐渐向上传递，使楼板、门窗等高程达到设计要求。高程传递每层的允许误差为±3mm；建筑物高度 $H \leqslant 30$m 时，允许误差不超过±5mm；30m$<H \leqslant$60m 时，允许误差不超过±10mm；60m$<H \leqslant$90m 时，允许误差不超过±15mm；$H>$90m 时，允许误差不超过±20mm。

传递高程主要有钢尺直接丈量法和悬挂钢尺法两种方法。

1. 钢尺直接丈量法

沿建筑物外墙、边柱或电梯间等用钢尺直接丈量，一幢高层建筑物至少要有 3 个首层高程点向上量取，同一层的几个高程点要用水准仪测量进行校核。

2. 悬挂钢尺法

用悬挂钢尺法进行传递高程时，放样点 B 的高程为

$$H_B = H_A + a_1 - b_1 + a_2 - b_2 \tag{10-5}$$

B 点前视应读数为

$$b_2 = H_A + a_1 - b_2 + a_2 - H_B \tag{10-6}$$

在测设 B 点高程要求精度较高时，钢尺长度 (b_1-a_2) 应加两项改正数 Δt 和 Δk，此时

$$H_B = H_A - [(b_1-a_2)+\Delta t+\Delta k] - b_2 \tag{10-7}$$

式中，Δt 为钢尺温度改正数；Δk 为钢尺检定改正数。

10.6 建筑物变形观测

10.6.1 概述

1. 建筑物产生变形的原因

建筑物变形主要有两个方面的原因：一是自然条件及其变化，即建筑物地基的工程地质、水文地质等；另一个是与建筑物本身相联系的原因，即建筑物本身荷重，建筑物的结构、形式及动荷载的作用。

2. 变形观测的任务

变形观测的任务是：周期性地对观测点进行重复观测，求得其在两个观测周期内的变化量。

3. 变形观测的主要内容

变形观测的主要内容包括建筑物的沉降观测、水平位移测量、倾斜观测和裂缝观测。

4. 变形观测的目的

建筑物在建设和运营过程中都会产生变形。这种变形在一定限度内，应认为是正常现象，但如果超过规定的限度，就会影响建筑物的正常使用，严重时还会危及建筑物的安全。其次，通过对建筑物进行变形观测，并进行分析研究，可以验证地基和基础的计算方法，工程结构的设计方法，建筑物的允许沉陷与变形数值，为工程设计、施工、管理和科学研究工作提供资料。

5. 变形观测的精度和频率

建筑物变形观测是否能达到预定的目的，主要取决于基准点和观测点的布置，观测精度与频率，以及每次观测的日期。

变形观测的精度要求，取决于建筑物预计的允许值的大小和进行观测的目的。一般认为，如果观测目的是为了变形值不超过某一允许值而确保建筑物的安全，其观测中误差应小于允许变形值的 1/20～1/10。观测的频率取决于变形速度以及观测目的。通常情况下，要求观测次数既能反映变化过程，又不遗漏变化的时刻。

6. 建筑物变形测量的精度等级

建筑物变形测量的精度等级如表 10-4 所示。

表 10-4 建筑物变形测量的精度等级

	沉降观测	位移观测	适用范围
	观测点测站高差中误差 μ/mm	观测点坐标中误差 μ/mm	
特级	≤0.05	≤0.3	特高精度要求的特种精密工程和重要科研项目变形观测
一级	≤0.15	≤1.0	高精度要求的大型建筑物和科研项目变形观测

续表

	沉降观测	位移观测	适用范围
	观测点测站高差中误差 μ/mm	观测点坐标中误差 μ/mm	
二级	≤0.50	≤3.0	中等精度要求的建筑物和科研项目变形观测；重要建筑物主体倾斜观测、场地滑坡观测
三级	≤1.50	≤10.0	低精度要求的建筑物变形观测；一般建筑物主体倾斜观测、场地滑坡观测

10.6.2　建筑物沉降观测

在建筑物施工过程中，随着上部结构的逐步建成以及地基荷载的逐步增加，建筑物会出现下沉现象。建筑物的下沉是逐渐产生的，并将延续到竣工交付使用后的相当长的一段时期。因此，建筑物的沉降观测应按照沉降产生的规律进行。

1. 水准基准点的布设

对水准基准点的基本要求是必须稳定、牢固，能长期保存。基准点应埋设在建筑物的沉降影响范围及震动影响范围外，桩底高程低于最低地下水位，桩顶高程低于冻土线的高程，宜采用预制多年的钢筋砼桩。埋设基准点的方法有两种：一种是远离建筑物浅埋，另一种是靠近建筑物深埋。

为了检核水准基点是否稳定，一般在建筑场地埋设至少3个水准基准点，可以布设成闭合环、结点或附合水准路线等形式。

2. 沉降观测点的布设

沉降观测点的布设应能全面反映建筑物沉降的情况，一般应布置在沉降变化可能显著的地方，如沉降缝的两侧、基础深度或基础形式改变处、地质条件改变处等。除此以外，高层建筑还应在建筑物的四角点、中点、转角、纵横墙连接处及建筑物的周边15～30m处设置观测点。工业厂房的观测点一般布置在基础、柱子、承重墙及厂房转角处。

沉降观测标志可采用墙(柱)标志、基础标志，各类标志的立尺部位应加工成半环形，并涂上防腐剂，如图10-39所示。观测点埋设时必须与建筑物连结牢靠，并能长期使用。观测点应通视良好，高度适中，便于观测，并与墙保持一定距离，能够在点上竖立尺子。

3. 建筑物的沉降观测

沉降观测与一般水准测量相比较具有以下特点。

(1) 沉降观测有周期性。一般在基础施工或垫层浇筑后，开始首次沉降观测。施工期间一般在建筑物每升高1～2层及较大荷载增加前后均应进行观测。竣工后，应连续进行观测，开始每隔1～2个月观测一次，之后随着沉降速度的减慢，可逐渐延长间隔时间，直到稳定为止。

(2) 观测时要求“三固定”。固定的观测人员、固定的水准仪、固定的水准路线。水准路

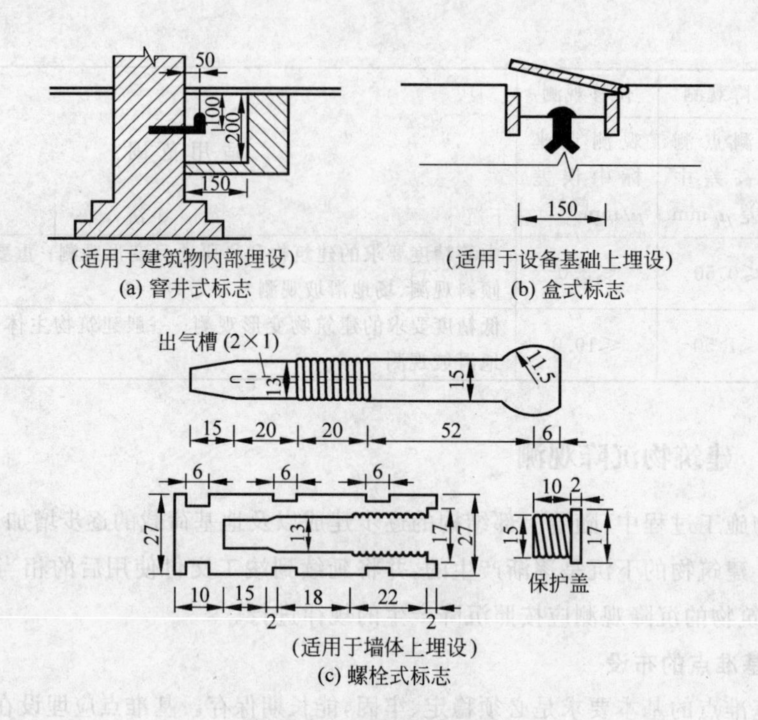

(a) 窨井式标志　(b) 盒式标志

(c) 螺栓式标志

图 10-39　沉降观测点标志

线的转点位置,水准仪测站位置都要固定。

(3) 视线长度短,前、后视距离差要求严。需要经常测定水准仪的 i 角。由于观测点比较密集,同一测站上可以采用中间距的方法,测定观测点的高程。

(4) 一般性高层建筑物和深坑开挖的沉降观测,按国家二等水准技术要求施测。对于低层建筑物的沉降观测可采用三等水准测量施测。

4. 沉降观测的成果整理

沉降观测成果处理的内容是:计算每个观测点每次观测的高程,计算相邻两次观测之间的沉降量和累积沉降量。表 10-5 列出了某建筑物上观测点的沉降量,图 10-40 是根据表 10-5 的数据画出的各观测点的沉降量、荷重、时间的关系曲线。

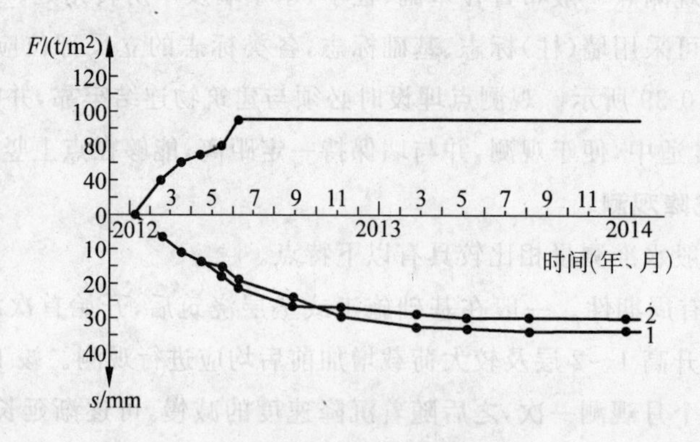

图 10-40　沉降曲线图

表 10-5　沉降观测记录表

观测次数	观测时间	各观测点的沉降情况							施工进展情况	荷载情况/(t/m²)
		1			2			…		
		高程/m	本次下沉/mm	累积下沉/mm	高程/m	本次下沉/mm	累积下沉/mm	…		
1	2012.01.10	50.454	0	0	50.473	0	0	…	一层平口	
2	2012.02.23	50.448	−6	−6	50.467	−6	−6		三层平口	40
3	2012.03.16	50.443	−5	−11	50.462	−5	−11		五层平口	60
4	2012.04.14	50.440	−3	−14	50.459	−3	−14		七层平口	70
5	2012.05.14	50.438	−2	−16	50.456	−3	−17		九层平口	80
6	2012.06.04	50.434	−4	−20	50.452	−4	−21		主体完	110
7	2012.08.30	50.429	−5	−25	50.447	−5	−26		竣工	
8	2012.11.06	50.425	−4	−29	50.445	−2	−28		使用	
9	2013.02.28	50.423	−2	−31	50.444	−1	−29			
10	2013.05.06	50.422	−1	−32	50.443	−1	−30			
11	2013.08.05	50.421	−1	−33	50.443	0	−30			
12	2013.12.25	50.421	0	−33	50.443	0	−30			

10.6.3　建筑物的倾斜观测

建筑物倾斜观测是测定建筑物顶部相对于底部的水平位移与高差，计算建筑物的倾斜度和倾斜方向。

1. 一般建筑物的倾斜观测

建筑物的倾斜观测应在观测部位的相垂直的两个墙面上进行，通常采用经纬仪投影法。如图 10-41 所示，在距离建筑物墙面大于 1.5 倍建筑物高度 H 处选定测站 A，安置经纬仪，瞄准建筑物顶部固定点 M，用正倒镜取中点的方法定出 m_1 点。用相同的方法在与其相垂直的另一墙面方向上，安置经纬仪，观测 N 点，定下 n_1 点。经过一段时间，再测量一次得到 m_2、n_2 两点，用钢尺量得两个方向的位移量 Δm 和 Δn，然后求得建筑物的总位移量为

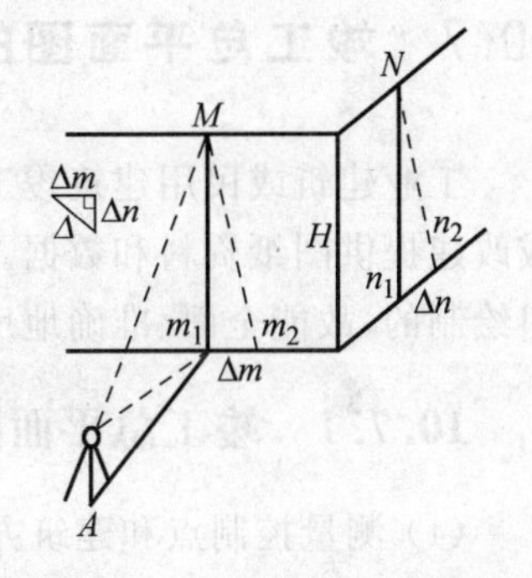

图 10-41　一般建筑倾斜观测

$$\Delta = \sqrt{(\Delta m)^2 + (\Delta n)^2} \tag{10-8}$$

建筑物的倾斜度为

$$i = \tan\alpha = \frac{\Delta}{H} \tag{10-9}$$

式中，H 为建筑物的高度；i 为建筑物的倾斜度；α 为建筑物的倾角。

2. 塔式建筑物的倾斜观测

如图 10-42 所示，在烟囱中心的纵横轴线距烟囱约为 1.5 倍的高度的地方建立测站 A、B。在距囱底部地面垂直视线方向放一把尺子。然后分别照准距囱底部两点，在尺子上得到 1、2 两点的读数，取平均值为 A。照准烟囱顶部边缘两点，投测在尺子上，得 3、4 点的读

数，取平均值为 A'。A 和 A' 读数之差即为 Δm。在 B 点用同样的方法可得 Δn。顶部中心对底部中心的位移量为

$$\Delta = \sqrt{(\Delta m)^2 + (\Delta n)^2} \tag{10-10}$$

建筑物的倾斜度为

$$i = \tan\alpha = \frac{\Delta}{H} \tag{10-11}$$

式中，i 为建筑物倾斜度；α 为建筑物倾斜角；H 为建筑物的高度。

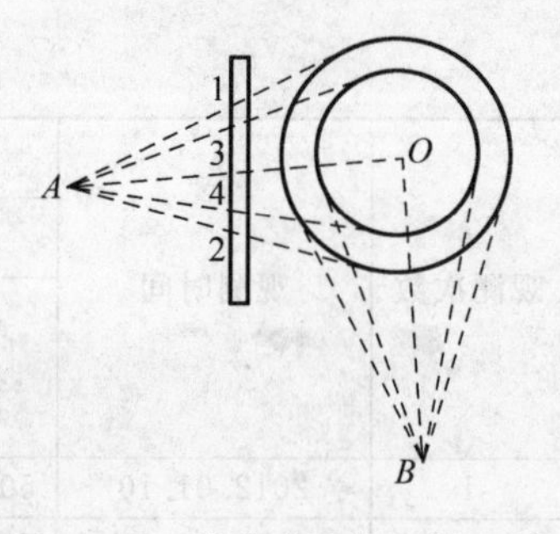

图 10-42　塔式建筑物倾斜观测

10.6.4　建筑物的裂缝观测

建筑物裂缝观测的内容是测定建筑物上裂缝分布位置，裂缝的走向、长度、宽度以及变化程度。对裂缝进行编号，并对每条裂缝定期裂缝观测。

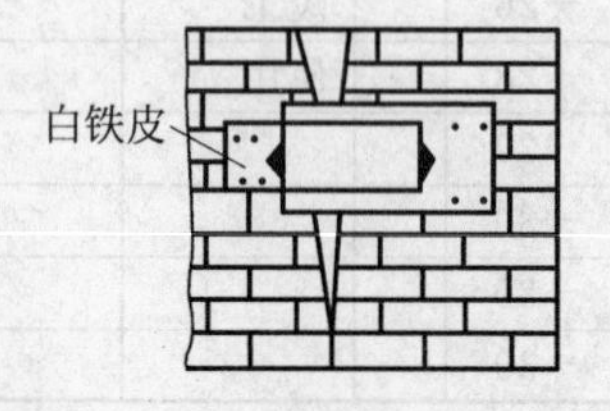

图 10-43　建筑物的裂缝观测

如图 10-43 所示，通常用两块白铁皮，一片为 150mm×150mm 的正方形，固定在裂缝的一侧，使其一边与裂缝边缘对齐；另一片为 50mm×200mm 的长方形，固定在裂缝的另一侧，并使其中一部分与正方形白铁皮相叠，然后把两块白铁皮表面涂红漆。如果裂缝继续发展，则两块白铁将逐渐拉开，可测得裂缝增加的宽度。

10.7　竣工总平面图的编绘

工业建筑或民用建筑竣工后，应编制竣工总平面图，为建筑物的使用、管理、维修、扩建或改建提供图纸资料和数据。竣工图是根据施工过程中各阶段验收资料和竣工后的实测资料绘制的，故能全面、准确地反映建筑物竣工后的实际情况。

10.7.1　竣工总平面图的内容

(1) 测量控制点和建筑方格网、矩形控制网等平面及高程控制点；

(2) 地面及地下建(构)筑物的平面位置及高程；

(3) 给水、排水、电信、电力及热力管线的位置及高程；

(4) 交通场地、室外工程及绿化区的位置及高程。

10.7.2　竣工总平面图的测绘

1. 室外实测工作

(1) 细部坐标测量：对于较大的建筑物，需要测至少 3 个外廓点的坐标；对于圆形建筑物，应测算其中心坐标，并在图上注明半径长度；对于窑井中心，道路交叉点重要特征点，要测出坐标。

(2) 地下管线测绘：地下管线准确测量其起点、终点和转折点的坐标。对于上水道的管顶和下水道的管底，要用水准仪测定其高程。

2. 室内编绘工作

室内编绘是按竣工测量资料编绘竣工总平面图。一般采用建筑坐标系统,并尽可能绘在一张图纸上。对于重要细部点,按坐标展绘并编号,以便与细部点坐标、高程明细表对照。地面起伏一般用高程注记方法表示。如果内容太多,可另绘分类图,如排水系统、热力系统。

竣工总平面图的比例尺,一般用1∶500或1∶1000。图纸编绘完毕,附必要的说明及图表,连同原始地形图、地质资料、设计图纸文件、设计变更资料、验收记录等合编成册。

思考题与练习题

10-1　建筑场地上的平面控制网形式有几种?各适用于什么场合?

10-2　民用建筑施工测量包括哪些主要工作?

10-3　轴线控制桩和龙门板的作用是什么?如何设置?

10-4　高层建筑轴线投测的方法有哪两种?

10-5　工业建筑施工测量包括哪些主要工作?

10-6　何为建筑物的沉降观测?在建筑物的沉降观测中,水准基点和沉降观测点的布设要求分别是什么?

附录 课程实训指导

第1部分 绪论

一、本课程实验的作用与任务

建筑工程测量实验是课堂教学期间，某一章节内容讲授之后安排在课内的实践性教学环节。其作用是通过测量实验可以加深学生对测量概念的理解，巩固课堂所学的基本知识和基本方法，初步掌握测量工具的操作技能，提高学生的动手能力，使理论与实践结合起来。同时，也为实习本课程的后续内容打好基础，以便更好地掌握测量课程的基本内容。本指导书中的实验，有些是验证性实验，有些是综合性实验，有些实验可分次进行，有些实验可合并进行。每项实验一般为2学时，实验小组人数一般为3～5人，但也应根据实验的具体内容以及仪器设备条件灵活安排，以保证每个人都能进行观测、记录或其他辅助工作。每项实验的观测要求均列在注意事项中。在每项实验后列出了测量实验报告及相应的观测记录表格形式，在实验中应做到随时测量、随时记录、随时计算检核。

二、本课程实验的基础知识

本实验课程需要认真掌握建筑工程测量、误差理论、测量仪器操作等方面的基本知识。

三、测量实验须知

1. 实验的目的及有关规定

(1) 测量实验的目的一方面是为了验证、巩固在课堂上所学的知识；另一方面是熟悉测量仪器的构造和使用方法，培养学生进行测量工作的基本技能，使学到的理论与实践相结合。

(2) 实验之前必须复习教材中的有关内容，认真仔细地预习实验指导书，明确实验目的、要求、方法步骤及注意事项，以保证按时完成实验任务。

(3) 实验分小组进行，组长负责组织协调工作，办理所用仪器和工具的借领和归还手续。每人都必须认真、仔细地操作，培养独立工作的能力和严谨的科学态度，同时要发扬互相协作精神。

实验应在规定的时间和地点进行，不得无故缺席或迟到、早退，不得擅自改变地点或离开现场。

在实验过程中或结束时，如发现仪器工具有遗失或损坏的情况，应立即报告指导教师，同时要查明原因，根据情节轻重，给予适当的赔偿或处理。

(4) 在实验结束时，应提交书写工整、规范的实验报告或记录，经指导教师审阅同意后，才可以交还仪器和工具，结束工作。

2. 使用仪器、工具及注意事项

以小组为单位到指定的地点领取仪器和工具，领借时应当场清点检查，如有缺损，可以报告实验管理员给予补领或更换。

（1）携带仪器时，注意检查仪器箱是否扣紧、锁好，拉手和背带是否牢固，并注意轻拿轻放。开箱时，应将仪器放置平稳。开箱后，记清仪器放置的位置，以便用后按原样放回。提取仪器时，应用双手握住支架或基座轻轻取出，放在三脚架上，保持一手握住仪器，一手连接螺旋，使仪器与三脚架牢固连接。仪器取出后，应关好仪器箱，严禁在箱上坐人。

（2）不可置仪器于一旁而无人看管。在烈日或雨雪天气下应撑伞，严防仪器日晒雨淋。

（3）若发现透镜表面有灰尘或其他污物，须用软毛刷或擦镜头纸拂去，严禁用手帕、粗布或其他纸张擦拭，以免磨坏镜面。

（4）各制动螺旋勿拧过紧，以免损伤，各微动螺旋勿转至尽头，防止失灵。

（5）近距离搬站，应放松制动螺旋，一手握住三脚架放在肋下，一手托住仪器，放置胸前稳步行走。不准将仪器斜拉肩上，以免碰伤仪器。若距离较远，必须装箱搬站。

（6）仪器装箱时，应松开各制动螺旋，按原样放回后先试关一次，确认放妥后，再拧紧各制动螺旋，以免仪器在箱内晃动，最后关箱上锁。

（7）水准尺、标杆不准用做担抬工具，以防弯曲变形或折断。

（8）使用钢尺时，应防止扭曲、打结和折断，防止行人踩踏或车辆碾压，尽量避免尺身着水。携尺前进时，应将尺身提起，不得沿地面拖行，以防损坏刻划。

3. 记录与计算规则

（1）实验所得各项数据的记录和计算，必须按记录格式用 2H 铅笔认真填写。字迹应清楚并随时观测随时记录，不准先记在草稿纸上然后誊入记录表中，更不准伪造数据。观测者读出数字后，记录者应将所记数字复诵一遍，以防听错、记错。

（2）对于原始观测值尾部读数或是记录的错误，不许修改，必须将该部分观测结果废去重测，废去重测的范围如下表所示。

测量种类	不准修改的部位	应废去重测的范围
角度测量	秒及秒以下读数	该一测回
水准测量	厘米及厘米以下读数	该一测站
长度测量	厘米及厘米以下读数	该一测段

（3）尾部前面读数禁止连环修改，如水准测量中的黑、红面读数，角度测量中的盘左、盘右读数，距离丈量中的往测与返测结果等，均不能同时更改，否则，必须重测。

简单的计算与必要的检核，应在测量现场及时完成，确认无误后方可迁站。

（4）数据运算应根据所取位数，按“四舍六入、奇进偶舍”的规则进行数字凑整。

记录错误时，不准用橡皮擦去，不准在原数字上涂改，应将错误的数字划去并把正确的数字记在原数字上方。记录数据修改后或观测成果划去后，都应在备注栏内注明原因（如测错、记错或超限等）。

四、本课程实验教学项目及要求

序号	实验项目名称	学时	实验要求	实验类型	每组人数	主要设备名称	目的和要求
1	水准仪的认识与使用	2	选修	验证	3～4	水准仪	掌握水准仪的使用、操作方法
2	自动安平水准仪的认识与使用	2	必修	验证	3～4	自动安平水准仪	掌握自动安平水准仪使用、操作方法
3	普通水准测量	2	必修	验证	3～4	水准仪	掌握普通水准测量方法
4	经纬仪的认识与使用	2	必修	验证	3～4	经纬仪或电子经纬仪	掌握经纬仪的使用和操作方法
5	用测回法观测水平角	2	必修	验证	3～4	经纬仪或电子经纬仪	掌握用测回法测量水平角的方法
6	测量竖直角	2	必修	验证	3～4	经纬仪或电子经纬仪	掌握竖直角的测量方法
7	钢尺量距	2	必修	验证	3～4	钢尺	掌握用钢尺按一般方法进行距离丈量
8	全站仪的认识及使用	2	必修	验证	3～4	全站仪	掌握全站仪的操作及功能
9	四等水准测量	2	必修	验证	4～5	水准仪	掌握四等水准测量的实施及计算方法
10	三级导线测量	2	必修	验证	4～5	全站仪	掌握三级导线测量的实施及计算
11	用全站仪测绘大比例尺地形图	3	必修	验证	4～5	全站仪	了解大比例尺数字测图的方法和过程
12	施工放样测量	3	必修	验证	4～5	全站仪或经纬仪及水准仪	掌握测设水平角、水平距离及高程的方法和步骤

第2部分　基本实验指导

实验1　水准仪的认识与使用

高程是确定地面点位的主要参数之一。水准测量是高程测量的主要方法之一，水准仪是水准测量所使用的仪器。本实验通过对微倾水准仪的认识和使用，使同学们熟悉水准测量的常规仪器、附件、工具，并正确掌握水准仪的操作。

一、目的和要求

（1）了解微倾式水准仪及自动安平水准仪的基本构造和性能，以及各螺旋名称及作用，掌握使用方法。

（2）了解脚架的构造、作用，熟悉水准尺的刻划、标注规律及尺垫的作用。

(3) 练习水准仪的安置、瞄准、精平、读数、记录和计算高差的方法。

二、仪器和工具

(1) 每组(下同)微倾式水准仪 1 台、脚架 1 个、水准尺 1 对、尺垫 2 个、记录纸若干。

(2) 自备 2H 铅笔、草稿纸。

三、方法步骤

(1) 仪器介绍。指导教师现场通过演示讲解水准仪的构造、安置及使用方法；水准尺的刻划、标注规律及读数方法。

(2) 选择场地架设仪器。从仪器箱中取水准仪时,注意仪器装箱位置,以便用后装箱。

(3) 认识仪器。对照实物正确说出仪器的组成部分,各螺旋的名称及作用。

(4) 粗整平。先用双手按相对(或相反)方向旋转一对脚螺旋,观察圆水准器气泡移动方向与左手拇指运动方向之间的运行规律,再用左手旋转第 3 个脚螺旋,经过反复调整使圆水准器气泡居中。

(5) 瞄准。先将望远镜对准明亮背景,旋转目镜调焦螺旋,使十字丝清晰；再用望远镜瞄准器照准竖立于测点的水准尺,旋转对光螺旋进行对光；最后旋转微动螺旋,使十字丝的竖丝位于水准尺中线位置上或尺边线上,完成对光,并消除视差。

(6) 精平。旋转微倾螺旋,从符合气泡观测窗观察气泡的移动,使两端气泡吻合。

(7) 读数。用十字丝中丝读取米、分米、厘米位数字,估读出毫米位数字,并用铅笔记录。

如图 1(a)所示,十字丝中丝的读数为 0907mm,或 0.907m。十字丝下丝的读数为 0989mm(或 0.989m),十字丝上丝的读数为 0825mm(或 0.825m)。

(8) 计算。读取立于 2 个或更多测点上的水准尺读数,计算不同点间的高差。

(9) 练习用视距丝读取视距的方法。十字丝的上、下两根短丝为视距丝。视距丝在标尺上所截取的长度为视距间隔 l,视距间隔 l 乘以 100 即为仪器至标尺的视距。

如图 1(a)所示,十字丝上丝读数为 0.825m,下丝读数为 0.989m,则视距间隔为 $0.989-0.825=0.174$(m),仪器至标尺的距离为 $0.174\times100=17.4$(m)。

微倾式水准仪视距快速读取法如下：

如图 1(b)所示,使十字丝的上丝与水准尺的一个整分米分划重合,下丝所在的分米注记减去上丝所在的整分米注记即为仪器至水准尺距离的整 10m 数,不足 10m 部分在下丝所在的分米区域中读取,在水准尺上估读到毫米,即视距准确到 0.1m。

视距=(下丝所在的分米注记－上丝所切的分米注记)×10＋下丝所在分米刻划的厘米分划数(米位)＋估读数(分米位) = $(14-11)\times10+5.2=35.2$(m)。

四、注意事项

(1) 三脚架应支在平坦、坚固的地面上,架设高度应适中,架头应大致水平,架腿制动螺旋应紧固,整个三脚架应稳定。

(2) 安放仪器时应将仪器连接螺旋旋紧,防止仪器脱落。

(3) 各螺旋的旋转应稳、轻、慢,禁止用蛮力,螺旋旋转部分最好使用其中间部位。

(4) 瞄准目标时必须注意消除误差,应习惯先用瞄准器寻找和瞄准。

(5) 立尺时,应站在水准尺后,双手扶尺,以使尺身保持竖直。

(6) 读数时不要忘记精平。

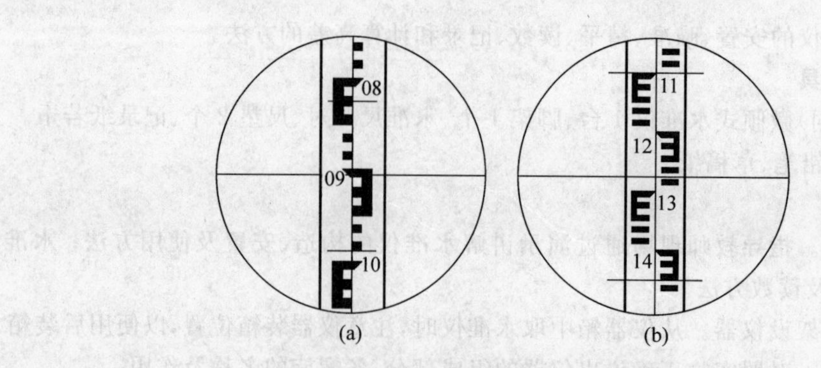

图 1　观测水准尺读数

（7）做到边观测、边记录、边计算，记录应使用铅笔。

（8）避免把水准尺靠在墙上或电杆上，以免摔坏；禁止用水准尺抬物；禁止坐在水准尺及仪器箱上。

（9）发现异常问题应及时向指导教师汇报，不得自行处理。

五、上交资料

实验结束后将测量实验报告以小组为单位上交，测量实验报告见下页。

测量实验报告(实验 1)

姓名________学号________班级________指导教师________日期________

［实验名称］

［目的与要求］

［仪器和工具］

［主要步骤］

［各部件名称及作用］

部件名称	功　能
准星和照门	
目镜角焦螺旋	
物镜对光螺旋	
制动螺旋	
微动螺旋	
脚螺旋	
圆水准器	
管水准器	

［观测数据及处理］

序号	后视读数	前视读数	高差	备注
1				仪器号______
2				
3				
4				
5				
6				

［体会及建议］

［教师评语］

实验2 自动安平水准仪的认识与使用

本实验通过对微倾水准仪及自动安水准仪的认识和使用,使同学们熟悉自动安平水准仪,并正确掌握用自动安平水准仪进行高差测量。

一、目的和要求

(1) 了解自动安平水准仪的基本构造和性能,以及各螺旋的名称及作用,掌握使用方法。

(2) 了解脚架的构造、作用,熟悉水准尺的刻划、标注规律及尺垫的作用。

(3) 练习自动安平水准仪的安置、瞄准、读数、记录和计算高差的方法。

二、仪器和工具

(1) 每组自动安平水准仪1台、脚架1个、水准尺1对、尺垫2个、记录纸若干。

(2) 自备2H铅笔、草稿纸。

三、方法步骤

(1) 仪器介绍。指导教师现场通过演示讲解自动安平水准仪的构造、安置及使用方法。

(2) 选择场地架设仪器。从仪器箱中取水准仪时,注意仪器装箱位置,以便用后装箱。

(3) 认识仪器。对照实物正确说出仪器的组成部分,各螺旋的名称及作用。

(4) 粗平。方法与微倾式水准仪相同。

(5) 瞄准。先将望远镜对准明亮背景,旋转目镜调焦螺旋,使十字丝清晰;再用望远镜瞄准器照准竖立于测点的水准尺,旋转对光螺旋进行对光;最后旋转微动螺旋,使十字丝的竖丝位于水准尺中线位置上或尺边线上,完成对光,并消除视差。

(6) 读数。用十字丝中丝读取米、分米、厘米位数字,估读出毫米位数字,并用铅笔记录。

(7) 计算。读取立于2个或更多测点上的水准尺读数,计算不同点间的高差。

四、注意事项

(1) 三脚架应支在平坦、坚固的地面上,架设高度应适中,架头应大致水平,架腿制动螺旋应紧固,整个三脚架应稳定。

(2) 安放仪器时应将仪器连接螺旋旋紧,防止仪器脱落。

(3) 各螺旋的旋转应稳、轻、慢,禁止用蛮力,螺旋旋转部分最好使用其中间部位。

(4) 瞄准目标时必须注意消除误差,应习惯先用瞄准器寻找和瞄准。

(5) 立尺时,应站在水准尺后,双手扶尺,以使尺身保持竖直。

(6) 读数时不要忘记精平。

(7) 做到边观测、边记录、边计算,记录应使用铅笔。

(8) 避免把水准尺靠在墙上,以免摔坏;禁止用水准尺抬物;禁止坐在水准尺及仪器箱上。

(9) 发现异常问题应及时向指导教师汇报,不得自行处理。

五、上交资料

实验结束后将测量实验报告以小组为单位上交,测量实验报告见下页。

测量实验报告（实验 2）

姓名________学号________班级________指导教师________日期________

［实验名称］

［目的与要求］

［仪器和工具］

［主要步骤］

［各部件名称及作用］

部件名称	功能
准星和照门	
目镜角焦螺旋	
物镜对光螺旋	
微动螺旋	
脚螺旋	
圆水准器	

［观测数据及处理］

序号	后视读数	前视读数	高差	备注
1				仪器号________
2				
3				
4				
5				
6				

［体会及建议］

［教师评语］

实验3　普通水准测量

水准路线一般布置成闭合、附合、支线的形式。本实验通过对一条闭合水准路线按普通水准测量的方法进行施测，使同学们掌握普通水准测量的方法。

一、目的和要求

(1) 练习水准路线的选点、布置。

(2) 掌握普通水准测量路线的观测、记录、计算检核以及集体配合、协调作业的施测过程。

(3) 掌握水准测量路线成果检核及数据处理方法。

(4) 学会独立完成一条闭合水准测量路线的实际作业过程。

二、仪器和工具

(1) 水准仪1台、脚架1个、水准尺1对、尺垫2个、记录板1块。

(2) 自备2H铅笔、计算器。

三、方法步骤

(1) 领取仪器后，根据教师给定的已知高程点，在测区选点。选择4～5个待测高程点，在地面上进行标记，形成一条闭合水准路线。

(2) 在距已知高程点(起点)与第1个转点大致等距离处架设水准仪，在起点与第1个待测点上竖立尺。

(3) 仪器整平后便可进行观测，同时记录观测数据。用双仪器高法(或双尺面法)进行测站检核。

(4) 第1站施测完毕，检核无误后，水准仪搬至第2站，第1个待测点上的水准尺尺底位置不变，尺面转向仪器；另一把水准尺竖立在第2个待测点上，进行观测，依此类推。

(5) 当两点间距离较长或两点间的高差较大时，在两点间可选定1个或2个转点作为分段点，进行分段测量。在转点上立尺时，尺子应立在尺垫上的凸起物顶上。

(6) 水准路线施测完毕后，应求出水准路线高差闭合差，以对水准测量路线成果进行检核。

(7) 在高差闭合差满足要求($f_{h允}=\pm 12\sqrt{n}$，单位为mm)时，对闭合差进行调整，求出数据处理后各待测点的高程。

四、注意事项

(1) 前、后视距应大致相等。

(2) 读取读数前，应仔细对光以消除视差。

(3) 注意勿将上、下丝的读数误读成中丝读数。

(4) 观测过程中不得进行粗平。若圆水准器气泡发生偏离，应整平仪器后，重新观测。

(5) 应做到边测量、边记录、边检核，若误差超限应立即重测。

(6) 双仪器高法进行测站检核时，两次所测得的高差之差应不大于5mm；双面尺法检核时，两次所测得的高差尾数之差应不大于5mm(两次所测得的高差，因尺常数不同，理论值应相差 0.1m)。

(7) 尺垫仅在转点上使用,在转点前、后两站测量未完成时,不得移动尺垫位置。

(8) 闭合水准路线高差闭合差 $f_h = \sum h$,允许值 $f_{h允} = \pm 12\sqrt{n}$,单位为 mm。

五、上交资料

实验结束后普通水准测量记录及测量实验报告以小组为单位上交,测量实验报告见下页。

测量实验报告(实验 3)

姓名________学号________班级________指导教师________日期________

[实验名称]

[目的与要求]

[仪器和工具]

[主要步骤]

[水准测量路线草图]

[观测数据及处理]

点号	距离 /m	测站	实测高差 /m	高差改正数 /mm	改正后高差 /m	高程 /m	辅助计算
							$f_h=$
							$f_{h允}=$
$\sum$							

仪器________　天气________班组________观测者________记录者________

测站	点号	后视读数 a	前视读数 b	高差(h)		平均高差	高程	备注
				+	−			
检核		$\sum a=$　　　　$,\sum b=$　　　　$,\sum h=$ $\sum a-\sum b=$						

［体会及建议］

［教师评语］

实验 4　经纬仪的认识与使用

角度测量是测量的基本工作之一，经纬仪是测定角度的仪器。通过本实验可使同学们了解光学及电子经纬仪的组成、构造，经纬仪上各螺旋的名称、功能，以及电子经纬仪的特点。

一、目的和要求

(1) 了解 DJ_6 光学经纬仪或电子经纬仪的基本构造，以及主要部件的名称与作用。

(2)掌握经纬仪的安置方法，学会使用经纬仪。

二、仪器和工具

(1) DJ_6 光学经纬仪(或电子经纬仪)1 台、记录板 1 块、测伞 1 把。

(2) 自备铅笔、计算器。

三、方法步骤

(1) 仪器讲解。指导教师现场讲解 DJ_6 光学经纬仪的构造，各螺旋的名称、功能及操作方法，仪器的安置及使用方法。

(2) 安置仪器。各小组在给定的测站点上架设仪器(从箱中取经纬仪时，应注意仪器的装箱位置，以便用后装箱)。在测站点上撑开三脚架，高度应适中，架头应大致水平，然后把经纬仪安放到三脚架的架头上。安放仪器时，一手扶住仪器，一手旋转位于架头底部的连接螺旋，使连接螺旋穿入经纬仪基座压板螺孔，并旋紧螺旋。

(3) 认识仪器。对照实物正确说出仪器的组成部分、各螺旋的名称及作用。

(4) 对中。对中有垂球对中和光学对中器对中两种方法。

方法 1：垂球对中(基本不用)

① 在架头底部连接螺旋的小挂钩上挂上垂球。

② 平移三脚架，使垂球尖大致对准地面上的测站点，并注意使架头大致水平，踩紧三脚架。

③ 稍松开底座下的连接螺旋，在架头上平移仪器，使垂球尖精确对准测站点(对中误差应不大于 3mm)，最后旋紧连接螺旋。

方法 2：光学对中器对中

① 将仪器中心大致对准地面测站点。

② 通过旋转光学对中器的目镜调焦螺旋，使分划板对中圈清晰；通过推、拉光学对中器的镜管进行对光，使对中圈和地面测站点标志都清晰显示。

③ 调整脚螺旋，使地面测站点标志位于对中圈内。

④ 逐一松开三脚架架腿制动螺旋，并利用伸缩架腿(架脚点不得移位)使圆水准器气泡居中，大致整平仪器。

⑤ 用脚螺旋使照准部水准管气泡居中，整平仪器。

⑥ 检查对中器中地面测站点是否偏离分划板对中圈。若发生偏离，则松开底座下的连接螺旋，在架头上轻轻平移仪器，使地面测站点回到对中器分划板刻对中圈内。

⑦ 检查照准部水准管气泡是否居中。若气泡发生偏离，需再次整平，即重复前面过程，最后旋紧连接螺旋。(按方法 2 对中仪器后，可直接进入步骤(6))

(5) 整平。转动照准部,使水准管平行于任意一对脚螺旋,同时相对(或相反)旋转这两只脚螺旋(气泡移动的方向与左手大拇指行进方向一致),使水准管气泡居中;然后将照准部绕竖轴转动90°,再转动第3个脚螺旋,使气泡居中。如此反复进行,直到无论照准部转到任何方向,气泡在水准管内的偏移都不超过刻划线的1格为止。

(6) 瞄准。取下望远镜的镜盖,将望远镜对准天空(或远处明亮背景),转动望远镜的目镜调焦螺旋,使十字丝最清晰;然后用望远镜上的照门和准星瞄准远处一线状目标(如远处的避雷针、天线等),旋紧望远镜和照准部的制动螺旋,转动对光螺旋(物镜调焦螺旋),使目标影像清晰;再转动望远镜和照准部的微动螺旋,使目标被十字丝的纵向单丝平分,或被纵向双丝夹在中央。

(7) 读数。瞄准目标后,调节反光镜的位置,使读数显微镜读数窗亮度适当,旋转显微镜的目镜调焦螺旋,使度盘及分微尺的刻划线清晰,读取落在分微尺上的度盘刻划线所示的度数,然后读出分微尺上0刻划线到这条度盘刻划线之间的分数,最后估读至1′的0.1位(如图2所示,水平度盘读数为117°01.9′,竖盘读数为90°36.2′)。

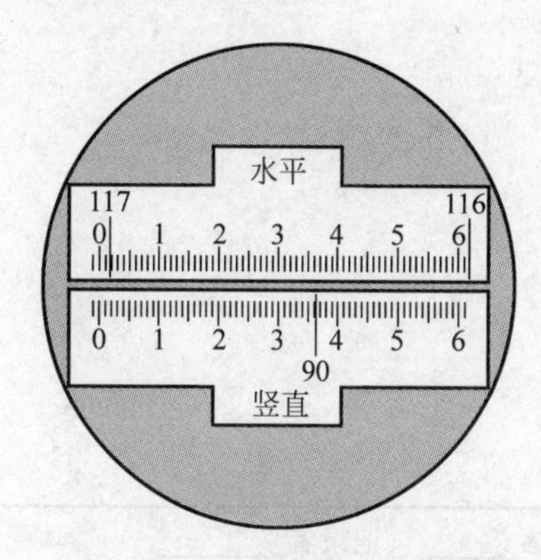

图2　DJ_6光学经纬仪读数窗

(8) 设置度盘读数。可利用光学经纬仪的水平度盘读数变换手轮,改变水平度盘读数。做法是打开基座上的水平度盘读数变换手轮的护盖,拨动水平度盘读数变换手轮,观察水平度盘读数的变化,使水平度盘读数为一定值,关上护盖。

有些仪器配置的是复测扳手,要改变水平度盘读数,首先要旋转照准部,观察水平度盘读数的变化,使水平度盘读数为一定值,按下复测扳手将照准部和水平度盘卡住;再将照准部(带着水平度盘)转到需瞄准的方向上,打开复测扳手,使其复位。

(9) 记录。用2H或3H铅笔将观测的水平方向读数记录在表格中,用不同的方向值计算水平角。

四、注意事项

(1) 尽量使用光学对中器进行对中,对中误差应小于3mm。

(2) 测量水平角瞄准目标时,应尽可能瞄准其底部,以减少目标倾斜所引起的误差。

(3) 观测过程中,注意避免碰动光学经纬仪的复测扳手或度盘变换手轮,以免发生读数错误。

(4) 日光下测量时应避免将物镜直接瞄准太阳。

(5) 仪器安放到三脚架上或取下时,要一手先握住仪器,以防仪器摔落。

(6) 电子经纬仪在装、卸电池时,必须先关掉仪器的电源开关(关机)。

(7) 勿用有机溶液擦拭镜头、显示窗和键盘等。

五、上交资料

实验结束后将测量实验报告以小组为单位上交,测量实验报告见下页。

测量实验报告(实验4)

姓名________学号________班级________指导教师________日期________

［实验名称］

［目的与要求］

［仪器和工具］

［主要步骤］

［观测数据及处理］

仪器型号________天气观测________班组________观测者________记录者________

测站	目标	竖盘位置	水平度盘读数	水平角值	竖直度盘读数	略图
		左				
		右				
		左				
		右				

［体会及建议］

［教师评语］

实验 5　测回法观测水平角

水平角测量是角度测量工作之一，测回法是测定由两个方向所构成的单个水平角的主要方法，也是在测量工作中使用最为广泛的一种方法。通过本实验可使同学们了解测回法测量水平角的步骤和过程，掌握用光学或电子经纬仪按测回法测量水平角的方法。

一、目的和要求

(1) 进一步熟悉 DJ_6 光学经纬仪或电子经纬仪的使用方法。

(2) 掌握测回法观测水平角的观测、记录和计算方法。

(3) 了解用 DJ_6 光学经纬仪或电子经纬仪按测回法观测水平角的各项技术指标。

二、仪器和工具

(1) DJ_6 型光学经纬仪(或电子经纬仪)1 台、记录板 1 块、测伞 1 把、测钎 2 根。

(2) 自备 2H 铅笔、计算器。

三、方法步骤

(1) 在指定的场地内，选择边长大致相等的 3 个点打桩，在桩顶钉上小钉作为点的标志，分别以 A、B、O 命名。

(2) 在 A、B 两点插上测钎。

(3) 将 O 点作为测站点，安置经纬仪进行对中、整平。

(4) 使望远镜位于盘左位置(即观测员用望远镜瞄准目标时，竖盘在望远镜的左边，也称正镜位置)，瞄准左边第 1 个目标 A，即瞄准 A 点，用光学经纬仪的度盘变换手轮将水平度盘读数拨到 0°或略大于 0°的位置上，读数并做好记录。

(5) 按顺时针方向，转动望远镜瞄准右边第 2 个目标 B，读取水平度盘读数，记录，并在观测记录表格中计算盘左上半测回水平角值($b_{左}-a_{左}$)。

(6) 将望远镜盘左位置换为盘右位置(即观测员用望远镜瞄准目标时，竖盘在望远镜的右边，也称倒镜位置)，先瞄准右边第 2 个目标 B，读取水平度盘读数，记录。

(7) 按逆时针方向，转动望远镜瞄准左边第 1 个目标 A，读取水平度盘读数，记录，并在观测记录表格中计算出盘右下半测回角值($b_{右}-a_{右}$)。

(8) 比较计算的两个上、下半测回角值，若限差不大于 36″，则满足要求，取平均求出一测回平均水平角值。

(9) 如果需要对一个水平角测量 n 个测回，则在每测回盘左位置瞄准第 1 个目标 A 时，都需要配置度盘。每个测回度盘读数需变化 $180°/n$(n 为测回数)。(如要对一个水平角测量 3 个测回，则每个测回度盘读数需变化 $180°/3=60°$，则 3 个测回盘左位置瞄准左边第 1 个目标 A 时，配置度盘的读数分别为 0°、60°、120°或略大于这些读数。)

采用复测结构的经纬仪在配置度盘时，可先转动照准部，在读数显微镜中观测读数变化，当需配置的水平度盘读数确定后，扳下复测扳手，在瞄准起始目标后，扳上复测扳手即可。

(10) 除需要配置度盘读数外，各测回观测方法与第 1 测回水平角的观测过程相同。比较各测回所测角值，若限差不大于 24″，则满足要求，取平均求出各测回平均角值。

四、注意事项

(1) 观测过程中,若发现气泡偏移超过1格时,应重新整平仪器并重新观测该测回。

(2) 光学经纬仪在一测回观测过程中,注意避免碰动复测扳手或度盘变换手轮,以免发生读数错误。

(3) 计算半测回角值时,当第1目标读数 a 大于第2目标读数 b 时,则应在第1目标读数 a 的基础上加上360°。

(4) 上、下半测回角值互差不应超过±36″,超限须重新观测该测回。

(5) 各测回互差不应超过±24″,超限须重新观测。

(6) 仪器迁站时,必须先关机,然后装箱搬运,严禁装在三脚架上迁站。

(7) 使用中,若发现仪器功能异常,不可擅自拆卸仪器,应及时报告实验指导教师或实验室工作人员。

五、上交资料

实验结束后将测量实验报告以小组为单位上交,测量实验报告见下页。

测量实验报告(实验5)

姓名________学号________班级________指导教师________日期________

［实验名称］

［目的与要求］

［仪器和工具］

［主要步骤］

［观测数据及处理］

仪器型号________天气________班组________观测者________记录者________

测站	测回	目标	竖盘位置	水平度盘读数	半测回角值	一测回角值	各测回平均角值	备注

［体会及建议］

［教师评语］

实验6 竖直角观测

竖直角是计算高差及水平距离的元素之一，在三角高程测量与视距测量中均需测量竖直角。竖直角测量时，要求竖盘指标位于正确的位置。通过本实验可以使同学们了解用光学经纬仪及电子经纬仪进行竖直角测量的过程，掌握竖直角的测量方法，弄清竖盘指标差对竖直角的影响规律，学会对竖盘指标差进行检校。

一、目的和要求

(1) 了解光学经纬仪竖盘构造、竖盘注记形式；弄清竖盘、竖盘指标与竖盘指标水准管之间的关系；了解电子经纬仪竖盘零位的设置。

(2) 能够正确判断出所使用经纬仪竖直角计算的公式。

(3) 掌握竖直角观测、记录、计算的方法。

(4) 了解竖盘指标差检验和校正的方法。

二、仪器和工具

(1) DJ_6光学经纬仪(或电子经纬仪)1台、记录板1块、测伞1把。

(2) 自备2H铅笔、计算器。

三、方法步骤

(1) 领取仪器后，在各组给定的测站点上安置经纬仪，对中、整平，对照实物说出竖盘部分各部件的名称与作用。

(2) 上、下转动望远镜，观察竖盘读数的变化规律，确定出竖直角的推算公式，在记录表格备注栏内注明。

(3) 选定远处较高的建(构)筑物，如水塔、楼房上的避雷针、天线等，作为目标。

(4) 用望远镜盘左位置瞄准目标，用十字丝中丝切于目标顶端。

(5) 转动竖盘指标水准管微倾螺旋，使竖盘指标水准管气泡居中(有竖盘指标自动归零补偿装置的光学经纬仪无此步骤)。

(6) 读取竖盘读数L，在记录表格中做好记录，并计算盘左上半测回竖直角值$\alpha_{左}$。

(7) 再用望远镜盘右位置瞄准同一目标，以相同的方法进行观测，读取竖盘读数R，记录并计算盘右下半测回竖直角值$\alpha_{右}$。

(8) 计算竖盘指标差$x=(\alpha_{右}-\alpha_{左})/2=(R+L-360°)/2$，在满足限差($|x|\leqslant 25''$)要求的情况下，计算上、下半测回竖直角的平均值$\alpha=(\alpha_{左}+\alpha_{右})/2$，即一测回竖角值。

(9) 用相同的方法进行第2测回的观测。检查各测回指标差互差(限差±25″)及竖直角值的互差(限差±25″)是否满足要求，如在限差要求之内，则可计算同一目标各测回竖直角的平均值。

四、上交资料

实验结束后将测量实验报告以小组为单位上交，测量实验报告见下页。

测量实验报告(实验 6)

姓名________学号________班级________指导教师________日期________

［实验名称］

［目的与要求］

［仪器和工具］

［主要步骤］

［观测数据及处理］

仪器型号________　天气________　班组________　观测者________　记录者________

测站	目标	竖盘位置	竖盘读数	半测回竖直角	指标差	一测回竖直角	各测回竖直角平均值	备注
		左						
		右						
		左						
		右						
		左						
		右						

［体会及建议］

［教师评语］

实验7 钢尺量距

距离测量是测量的基本工作之一，钢尺量距是距离测量中方法简便、成本较低、使用较广的一种方法。本实验通过使用钢尺丈量距离实验可以使同学们熟悉距离丈量的工具、仪器等，并正确掌握其使用方法。

一、目的和要求

(1) 熟悉距离丈量的工具、设备。

(2) 掌握用钢尺按一般方法进行距离丈量。

二、仪器和工具

(1) 钢尺1把、测钎1束、花杆3根、记录板1块。

(2) 自备2H铅笔、计算器。

三、方法步骤

(1) 定桩

在平坦场地上选定相距约80m的A,B两点，打下木桩，在桩顶钉上小钉作为点位标志（若在坚硬的地面上可直接画细十字线作为标记）。在直线AB两端各竖立1根花杆。

(2) 往测

① 后尺手手持钢尺尺头，站在A点花杆后，单眼瞄向A、B花杆。

② 前尺手手持钢尺尺盒并携带1根花杆和1束测钎沿A至B方向前行，行至约一整尺长处停下，根据后尺手指挥，左、右移动花杆，使之插在AB直线上。

③ 后尺手将钢尺零点对准点A，前尺手在AB直线上拉紧钢尺并使之保持水平，在钢尺一整尺注记处插下第1根测钎，完成一个整尺段的丈量。

④ 前、后尺手同时提尺前进，当后尺手行至所插第1根测钎处，利用该测钎和点B处花杆定线，指挥前尺手将花杆插在第1根测钎与B点连线的直线上。

⑤ 后尺手将钢尺零点对准第1根测钎，前尺手以相同方法在钢尺拉平后在一整尺注记处插入第2根测钎，随后后尺手将第1根测钎拔出收起。

⑥ 以相同的方法丈量其他各尺段。

⑦ 到最后一段时，往往不足一整尺长。后尺手将尺的零端对准测钎，前尺手拉平拉紧钢尺对准B点，读出尺上读数，读至毫米位，即为余长q，做好记录。然后，后尺手拔出收起最后一根测钎。

⑧ 此时，后尺手手中所收测钎数n即为AB距离的整尺数，整尺数乘以钢尺整尺长l加上最后一段余长q即为AB往测距离，即$D_{AB}=nl+q$。

(3) 返测

往测结束后，再由B点向A点同法进行定线量距，得到返测距离D_{BA}。

(4) 根据往、返测距离D_{AB}和D_{BA}计算量距相对误差($k=|D_{AB}-D_{BA}|/\overline{D}_{AB}=1/M$)，与允许误差($K_{允}=1/3000$)相比较。若精度满足要求，则距离$AB$的平均值($\overline{D}_{AB}=(D_{AB}+D_{BA})/2$)即为两点间的水平距离。

四、注意事项

(1) 钢尺必须经过检定才能使用。

(2) 拉尺时,尺面保持水平,不得握住尺盒拉紧钢尺。收尺时,手摇柄要顺时针方向旋转。

(3) 钢卷尺尺质较脆,应避免过往行人和车辆的踩、压,避免在水中拖拉。

(4) 测磁方位角时,要认清磁针北端,应避免铁器干扰；搬迁罗盘仪时,要固定磁针。

(5) 限差要求为：量距的相对误差应小于1/3000；定向误差应小于1°。超限时应重新测量。

(6) 钢尺使用完毕,擦拭后归还。

五、上交资料

实验结束后将测量实验报告以小组为单位上交,测量实验报告见下页。

测量实验报告(实验 7)

姓名________学号________班级________指导教师________日期________

[实验名称]

[目的与要求]

[仪器和工具]

[主要步骤]

[观测数据及处理]

钢尺号码________钢尺长度________天气________地点 ________记录者________观测者________

测段	丈量	整尺段数 n	余长/m	直线长度/m	平均长度/m	相对精度	磁方位角 A_m	磁方位角平均值
	往							
	返							
	往							
	返							
	往							
	返							
	往							
	返							

[体会及建议]

[教师评语]

实验8　全站仪的认识与使用

目前,电子全站仪已广泛用于控制测量、细部测量、施工放样、变形观测等方面的测量作业中。通过本实验可以使同学们熟悉全站仪的基本操作,掌握全站仪测量的基本功能。

一、实验目的与要求

(1) 了解全站仪的基本结构与性能、各操作部件及螺旋的名称和作用。

(2) 熟悉面板主要功能。

(3) 掌握全站仪的基本操作方法。

二、仪器与工具

全站仪1套、棱镜1套、记录板1块。

三、实验步骤

1. 认识全站仪的构造

全站仪的基本构造主要包括: 光学系统、光电测角系统、光电测距系统、微处理机、显示控制/键盘、数据/信息存储器、输入/输出接口、电子自动补偿系统、电源供电系统、机械控制系统等。

2. 全站仪的部件名称和作用

3. 认识全站仪的操作面板

4. 熟悉全站仪的基本操作功能

全站仪的基本测量功能是测量水平角、竖直角和斜距,借助机内固化软件,组成多种测量功能,如计算并显示平距、高差以及镜站点的三维坐标,进行偏心测量、对边测量、悬高测量和面积测量计算等。

5. 练习并掌握全站仪的安置与观测方法

在一个测站上安置全站仪,选择两个目标点安置反光镜,练习水平角、竖直角、距离及三维坐标的测量,记入实验报告相应表中。

(1) 水平角测量: 在角度测量模式下,每人用测回法测两镜站间水平角一个测回,同组各人所测角值之差应满足相应的限差要求。

(2) 竖直角测量: 在角度测量模式下,每人观测一个目标的竖直角一测回,要求各人所测同一目标的竖直角角值之差应满足相应的限差要求。

(3) 距离测量: 距离测量模式下,测量测站至两镜站的斜距、平距以及两镜站间的距离。

(4) 三维坐标的测量: 在坐标测量模式下,选一个后视方向,固定仪器,输入后视方位角、测站坐标、测站高程和仪器高,转动仪器,测量两镜站坐标,分别输入反光镜高,得各镜站高程。

四、注意事项

(1) 全站仪是目前结构复杂、价格较贵的先进仪器之一,在使用时必须严格遵守操作规程,注意爱护仪器。

(2) 在阳光下使用全站仪进行测量时,一定要撑伞遮阳,严禁用望远镜对准太阳。

(3) 仪器、反光镜站必须有人看守,应尽量避免两侧和后面反射物所产生的信号干扰。

(4) 开机后先检测信号,停测时随时关机。

(5) 更换电池时,应先断开电源开关。

五、上交资料

每人上交一份含有合格观测记录的实验报告,测量实验报告见下页。

测量实验报告(实验 8)

姓名________学号________班级________指导教师________日期________

［实验名称］

［目的与要求］

［仪器和工具］

［主要步骤］

［数据处理］

1. 认识仪器的主要部件(见图 3)写出全站仪各部件的名称。

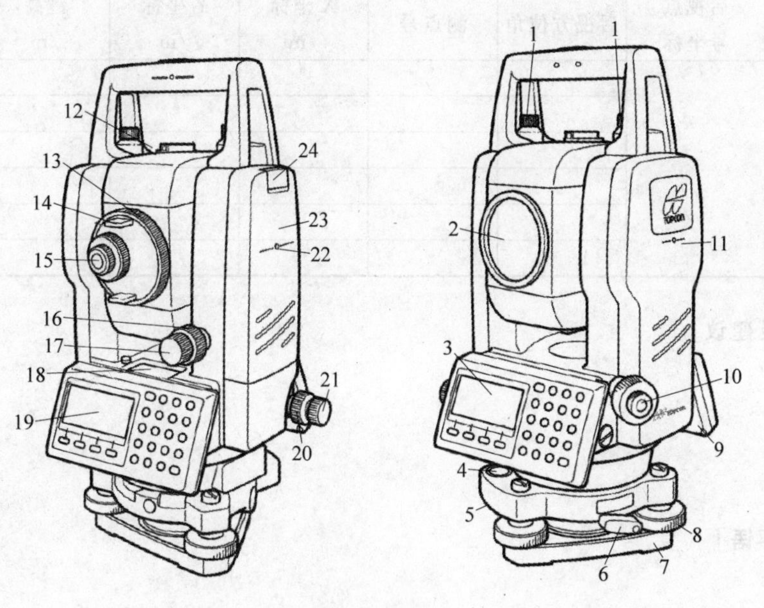

图 3　全站仪

1. ________　2. ________　3. ________　4. ________
5. ________　6. ________　7. ________　8. ________
9. ________　10. ________　11. ________　12. ________
13. ________　14. ________　15. ________　16. ________
17. ________　18. ________　19. ________　20. ________
21. ________　22.23. ________　24. ________

2. 基本测量功能练习记录

(1) 水平角、水平距离测量记录表

测站	盘位	目标	水平度盘读数	半测回角值	一测回平均值	水平距离/m

(2) 竖直角测量记录表

测站	目标	盘位	竖直度盘读数	半测回竖直角	一测回竖直角	竖盘指标差

(3) 三维坐标测量记录表

测站坐标、仪器高	后视点号坐标	后视方位角	测点号	X 坐标/m	Y 坐标/m	镜高/m	H 高程/m

[体会及建议]

[教师评语]

实验 9 四等水准测量

水准是解决控制测量中的高程控制问题，四等水准测量可以直接为地形测图和各种工程建设提供所必需的高程控制。

一、目的和要求

(1) 掌握四等水准测量的观测、记录、计算及检核方法。

(2) 熟悉四等水准测量的主要技术要求、水准路线的布设及闭合差的计算。

二、仪器和工具

(1) DS_3 水准仪 1 台、双面水准尺 1 对、尺垫 2 个、记录板 1、测伞 1 把。

(2) 自备 2H 铅笔、计算器。

三、方法步骤

1. 水准路线形式

1 个已知点和 3 个未知点组成的闭合水准路线(见图 4)。

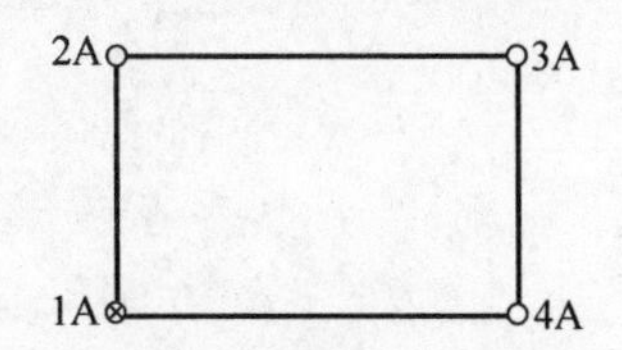

图 4 闭合水准路线示意图

2. 主要技术要求

(1) 根据国家标准《工程测量规范》(GB 50026－2007)，四等水准测量基本技术要求如下所示。

等级 \ 项目	视线长度/m	前、后视的距离较差/m	前、后视的距离较差累积/m	黑、红面读数较差/mm	黑、红面所测高差较差/mm	环线闭合差/mm	视线高度
四等	≤100	≤5.0	≤10.0	≤3.0	≤5.0	≤$20\sqrt{L}$	三丝能读数

注：L 为水准路线长度，以 km 计。

(2) 观测时，前、后视距离必须读取上、下丝读数计算，上、下丝读数应记录在手簿中。

(3) 观测顺序按“后－后－前－前”进行，在没有换站时，后视尺不得移动。

(4) 水准测量各测段设站数不限，但每测段测站数必须为偶数。

(5) 高差的计算采用“奇进偶舍”的原则；记录、计算时的占位“0”及“±”必须填写。

四、注意事项

(1) 在观测的同时，记录员应及时进行测站检核，符合要求方可迁站，否则应重测。

(2) 仪器未迁站时，后尺不得移动；仪器迁站时，前尺不得移动。

五、上交资料

(1) 每人上交四等水准测量实训报告一份，测量实验报告见下页。

(2) 每组上交四等水准观测记录表及成果表一份，表格见本实验表 1、表 2。

测量实验报告(实验9)

姓名________学号________班级________指导教师________日期________

[实验名称]

[目的与要求]

[仪器和工具]

[主要步骤]

[观测数据及处理]

测站编号	点号	后尺 上丝 下丝	前尺 上丝 下丝	方向及尺号	标尺读数		K+黑−红/mm	高差中数/m	备注
		后视距离 视距差/m	前视距离 累积差/m		黑面	红面			
				后视					
				前视					
				后−前视					
				后视					
				前视					
				后−前视					
				后视					
				前视					
				后−前视					
				后视					
				前视					
				后−前视					
				后视					
				前视					
				后−前视					

注：各测站高差中数取位至1mm。

点号	路线长度/km	实测高差/m	改正数/mm	改正后高差/m	高程/m	备注
$\sum$						
辅助计算：$f_h=$　　　，$f_{h允}=\pm 20\sqrt{L}=$　　　，$v_{1km}=-\frac{f_h}{L}=$						

注：1. 距离取位至 0.01km，测段高差、改正数及点之高程取位至 1mm；

2. 采用路线长度进行高差闭合差的分配；

3. 计算 $f_{h允}=\pm 20\sqrt{L}$(mm)时，$L<1$km 时，按 1km 计。

实验 10 三级导线测量

三级导线测量可以在面积为 $10km^2$ 的小范围内为大比例尺测图和工程建设建立控制网。一般情况下可采用一、二、三级导线作为首级控制网，在首级控制网的基础上建立图根控制网。当测区面积较小时，可以直接建立图根控制网。

一、实验目的

(1) 掌握导线测量的外业工作，即选点、水平角观测、距离测量等。

(2) 掌握导线计算的方法和步骤。

二、仪器和工具

(1) 测角精度为 2″、测距精度为±(2mm＋2ppm·D)的全站仪 1 套(包括主机 1 台、棱镜 2 个、基座 3 个、三脚架 3 个)，记录板 1 个，测伞 1 把。

(2) 自备 2H 铅笔、计算器。

三、方法步骤

1. 导线形式

1 个已知点及已知方向和 3 个未知点组成的闭合导线(图 5)。

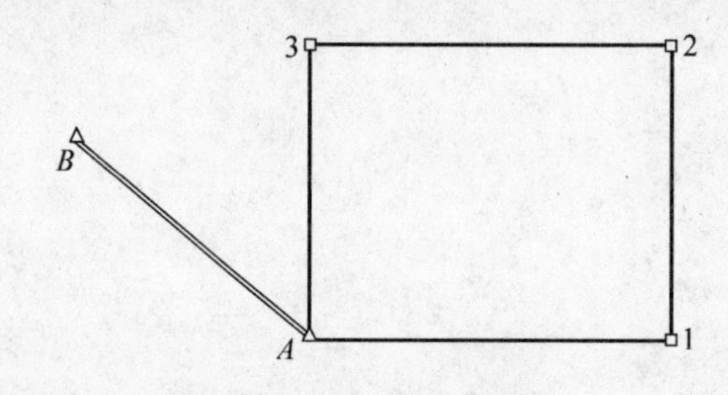

图 5 闭合导线示意图

外业观测包括 1 个连接角和 4 个转折角(左角)测量(5 个角度均采用测回法一测回进行观测)以及 4 条导线边测量，内业计算根据给定的已知点 A 点的坐标和 A 点到 B 点的坐标方位角，经平差计算出 3 个指定未知点的平面坐标。

外业观测时水平角观测一测回，起始方向水平度盘须设置为 0°00′00″附近，角度观测和计算单位取至秒；导线边水平距离测量一测回，读数 3 次(3 次读数可以通过盘左、盘右分别观测得到，也可以只通过盘左或盘右观测得到)，只进行往测，不进行返测，边长取至 0.001m。

2. 主要技术要求

(1) 根据国家标准《工程测量规范》(GB 50026－2007)，三级导线测量主要技术要求如下表所示。

等级	测回数	水平角上下半测回较差/(″)	距离一测回 3 次读数较差/mm	方位角闭合差/(″)	导线相对闭合差
三级	1	24	5	$24\sqrt{n}$	≤1/5000

注：表中 n 为转折角的个数。

（2）仪器和觇牌的对中误差不得超过 2mm，整平水准管气泡偏差不得超过 1 格。

（3）记录字迹工整、清晰，不得任意修改，记录者必须回报读数，以免记错数据。

（4）角度、距离的计算采用“奇进偶舍”的原则，记录、计算时的占位“0”及“±”必须填写。

四、注意事项

（1）两已知点间的距离应尽量远，相邻点间保持良好通视。

（2）距离测量时注意设置好温度、气压（由老师提供）、棱镜常数、观测模式（精测模式）。

（3）本次实习为综合实习，综合运用了以前学习的内容，实习前请认真复习相关知识。

（4）本次实习需要多人合作协调进行，实习开始前，组长应召集本小组同学充分讨论和分工，以保证实习顺利进行。

五、上交资料

（1）每人上交一份含有合格观测记录的实验报告，测量实验报告见下页，记录表格见本实验表 1。

（2）每人上交一份成果计算表，表格见本实验表 2。

测量实验报告(实验 10)

姓名________学号________班级________指导教师________日期________

[实验名称]

[目的与要求]

[仪器和工具]

[主要步骤]

[观测数据及处理]

测站	竖盘位置	目标	水平度盘读数	半测回角值	一测回平均角值	备注
一测回水平距离读数/m						
边名	第 1 次	第 2 次	第 3 次	平均值		

点号	观测角	角度改正数	改正后角度值	坐标方位角	距离/m	坐标增量 Δx			坐标增量 Δy			纵坐标 x/m	横坐标 y/m
						计算值/m	改正值/mm	改正后的值/m	计算值/m	改正值/mm	改正后的值/m		
$\sum$													
辅助计算	$f_\beta =$, $f_{\beta允} = \pm 24\sqrt{n} =$ $f_x =$, $f_y =$, $f = \sqrt{f_x^2 + f_y^2} =$, $K = \frac{f}{\sum D} = \frac{1}{\ }$, $K_{允} = \frac{1}{5000}$												

实验 11　全站仪大比例尺数字测图

一、目的和要求

(1) 掌握用草图法测绘数字地形图的实施方法。

(2) 明确选择地形特征点的要领。

(3) 测图比例尺为 1∶500,等高距为 0.5m。

二、仪器和工具

(1) 全站仪 1 台、小钢卷尺 1 把、测钎 4 根、木桩和小钉若干个、斧子 1 把、记录板 1 块、测伞 1 把、地形图 1 张。

(2) 自备 2H 铅笔、白纸。

三、实验步骤

1. 安置仪器

(1) 将全站仪安置于某一控制点(设为 A)上,进行对中、整平(对中误差应不大于 2mm),并量取仪器高 i(量至厘米)。

(2) 打开仪器,建立作业。

(3) 输入测站信息,包括测站点名、坐标、高程和仪器高。如果没有已知的控制点,可假设测站点的坐标和高程。

(4) 定向。选择可通视的另一控制点(设为 B)为定向点,用望远镜照准定向点(尽量瞄准目标的底部);建议采用坐标定向方式,根据提示输入定向点的点名、坐标和高程。

如果没有已知点,可以虚拟一个定向点,比如,使望远镜指向北方向或东方向,假设一段距离,得到虚拟控制点的坐标,输入到全站仪中。

(5) 检查测量(务必要进行)。照准定向点的棱镜,进行检查测量,与已知坐标相比较,误差在 1 倍中误差之内。在第 1 个测站之后,也可以在已测的几个碎部点上安置反光镜进行检查测量。

(6) 进入碎部测量界面。

2. 碎部点测定

(1) 立镜者将反光镜竖直地立于选定的地形特征点上。

(2) 仪器操作者瞄准反光镜,输入或修改碎部点点号及棱镜高,按下测量及保存键。

绘图员要跟随立镜者,根据立镜次序绘制草图,草图上标注点号。绘图员与仪器操作者要经常保持联系,核对点号。

测量时,要按顺序立点,尽量把一个地物测绘完整。测绘地貌时可沿等高线或沿地性线立点。对于少量不通视的碎部点,可采用内插、延长或图解的方法进行测绘。

对于本测站测绘不到的区域,如果没有已知控制点,需要从本测站加密若干个图根点。图根点的测设必须保证精度,一般情况下,用支导线方式加密图根点的个数不能超过 3 个。当一个测站测绘完毕,确认没有遗漏后,方可迁站。

如果不需要某碎部点的高程(如举高或降低棱镜),要把棱镜高设置为 0。

图 6、图 7 分别为地貌、地物测绘时碎部点的选择及草图的绘制示意图。

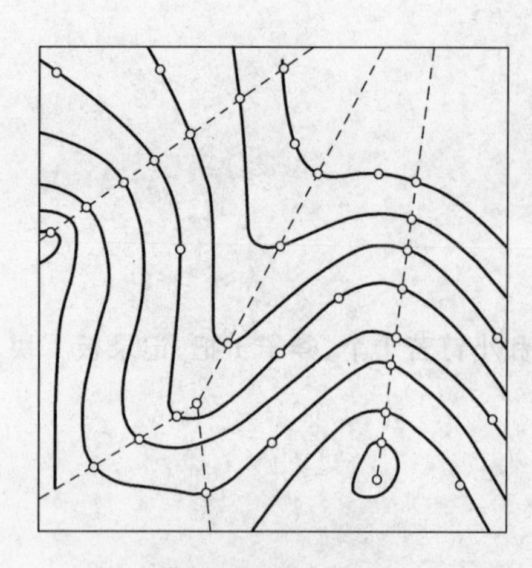

图 6　地貌测绘草图

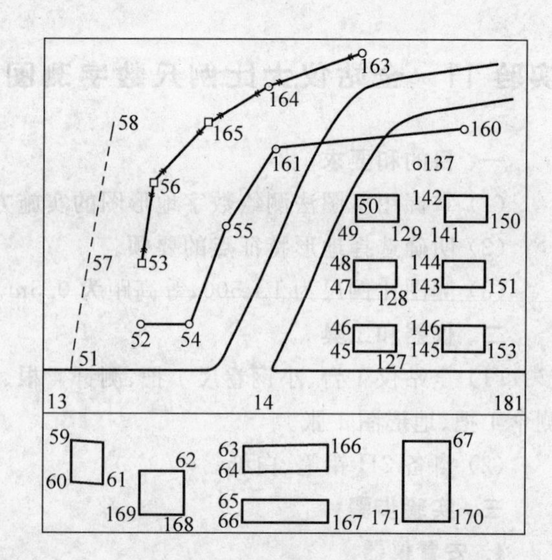

图 7　地物测绘草图

3. 传输数据

4. 绘制地形图

四、注意事项

(1) 4～5 人为一组,分工为观测、立镜和绘草图,轮换操作。

(2) 施测前,应由组长进行安排,明确分工,选定立尺路线。

(3) 实验前应抄录控制点坐标。

五、上交资料

实验结束后将测量实验报告以小组为单位上交,测量实验报告中附按 A4 规格打印的地形图。

测量实验报告(实验 11)

姓名________学号________班级________指导教师________日期________

[实验名称]

[目的与要求]

[仪器和工具]

[主要步骤]

[主要情况记录]

[体会及建议]

[教师评语]

实验12 施工放样

在工民建及市政工程建设施工中，往往要将已知的高差、已知的水平角、已知的水平距离、已知点的位置按设计施工图纸的要求，在地面上测设出来，以便指导施工。通过本实验可以使同学们对测设工作有一个综合性的了解，掌握用水准仪放样点的高差，用全站仪放样水平角、水平距离及坐标的方法，加深对测量工作在工程中应用的认识，提高测量的综合能力。

一、目的和要求

(1) 练习用水准仪在地面测设高差。

(2) 练习用全站仪在地面测设水平角。

(3) 练习用全站仪在地面测设水平距离。

(4) 掌握用全站仪按给定坐标测设点位。

二、仪器和工具

(1) 水准仪、电子经纬仪或全站仪1台、小钢卷尺1把、测钎4根、木桩和小钉若干个、斧子1把、记录板1块、测伞1把、地形图1张。

(2) 自备2H铅笔、三角板、计算器。

三、方法步骤

(一) 准备工作

(1) 实验指导教师交代实验程序，提供控制点位置、坐标数据及测设数据。

(2) 必要时，应对仪器进行参数预置。

(二) 用水准仪进行高差放样

1. 用水准仪进行高程的测设

(1) 在给定的已知高程点 A 与待测点 P(可在墙面上，也可在给定位置钉大木桩上)距离适中位置架设水准仪，在 A 点上竖立水准尺。

(2) 仪器整平后，瞄准 A 尺读取的后视读数 a；根据 A 点高程 H_A 和测设高程计算靠在所测设处的 P 点桩上的水准尺上的前视读数应为 b。

$$b = H_A + a - H_P$$

(3) 将水准尺紧贴 P 点木桩侧面，水准仪瞄准 P 尺读数，靠桩侧面上、下移动调整 P 尺，当观测得到的 P 尺的前视读数等于计算所得 b 时，沿着尺底在木桩上画▼，即为测设(放样)的高程 H_P 的位置。

(4) 将水准尺底面置于设计高程位置，再次进行前、后视观测，进行检核。

(5) 用相同方法可在其余各点桩上测设同样高程的位置。

2. 用水准仪进行坡度线的测设(选做)

(1) 实验指导教师在场地进行布置，给定已知点高程，设计坡度 i。

(2) 在地面上选择高差相差较大的两点 M、N(M 为给定高程 H_M 点)。

(3) 从 M 点起沿 MN 方向上按距离 d 钉木桩，直到 N 点。根据已知点高程 H_M、设计坡度 i 及距离 d 推算各桩的设计高程，$H_i = H_M + idn$(n 为桩的序号)。

(4) 在适当的位置安置水准仪，瞄准 M 点上水准尺，读取后视读数 a 求得视线高，$H=$

H_M+a。

(5) 根据各点的设计高程 H_i 计算各桩应有的前视读数，$b=H-H_i$。

(6) 水准尺分别立于各桩顶，读取各点的前视读数 b'，对比应有读数 b，计算各桩顶的升、降数，并注记在木桩侧面。

(三) 用全站仪测设水平角及距离

1. 水平角度测设

(1) 在给定的方向线的起点安置(对中、整平)全站仪，安装电池后按“开关”键开机，屏幕显示测量模式的第1页。

(2) 仪器瞄准给定的方向线的终点，按[置零]键，使显示的水平方向值为0°00′00″。

(3) 旋转照准部，直到屏幕显示的水平方向值约为测设的角度值，用制动螺旋固定照准部，转动微动螺旋，使屏幕显示的水平方向值为测设的角度值，在视线方向可作标志表示。

2. 水平距离测设

(1) 按照水平角度测设第1步～第2步进行，量取仪器高，记录。

(2) 按“测量”键，仪器直接显示水平距离，比较待放样距离与实测距离是否一致，如果有差值，改正后即可得到正确距离。

3. 坐标测设

(1) 在测站点安置仪器后，开机，量取仪器高，记录。

(2) 按“程序”键，进入测量模式选择的页面，选择[放样]功能，按“回车”键确认，进入[放样]状态页面。

(3) 先设站，输入测站点名称和坐标、仪器高后，按“回车”键确认。

(4) 定向，进入坐标放样状态，输入定向点名称和坐标，按“回车”键确认。

(5) 进入放样状态，翻页后输入待放样点名称和坐标，翻页可以看到仪器显示待放样点需要偏转角度，旋转仪器照准部，当需要偏转角度为零时，仪器照准方向即为待放样方向，利用反光镜测距，屏幕显示反光镜到待放样点之间的距离，移动反光镜改正之，即可得放样点位正确位置。

按同样的方法测设其他点。

四、注意事项

(1) 测设数据经校核无误后才能使用，测设完毕后还应进行检测。

(2) 在测设点的平面位置时，计算值与检测值比较，检测边长 D 的相对误差应不大于1/3000。检测角 $\angle APQ$、$\angle AQP$ 的误差应不大于60″。在测设点的高程时，检测值与设计值之差应不大于8mm，超限应重新测量。

(3) 全站仪的仪器常数，一般在出厂时就经过了严格测定并进行了设置，故一般不要自行对此项进行设置，其余设置应在教师指导下进行。

(4) 在关闭电源时，全站仪最好处于主菜单显示屏或角度测量模式，这样可以确保存储器输入、输出的过程完整，避免数据丢失。

(5) 全站仪内存中的数据文件可以通过I/O接口传送到计算机，也可以从计算机将坐标数据文件和编码库数据直接装入仪器内存，有关内容可参阅仪器操作手册。

五、上交资料

实验结束后将测量实验报告以小组为单位上交，测量实验报告见下页。

测量实验报告(实验 12-1)

姓名________ 学号________ 班级________ 指导教师________ 日期________

[实验名称]

[目的与要求]

[仪器和工具]

[主要步骤]

[观测数据及处理]

测站	已知水准点		后视读数	视线高程/m	待测设点		前视尺应有读数	填挖数/m	检测	
	点号	高程/m			点号	设计高程/m			实际读数	误差/m

[体会及建议]

[教师评语]

测量实验报告(实验 12-2)

姓名________学号________班级________指导教师________日期________

[实验名称]

[目的与要求]

[仪器和工具]

[主要步骤]

[观测数据及处理]

点名	坐标值		坐标差		坐标方位角	线名	应测设的水平角	应测设的水平距离/m	测设略图
	x/m	y/m	Δx/m	Δy/m					

[体会及建议]

[教师评语]

课后思考题与练习题答案

第1章　绪　　论

1-1　建筑工程测量的主要任务是什么？

答：建筑工程测量是研究建筑工程在勘测设计、施工和运营管理阶段所进行的各种测量工作的理论、技术和方法的学科。它的主要任务是：①测绘大比例尺地形图；②建筑物的施工测量；③建筑物的变形观测。

1-2　测量的基准线和基准面是什么？

答：重力的方向线称为铅垂线，它是测量工作的基准线。与平均海水面相吻合的水准面称为大地水准面，它是测量工作的基准面。

1-3　测量上如何建立小地区的平面直角坐标？它们与数学上的平面直角坐标系有何异同？

答：测量平面直角坐标系与数学上的坐标系在纵轴和象限定义上是不同的，测量平面直角坐标系一般将坐标原点选在测区的西南角，纵轴为子午线的投影，用 X 表示，向北为正，与之相垂直的为 Y 轴，向东为正，象限按顺时针方向编号为Ⅰ、Ⅱ、Ⅲ、Ⅳ。

1-4　在高斯平面直角坐标系中，某点的坐标通用值为 $x=3\,236\,108\text{m}$，$y=20\,443\,897\text{m}$，试求某点的坐标自然值。

答：在高斯平面直角坐标系中的坐标自然值为

$$x=3\,236\,108\text{m},\quad y=-56\,103\text{m}$$

1-5　什么是点的绝对高程、相对高程和高差？

答：绝对高程：地面点到大地水准面的铅垂距离，称为该点的绝对高程，简称高程。

相对高程：假定一个水准面作为高程起算基准面，地面点到假定水准面的铅垂距离，称为该点的相对高程或假定高程。

高差：地面两点的高程之差称为高差。两点高差与高程起算面无关。

1-6　我国工程中常用的坐标系有哪些？

答：我国工程中常用的坐标系有：1954 年北京坐标系、1980 年国家大地坐标系、2000 国家大地坐标系、世界大地坐标系（WGS-84 坐标系）。

1-7　测量工作应遵循哪些原则？

答：测量工作应遵循：①“从整体到局部”、“先控制后碎部”的原则；②“步步有检核”，即前一步工作未做检核不进行下一步工作的原则。

1-8　确定地面点的 3 个要素是什么？

答：测量工作的 3 个基本要素是：高差测量、水平角测量和水平距离测量。

1-9　在什么范围内可以忽略地球曲率对距离、水平角和高程的影响？

答：当水平距离为 10km 时，用水平面代替水准面所产生的距离相对误差为 1∶1 220 000。

在进行现代最精密的距离丈量时，允许误差为其长度的1∶1 000 000。故此可得结论：在半径为10km的圆面积内进行距离测量，可以不必考虑地球曲率的影响。

当面积为100km²时，用水平面代替水准面，所产生的角度误差为0.51″，这种误差只有精密工程测量中才需要考虑。故此可得结论：在面积为100km²的范围内进行水平角测量时，可以不必考虑地球曲率的影响。

当距离为0.2km时，$\Delta h=3\text{mm}$，这种误差在高程测量中是不允许的。因此可得出结论：即使在很短的距离上进行高程测量，也必须要考虑地球曲率的影响。

1-10　某宾馆首层室内地面±0.000的绝对高程为35.307m，室外地面设计高程为－1.523m，女儿墙设计高程为＋78.201m，问室外地面和女儿墙的绝对高程分别为多少？

答：室外地面的绝对高程为

$$-1.523\text{m}+35.307\text{m}=33.784\text{m}$$

女儿墙的绝对高程为

$$78.201\text{m}+35.307\text{m}=113.571\text{m}$$

第2章　水准测量

2-1　水准仪是根据什么原理来测定两点之间的高差的？

答：水准仪是根据水准测量原理来测定两点之间的高差的。水准测量原理是利用水准仪提供的一条水平视线，对竖立在地面上两点的水准尺进行读数，以测定地面上两点之间的高差。

2-2　何谓视差？发生视差的原因是什么？如何消除视差？

答：当望远镜瞄准目标后，眼睛在目镜处上、下移动，发现十字丝与目标发生相对移动，这种现象称为视差。产生视差的原因是目标的成像与十字丝平面不重合，消除方法是必须按照操作程序依次调焦。

2-3　圆水准器和水准管各有何作用？

答：圆水准器用于仪器的粗略整平，水准管用于仪器的精确整平。

2-4　结合水准测量的主要误差来源，说明在观测过程中要注意哪些事项？

答：水准测量的主要误差来源包括仪器误差、观测误差和外界条件影响。因此，在观测过程中应注意的事项有：采用前、后视距相等的方法，水准尺必须检验，尺段的测站数为偶数，气泡严格居中，控制视线长度，采用"后—后—前—前"观测方法，采用往返测量，采用撑伞措施等。

2-5　后视点A的高程为55.318m，读得其水准尺的读数为2.212m，在前视点B尺上读数为2.522m，那么高差h_{AB}是多少？B点比A点高，还是比A点低？B点高程是多少？试绘图说明。

答：(1) $h_{AB}=2.212-2.522=-0.310(\text{m})$

(2) B点比A点低；

(3) $H_B=h_{AB}+H_A=-0.310+55.318=55.008(\text{m})$

2-6　题2-6图为连续水准测量图，由已知高程点A欲求得B点的高程，进行了5站连续水准测量，试按表 2-1 计算 B 点高程。

答：结果如下表所示。

测站	测点	读数		高差 h/m	高程 H/m
		后视 a/m	前视 b/m		
1	A	1.852		+1.181	29.053
	TP_1		0.671		
2	TP_1	1.536		+0.921	
	TP_2		0.615		
3	TP_2	1.624		+1.012	
	TP_3		0.612		
4	TP_3	0.713		−0.921	
	TP_4		1.634		
5	TP_4	1.214		−1.598	29.648
	B		2.812		
		$\sum a=6.939$	$\sum b=6.344$	$\sum h=+0.595$	
		$\sum h=+0.595$			

2-7　题 2-7 图为一附合水准路线的略图，BM_A 和 BM_B 为已知高程的水准点，BM_1～BM_4 为高程待定的水准点，各点间的路线长度、高差观测值及已知点高程如图中所示。计算高差闭合差、允许高差闭合差，并进行高差改正，最后计算各待定水准点的高程。（按表 2-3 计算）

答：结果如下表所示。

测点	距离 L/km	实测高差 h/m	高差改正数 v/m	改正后高差 $\bar{h}$/m	高程 H/m
A					36.444
	1.8	+16.310	−0.007	+16.303	
1					52.747
	2.0	+13.133	−0.008	+13.125	
2					65.872
	1.4	+9.871	−0.006	+9.865	
3					75.737
	2.6	−3.112	−0.010	−3.122	
4					72.615
	1.2	+13.387	−0.005	+13.382	
B					85.997
$\sum$	9	49.589	−0.036	49.553	
备注	$f_h=\sum h_{测}-(H_B-H_A)=+0.036\text{m}, f_{h允}=\pm 40\sqrt{\sum L}=\pm 120\text{mm}$				

2-8 题 2-8 图所示为一闭合水准路线等外水准测量示意图，水准点 BM_2 的高程为 45.515m，1、2、3、4 点为待定高程点，各测段高差及测站数均标注在图中，试计算各待定点的高程。

答：结果如下表所示。

测点	测站数 n_i	实测高差 h/m	高差改正数 v/m	改正后高差 $\bar{h}$/m	高程 H/m
BM_2					45.515
	10	+2.224	−0.009	+2.215	
1					47.730
	3	+1.424	−0.003	+1.421	
2					49.151
	8	−1.787	−0.007	−1.794	
3					47.357
	11	−1.714	−0.010	−1.724	
4					45.633
	12	−0.108	−0.010	−0.118	
BM_2					45.515
$\sum$	44	+0.039	−0.039	0	
备注	$f_h=\sum h=+0.039\text{m}, f_{h允}=\pm 12\sqrt{\sum n}=\pm 80\text{mm}$				

第 3 章 角 度 测 量

3-1 什么是水平角、竖直角、天顶距？

答：(1) 水平角：是指地面上一点到两目标的方向线垂直投影到水平面上所夹的夹角 β，也就是过这两条方向线所作两竖直面间的二面角。水平角的取值范围为 0°～360°。

(2) 竖直角：是指在同一竖直面内，视线与水平线的夹角，用 α 表示。竖直角的取值范围为 0°～ ±90°。

(3) 天顶距：视线与天顶方向之间的夹角称天顶距，用 z 表示，$z=90°-\alpha$，天顶距的取值范围为 0° ～ 180°。

3-2 观测水平角时，对中、整平的目的是什么？试述用光学对点器对中整平的步骤和方法。

答：(1)对中的目的是使仪器的中心与测站点位于同一铅垂线上。整平的目的是使经纬仪的竖轴竖直和水平度盘水平。

(2) 对中时先目估三脚架头大致水平，且三脚架中心大致对准地面标志中心，踏紧一条架脚。双手分别握住另两条架腿稍离地面前后左右摆动，眼睛看对中器的望远镜，直至分划圈中心对准地面标志中心为止，放下两架腿并踏紧。调节架腿高度使圆水准气泡基本居中，然后用脚螺旋精确整平。检查地面标志是否位于对中器分划圈中心，若不居中，可稍旋松连接螺旋，在架头上移动仪器，使其精确对中。

整平时，先转动照准部，使照准部水准管与任意一对脚螺旋的连线平行，两手同时向内或外转动这两个脚螺旋,使水准管气泡居中。将照准部旋转90°,转动第3个脚螺旋,使水准管气泡居中,按以上步骤反复进行,直到照准部转至任意位置气泡皆居中为止。

3-3 整理题3-3表测回法观测手簿。

答:结果如下表所示。

测站	竖盘位置	目标	水平度盘读数	半测回角值	一测回角值	各测回平均值	备注
第1测回 O	左	A	0°01′00″	88°19′48″	88°19′45″	88°19′34″	
		B	88°20′48″				
	右	A	180°01′30″	88°19′42″			
		B	268°21′12″				
第2测回 O	左	A	90°00′06″	89°19′30″	89°19′24″		
		B	178°19′36″				
	右	A	270°00′36″	89°19′18″			
		B	358°19′54″				

3-4 观测水平角时,若测3个测回,各测回盘左起始方向水平度盘读数应安置为多少?

答:第1测回:60°;第2测回:120°;第3测回:180°。

3-5 经纬仪上有哪些制动螺旋和微动螺旋?各起什么作用?如何正确使用?

答:结果如下表所示。

螺旋		作用	使用方法
制动螺旋	水平制动螺旋	固定照准部	粗略照准目标后旋紧水平、竖直制动螺旋,固定照准部及望远镜
	竖直制动螺旋	固定望远镜	
微动螺旋	水平微动螺旋	使照准部在水平方向上微动	旋紧水平或竖直制动螺旋后,转动水平或竖直微动螺旋
	竖直微动螺旋	使望远镜在竖直方向上微动	

3-6 完成题3-6表的计算(注:盘左视线水平时指标读数为90°,仰起望远镜读数减小)。

答:结果如下表所示。

测站	目标	竖盘位置	竖盘读数	半测回竖角	指标差	一测回竖角	备注
O	A	左	78°18′24″	+11°41′36″	+12″	+11°41′48″	
		右	281°42′00″	+11°42′00″			
	B	左	91°32′42″	−01°32′42″	+06″	−01°32′36″	
		右	268°27′30″	−01°32′30″			

3-7 测量水平角时,采用盘左、盘右测量可消除哪些误差?

答:可消除以下误差:照准部偏心误差、横轴误差、视准轴误差。

第4章 距离测量与直线定向

4-1 比较一般量距与精密量距有何不同?

答:一般量距采用目估定线,精密量距采用经纬仪定线;精密量距除了要进行直线定线和距离丈量外,还要测量高差并进行尺段长度计算,精度要求高。

4-2　丈量 A、B 两点水平距离，用 30m 长的钢尺，丈量结果为往测 4 尺段，余长为 10.249m，返测 4 尺段，余长为 10.212m，试进行精度校核，若精度合格，求出水平距离。（精度要求 $K_{允}=1/2000$）

答：(1) $D_{往}=4\times30+10.249=130.249(\mathrm{m})$

$D_{返}=4\times30+10.212=130.212(\mathrm{m})$

(2) $D=\frac{1}{2}(130.249+130.212)=130.230(\mathrm{m})$

(3) $K=\frac{|130.249-130.212|}{130.230}=\frac{1}{3520}$

4-3　如何进行直线定向？

答：测量工作中，常采用方位角表示直线的方向。从直线起点的标准方向北端起，顺时针方向量至该直线的水平夹角，称为该直线的方位角。方位角的取值范围为 0°～360°。因标准方向有真子午线方向、磁子午线方向和坐标纵轴方向之分，对应的方位角分别称为真方位角（用 A 表示）、磁方位角（用 A_m 表示）和坐标方位角（用 α 表示）。

4-4　设已知各直线的坐标方位角分别为 47°29′00″、178°37′00″、216°48′00″、357°18′00″，试分别求出它们的象限角和反坐标方位角。

答：设 $\alpha_1=47°29'00''$，$\alpha_2=178°37'00''$，$\alpha_3=216°48'00''$，$\alpha_4=357°18'00''$，那么

(1) 象限角：$R_1=47°29'00''$，$R_2=180°-178°37'00''=01°23'00''$，

$R_3=216°48'00''-180°=36°48'00''$，$R_4=360°-357°18'00''=02°42'00''$

(2) 反坐标方位角：$\alpha_{1反}=47°29'00''+180°=227°29'00''$，$\alpha_{2反}=178°37'00''+180°=358°37'00''$，

$\alpha_{3反}=216°48'00''-180°=36°48'00''$，$\alpha_{4反}=357°18'00''-180°=177°18'00''$

4-5　如题 4-5 图所示，已知 $\alpha_{AB}=56°20'00''$，$\beta_B=104°24'00''$，$\beta_C=134°56'00''$，求其余各边的坐标方位角。

答：$\alpha_{BC}=\alpha_{AB}-\beta_B+180°=56°20'00''-104°24'00''+180°=131°56'00''$

$\alpha_{CD}=\alpha_{BC}+\beta_C-180°=131°56'00''+134°56'00''180°=86°52'00''$

4-6　四边形内角值如题 4-6 图所示，已知 $\alpha_{12}=149°20'00''$，求其余各边的坐标方位角。

答：$\alpha_{23}=\alpha_{12}+\beta_2-180°=149°20'00''+84°09'00''-180°=53°29'00''$

$\alpha_{34}=\alpha_{23}+\beta_3-180°=53°29'00''+82°42'00''-180°=316°11'00''$

$\alpha_{41}=\alpha_{34}+\beta_4-180°=316°11'00''+89°31'00''-180°=225°42'00''$

检核：

$\alpha_{12}=\alpha_{41}+\beta_1-180°=225°42'00''+103°38'00''-180°=149°$

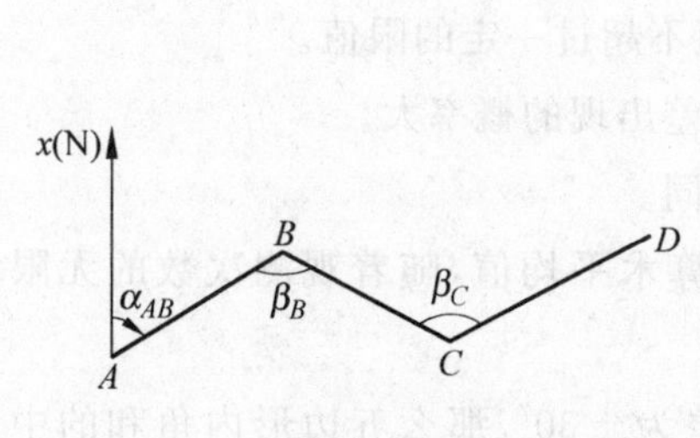

题 4-5 图

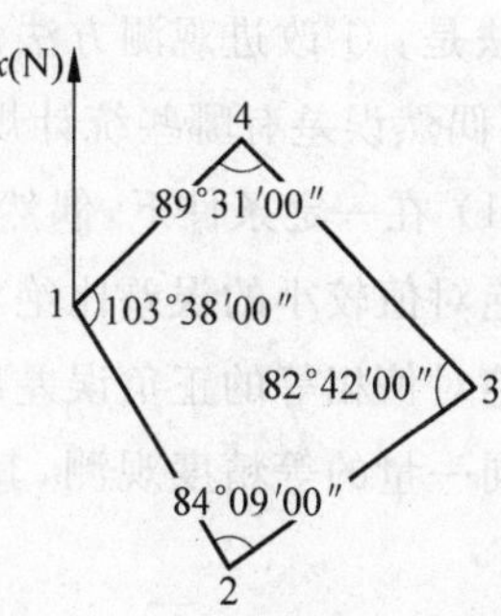

题 4-6 图

4-7 已知某直线的象限角为南西 85°18′00″,求它的坐标方位角。

答:$\alpha=85°18'00''+180°=265°18'00''$

第 5 章 全站仪的使用

5-1 简述全站仪的工作特点。

答:(1) 能同时测角、测距并自动记录测量数据;

(2) 设有各种野外应用程序,能在测量现场得到归算结果;

(3) 能实现数据流。

5-2 简述用全站仪进行点位测设的步骤。

答:(1) 在大致位置立棱镜,测出当前位置的坐标;

(2) 将当前坐标与待放样点的坐标相比较,得距离差值 dD 和角度差 dHR。

(3) 根据显示的 dD 、dHR ,逐渐找到放样点的位置。

第 6 章 测量误差的基本知识

6-1 在等精度观测中,为什么总是以多次观测的算术平均值作为未知量的最或然值?观测值的中误差和算术平均值的中误差有什么关系?提高观测成果的精度可以通过哪些途径?

答:因为在等精度观测中,算术平均值最接近真值。算术平均值中误差为单位观测值的中误差的 $1/\sqrt{n}$。要提高观测成果的精度,一是采用较高精度的仪器;二是改进观测的方法;三是增加测回数,但是无限制的增加测回数,不可能显著提高观测结果的精度。

6-2 何为系统误差?它的特性是什么?消除的办法是什么?

答:在相同的观测条件下,对某量进行一系列观测,若误差出现的符号和大小均相同或按一定规律变化,这种误差称为系统误差,它具有积累性。

消除办法:①计算改正;②采用一定的观测方法;③校正仪器。

6-3 何为偶然误差?它的特性是什么?削弱的办法是什么?

答:在相同的观测条件下,对某量进行一系列观测,误差出现的符号和大小表现为偶然性,这种误差称为偶然误差,它具有偶然性。偶然误差只能削弱它,不能消除它。削弱偶然误差的办法是:①改进观测方法;②合理地处理观测数据。

6-4 偶然误差有哪些统计规律性?

答:(1) 在一定条件下,偶然误差的绝对值不超过一定的限值。

(2) 绝对值较小的误差比绝对值较大的误差出现的概率大。

(3) 绝对值相等的正负误差出现的概率相同。

(4) 同一量的等精度观测,其偶然误差的算术平均值,随着观测次数的无限增加而趋于零。

6-5 一个五边形,每个内角观测的中误差为±30″,那么五边形内角和的中误差为多少?内角和闭合差的允许值为多少?

答：$m_{\Sigma}=\pm 30''\times\sqrt{5}=\pm 67''$；$f_{允}=\pm 67''\times 2=\pm 2'14''$。

6-6　一段距离分3段丈量，分别量得 $S_1=42.74\text{m}$，$S_2=148.36\text{m}$，$S_3=84.75\text{m}$，它们的中误差分别为 $m_1=\pm 2\text{cm}$，$m_2=\pm 5\text{cm}$，$m_3=\pm 4\text{cm}$，试求该段距离的总长 S 及其中误差 m_S。

答：$S=275.85\text{m}$；$m_S=\pm 6.7\text{cm}$。

6-7　设测站 O（题6-7图），α 角每次观测的中误差为 $\pm 40''$，共观测4次。β 角每次观测中误差为 $\pm 30''$，共观测4次。试求：

(1) α 角与 β 角的中误差各为多少？(2) γ 角的中误差为多少？

答：(1) $m_{\alpha}=\dfrac{\pm 40}{\sqrt{4}}=\pm 20''$，$m_{\beta}=\dfrac{\pm 30}{\sqrt{4}}=\pm 15''$

(2) $m_{\gamma}=\sqrt{m_{\alpha}^2+m_{\beta}^2}=\pm 25''$

6-8　试用误差理论推导下列三角测量测角中误差 m 的公式。

$$m=\sqrt{\frac{\sum f_i^2}{3n}}$$

式中，f_i 为第 i 个三角形闭合差；n 为三角形个数。

答：$f_i=\alpha_i+\beta_i+\gamma_i-180°$

三角测量角度以同等精度观测，所以 $m_{\alpha}=m_{\beta}=m_{\gamma}=m$，因此三角形角度闭合差的中误差 m_f 为

$$m_f=m\sqrt{3}$$

$$m=\frac{m_f}{\sqrt{3}}$$

因为 $m_f=\sqrt{\dfrac{[\Delta\Delta]}{n}}$，所以 $m=\sqrt{\dfrac{\sum f_i^2}{3n}}$。

6-9　某段距离用钢尺进行6次等精度丈量，其结果列于题6-9表中，试计算该距离的算术平均值、观测值中误差及算术平均值的中误差。

答：结果如下表所示。

序号	观测值 L/m	V/mm	VV/mm²
1	256.565	−3	9
2	256.563	−5	25
3	256.570	+2	4
4	256.573	+5	25
5	256.571	+3	9
6	256.566	−2	4
	$L=256.568$	$[V]=0$	$[VV]=76$

6-10　用钢尺丈量两段距离，其成果为：$D_A=(140.85\pm0.04)$m，$D_B=(120.31\pm0.03)$m。试求：(1)每段距离的相对中误差；(2)两段距离之和(D_A+D_B)中误差与两段距离之差(D_A-D_B)中误差的相对误差。

答：(1) $m_A/D_A=1/3521$；$m_B/D_B=1/4010$

(2) $\sum D=D_A+D_B$；$\Delta D=D_A-D_B$

$m_{\Sigma}^2=m_A{}^2+m_B^2$；$m_{\Sigma}=\pm0.05$m；$m_{\Delta D}=\pm0.05$m。

两段距离之和中误差与之差中误差的相对中误差均为 $m_{\Sigma}/(D_A+D_B)=1/522$。

第7章　小区域控制测量

7-1　控制测量分为哪几种？各有什么作用？

答：为建立测量控制网而进行的测量工作称为控制测量，控制网分为平面控制网和高程控制网，因此控制测量就分为平面控制测量和高程控制测量。平面控制测量的作用是测定控制点平面位置，高程控制测量的作用是测定控制点的高程。

7-2　导线的布设形式有几种？分别需要哪些起算数据和观测数据？

答：导线的布设形式有附和导线、闭合导线、支导线。

(1) 附和导线需要的起算数据有：两个已知导线的坐标方位角、两个高级控制点的坐标；观测的数据有连结角、连结边、导线折角及导线边长。

(2) 闭合导线需要的起算数据有：一个已知导线的坐标方位角、一个高级控制点的坐标；观测的数据有：连结角、连结边、导线折角及导线边长。

(3) 支导线需要的起算数据有：一个已知导线的坐标方位角、一个高级控制点的坐标；观测的数据有：连结角、连结边、导线折角及导线边长。

7-3　选择导线点应注意哪些问题？导线测量的外业工作包括哪些内容？

答：场踏勘选点时，应注意下列问题：①相邻导线点间通视良好，以便于角度测量和距离测量。如果采用钢卷尺量距，则沿线地势应较平坦，没有丈量的障碍物；②点位应选在土质坚实并便于保存之处；③在点位上，视野应开阔，便于测绘周围的地物和地貌；④导线边长应按有关规定，最长不超过平均边长的2倍，相邻边长尽量不使其长短相差悬殊；⑤导线点在测区内要布点均匀，便于控制整个测区；⑥导线点应避免选在影响交通的道路上。

导线测量的外业工作包括：①选点及建立标志；②量边；③测角；④连测(导线边定向或测连接角)以获得导线网的起算数据。

7-4　三角高程测量适用于什么条件？有何优缺点？

答：三角高程测量适用于山区以及不便于进行水准测量的地区，并且在对高程的精度要求不高的情况下采用。它的优点：适用于地形起伏的地区，观测量少，效率高，能测定较远目标的高程；缺点是精度不很高，距离需用其他较为精确方法测定。

7-5　三角高程测量为什么要采用对向观测？它可以消除什么误差？

答：三角高程测量采用对向观测可以消除两差的影响。

由1站观测2点：$h_{12}=D\tan\alpha_1+i_1-v_2+f$

由 2 站观测 1 点：$h_{21}=D\tan\alpha_2+i_2-v_1+f$

往返取平均得

$$h=(h_{12}-h_{21})/2=D(\tan\alpha_1-\tan\alpha_2)/2+(i_1-i_2)/2+(v_1-v_2)/2$$

从上面的公式可以看出，两差 f 自动消除了。

7-6　根据题 7-6 表中所列数据，计算图根闭合导线各点坐标。

答：结果如下表所示。

点号	角度观测值（右角）	坐标方位角	边长/m	坐标			
				Δx/m	Δy/m	x/m	y/m
1						700.00	600.00
		42°45′00″	103.85	0 76.26	0.02 70.49		
2	139°05′00″					776.26	670.51
		83°40′06″	114.57	0 12.64	0.02 113.87		
3	94°15′54″					788.9	784.4
		169°24′18″	162.46	0.01 −159.69	0.03 29.87		
4	88°36′36″					630.22	814.3
		260°47′48″	133.54	0.01 −21.36	0.03 −131.82		
5	12°239′30″					608.87	682.51
		318°08′30″	123.68	0.01 92.12	0.02 −82.53		
1	95°23′30″			−0.03	−0.12	700	600
$f_\beta=30''$，$\sum D=638.1\text{m}$，$f_x=-0.03\text{m}$，$f_y=-0.12\text{m}$，$f=0.12\text{m}$，$K=1/5317$							

7-7　如题 7-7 图所示，已知 A、B 两点间的水平距离 $D_{AB}=224.346\text{m}$，A 点的高程 $H_A=40.48\text{m}$。在 A 点设站照准 B 点测得竖直角为 $+4°25'18''$，仪器高 $i_A=1.51\text{m}$，觇标高 $v_B=1.10\text{m}$；B 点设站照准 A 点测得竖直角为 $-4°35'42''$，仪器高 $i_B=1.49\text{m}$，觇标高 $v_A=1.20\text{m}$。求 B 点的高程。

答：$h_{AB}=S_{AB}\tan\alpha_A+i_A-v_B+f_A$

$h_{BA}=S_{BA}\tan\alpha_B+i_B-v_A+f_B$

$$h=\frac{h_{AB}-h_{BA}}{2}=\frac{1}{2}(S_{AB}\tan\alpha_A-S_{BA}\tan\alpha_B+i_A-i_B+v_A-v_B+f_A-f_B)$$

$h_{AB}=S_{AB}\tan\alpha_A+i_A-v_B=17.76\text{m}$

$h_{BA}=S_{BA}\tan\alpha_B+i_B-v_A=17.74\text{m}$

$$h=\frac{h_{AB}-h_{BA}}{2}=\frac{1}{2}(S_{AB}\tan\alpha_A-S_{BA}\tan\alpha_B+i_A-i_B+v_A-v_B+f_A-f_B)$$

$=17.75\text{m}$

7-8　整理题 7-8 表中的四等水准测量观测数据。

答：结果如下表所示。

测站编号	后尺 下丝	前尺 下丝	方向及尺号	标尺读数		K+黑-红	高差中数/m	备注
	后尺 上丝	前尺 上丝		后视	前视			
	后距	前距		黑面	红面			
	视距差 d/m	$\sum d$/ m						
1	1979	0738	后	1718	6405	0	1.241	$K_1=4.687$
	1457	0214	前	0476	5265	−2		$K_2=4.787$
	52.2	52.4	后-前	1.242	1.140	2		
	−0.2	−0.2						
2	2739	0965	后	2461	7247	1	1.7775	
	2183	0401	前	0683	5370	0		
	55.6	56.4	后-前	1.778	1.877	1		
	−0.8	−1.0						
3	1918	1870	后	1604	6291	0	0.0555	
	1290	1226	前	1548	6336	−1		
	62.8	64.4	后-前	0.056	−0.045	1		
	−1.6	−2.6						
4	1088	2388	后	0742	5528	1	−1.307	
	0396	1708	前	2048	6736	−1		
	69.2	68	后-前	−1.306	−1.208	2		
	1.2	−1.4						
检查计算	$\sum(9)=239.8\text{m}$ $-)\sum(10)=241.2\text{m}$ $=-1.4\quad=\quad(12)$			$\sum[(3)+(8)]=31.996\text{m}$ $-)\sum[(6)+(7)]=28.462\text{m}$ $=3.534\text{m}$				
	$\sum[(15)+(16)]=3.534\text{m}$，$\sum(18)=1.767\text{m}$，$2\sum(12)=3.534\text{m}$							
	总视距 $\sum(9)+\sum(10)=481\text{m}$							

第 8 章 大比例尺地形图测绘及应用

8-1 何为等高线？等高线可分为几种？试简述之。

答：等高线是指地面上相同高程的各点依次连接的曲线。等高线可分为首曲线、间曲线、助曲线及计曲线 4 种。首曲线是按测图比例尺基本等高距描绘的等高线；间曲线是 1/2 基本等高距描绘的等高线；助曲线是 1/4 基本等高距描绘的等高线；计曲线为每隔 4 条首曲线加粗的等高线。

8-2 地形测量如何选择地物点和地形点？

答：选择地物点要选地物的轮廓的转折点。如果地物轮廓的凸凹部分在图上小于 0.4mm，则可用直线连接。选择地形点要求：地性线上要选点，地性线的倾斜变换处或方向变换处必须选点，山坡面上也要适当选点。较宽的沟，除中心选点外，沟边也要选点。总之，地形特征点处必须选点。

8-3　简述利用经纬仪测绘法进行测图的主要步骤。

答:(1) 经纬仪安置测站,对中、整平;确定测角的起始方向,盘左度盘安置 0°00′开始,此时瞄准一碎部点,读度盘读数即为水平角,仅用盘左观测。

(2) 用视距法测出碎部点的距离及高差。

(3) 在图板上根据经纬仪测得的水平角及距离,用量角器和比例尺展出碎部点。边测量、边展点、边绘图。

8-4　何为汇水面积?为什么要计算汇水面积?试对题 8-4 图标绘汇水面积界线。

答:雨水能够自然流入到某个集水区域(如水库、桥涵处),其分水界线所包围的面积称为汇水面积。汇水面积由一系列分水线连接而成,分水线是通过山脊线、山头、鞍部,处处与等高线相垂直。通常在整治河道,修建水库,道路跨越河流、山谷,修建桥梁涵洞计算储水或泄洪量时,均要计算汇水面积。此图的汇水面积界线见图 8-41。

图 8-41　汇水面积计算

8-5　比例尺精度是如何定义的?有何作用?

答:比例尺精度等于 0.1M(mm),M 为比例尺的分母值,用于确定测图时距离的测量精度。例如,取 M=500,比例尺精度为 50mm=5cm,测绘 1∶500 比例尺的地形图时,要求测距误差应小于 5cm。

8-6　计算题 8-6 表中各碎部点的水平距离和高差。

测站:A;测站高程:H_A=94.05m;仪器高:i=1.37m;竖盘指标差:x=0。

点号	尺间隔/m	中丝读数/m	竖盘读数	竖直角	初算高差/m	改正数/m	改正后高差/m	水平距离/m	高程/m
1	0.647	1.53	84°17′	+5°43′	+6.41	−0.16	+6.25	64.06	100.30
2	0.772	1.37	81°52′	+8°08′	+10.81	0	+10.81	75.65	104.86
3	0.396	2.37	93°55′	−3°55′	−2.70	−1.00	−3.70	39.42	90.35
4	0.827	2.07	80°17′	+9°43′	+13.76	−0.70	+13.06	80.34	107.11

注:盘左视线水平时竖盘读数为 90°,视线向上倾斜时竖盘读数减小。

8-7　按题 8-7 图所给地形点的高程和地性线的位置(实线为山脊,虚线为山谷)描绘等高线,规定等高距为 10m。

答:结果如下图所示。

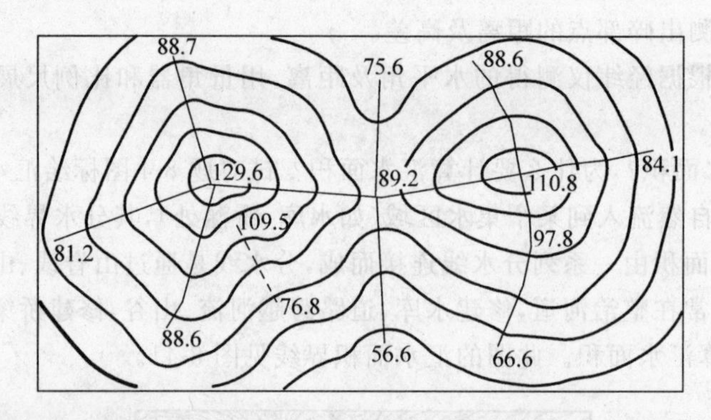

8-8　地形测量中,地形控制点的密度和精度是如何确定的?

答:(1) 地形控制点密度的要求是:通过地形控制点能控制图幅内的所有碎部点,根据各种比例尺测图的最大视距来估算,1∶2000、1∶1000、1∶500 最大视距分别为 200m、120m、70m,每幅图图根点的密度估算公式为

$$每幅图图根点点数=K\times\frac{每幅图的实际面积}{(1.5\times最大视距)^2}$$

式中,K 为布点不均匀系数,城市测量规范中采用 $K\approx1.5$ 进行计算:

1∶2000,一幅图 $1km^2$,$K=1.35$,按公式算得每幅图图根点点数:5 点;

1∶1000,一幅图 $0.25km^2$,$K=1.55$,按公式算得每幅图图根点点数:12 点;

1∶500　一幅图 $0.0625km^2$,$K=1.63$,按公式算得每幅图图根点点数:9.24 点。

精度要求:为了避免地形控制点平面位置误差影响成图质量,要求控制点相对于基本控制点的点位中误差不大于比例尺精度,即不大于图上±0.1mm。以 2 倍中误差为允许误差,则地形控制点相对于基本控制点的点位误差不超过图上±0.2mm。对于高程方面来说,一般要求地形控制点高程中误差不超过等高距的 1/10。

8-9　用支导线测定测站点时,已知测图比例尺为 1∶2000,方向误差为±3′,视距相对中误差为 1/300,按比例尺在图上确定线段长度的误差为±0.1mm,若支导线边长为 100m,求支导线点在图上的点位误差。

答:支导线的边长误差包含测边误差及在图板上展点的误差。测边误差为 100m×1/300=±0.33m,展点误差 0.1mm×2000=±0.2m,所以边长的总误差为 $ms=\sqrt{(0.33\text{m})^2+(0.2\text{m})^2}=\pm0.39\text{m}$。±3′方向误差引起点位误差:$m_a=\pm3'\times100\text{m}/3438'=\pm0.09\text{m}$。因此,支导点的点位总误差 M 为

$$M=\sqrt{(0.39\text{m})^2+(0.09\text{m})^2}=\pm0.4\text{m}$$

8-10　某块地建立方格网,方格边长为 10m,测得的各方格点的高程如题 8-10 图所示。试求:(1)平整土地设计高程;(2)在各方格点旁的括号内标出施工量(填"－",挖"＋");(3)在图上标出填挖分界线(注明它到方格顶点的距离);(4)分别计算各填挖的土方量(要列计算式子)及总填挖方。

答:(1) 设 $H_1,H_2,\cdots,H_{11}$ 分别表示各桩点的高程(见下图),则

第 1 方格平均高程 $=(H_1+H_2+H_4+H_5)/4$；
第 2 方格平均高程 $=(H_2+H_3+H_5+H_6)/4$；
…
第 5 方格平均高程 $=\ (H_7+H_8+H_{10}+H_{11})/4$。

所以田面总的平均高程 H 为

$$H_0=[(H_1+H_2+H_4+H_5)/4+(H_2+H_3+H_5+H_6)/4+\cdots+(H_7+H_8+H_{10}+H_{11})/4]/5$$

$$H_0=[(H_1+H_{10}+H_{11}+H_9+H_3)/4+2(H_4+H_7+H_6+H_2)/4+3H_8/4+4H_5/4\ ]/5$$

式中，H_1、H_{10}、H_{11}、H_9、H_3 均为角点；H_4、H_7、H_6、H_2 均为边点；H_8 为拐点；H_5 为中点。

同理可写出通式为

$$H_0=\left(\sum H_{角}+2\sum H_{边}+3\sum H_{拐}+4\sum H_{中}\right)\Big/4n$$

式中，n 为方格总数；$\sum H_{角}$ 为各角点高程总和；$\sum H_{边}$ 为各边点高程总和；$\sum H_{拐}$ 为各拐点高程总和；$\sum H_{中}$ 为各中点高程总和。

(2) $647\times8+420\times7.25+425\times7.12+2976.91/(647+420+425+297)=7.43(\mathrm{m})$

(3) ①计算设计高程

$$H_0=\frac{1}{4\times6}[(19.2+22.2+18.8+21.4)+2(20.5+21.2+18.8+21.8+19.6+20.3)+4(19.5+20.8)]=20.3(\mathrm{m})$$

② 各方格顶点施工量见下图。

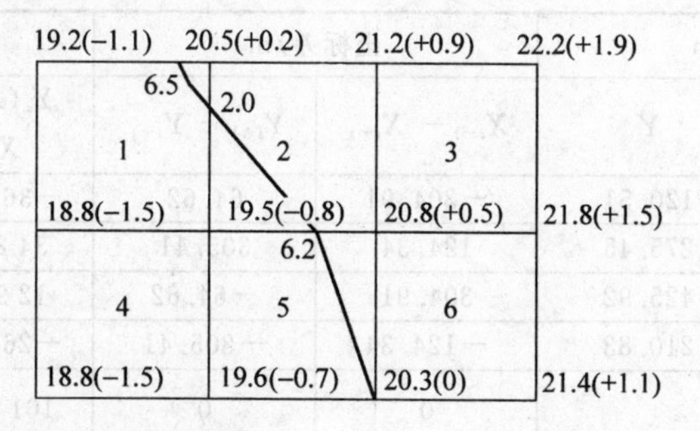

③ 计算零点位置及标绘填挖分界线

$$x_1=\frac{1.1}{1.1+0.2}\times10=8.5(\mathrm{m})\qquad x_2=\frac{0.2}{0.2+0.8}\times10=2(\mathrm{m})$$

$$x_3 = \frac{0.8}{0.8+0.5} \times 10 = 6.2(\text{m})$$

根据 x_1、x_2、x_3 值标绘填挖分界线(图 8-44)。

(4) 计算各方格填挖方及总填挖方

$$v_{1挖} = \frac{0.2+0+0}{3} \times \frac{1.5\times 2}{2} = 0.1(\text{m}^3)$$

$$v_{1填} = \frac{1.1+0.8+1.5+0+0}{5} \times (100-1.5) = 66.98(\text{m}^3)$$

$$v_{2填} = \frac{0.8+0+0}{3} \times \frac{6.2\times 8}{2} = 6.61(\text{m}^3)$$

$$v_{2挖} = \frac{0.2+0.9+0.5+0+0}{5} \times 75.2 = 24.06(\text{m}^3)$$

$$v_{3挖} = \frac{0.9+1.9+1.5+0.5}{4} \times 100 = 120(\text{m}^3)$$

$$v_{4填} = \frac{1.5+0.8+0.7+1.5}{4} \times 100 = 112.5(\text{m}^3)$$

$$v_{5挖} = \frac{0.5+0+0}{3} \times \frac{3.8\times 10}{2} = 3.17(\text{m}^3)$$

$$v_{5填} = \frac{0.8+0.7+0+0}{4} \times 81 = 30.38(\text{m}^3)$$

$$v_{6挖} = \frac{0.5+1.5+1.1+0}{4} \times 100 = 77.5(\text{m}^3)$$

因此

总填方$=216.47\text{m}^3$,总挖方$=224.83\text{m}^3$

8-11 如题 8-11 图所示四边形 $ABCD$,各点坐标为

A 点:$X_A=375.12\text{m}, Y_A=120.51\text{m}$;

B 点:$X_B=480.63\text{m}, Y_B=275.45\text{m}$;

C 点:$X_C=250.78\text{m}, Y_C=425.92\text{m}$;

D 点:$X_D=175.72\text{m}, Y_D=210.83\text{m}$。

试用解析法求四边形 $ABCD$ 的面积,并进行校核计算,计算过程填入题 8-11 表。

答:结果如下表所示。

点号	坐标值/m		坐标差/m		乘积/m²	
	X	Y	$X_{i-1}-X_{i+1}$	$Y_{i+1}-Y_{i-1}$	$Y_i(X_{i-1}-X_{i+1})$	$X_i(Y_{i+1}-Y_{i-1})$
A	375.12	120.51	−304.91	64.62	−36 744.70	24 240.25
B	480.63	275.45	124.34	305.41	34 249.45	14 678.21
C	250.78	425.92	304.91	−64.62	12 987.27	−16 205.40
D	175.72	210.83	−124.34	−305.41	−26 214.60	−53 666.65
$\sum$			0	0	101 157.42	101 157.41

计算结果:$S=101\,157.42/2=50\,578.71(\text{m})^2$。

第9章 施工测量的基本工作

9-1 施工测量遵循的测量原则是什么？

答：为了保证各个建(构)筑物的平面位置和高程都符合设计要求，施工测量也应遵循“从整体到局部，先控制后碎部”的原则，即在施工现场先建立统一的平面控制网和高程控制网，然后，根据控制点的点位，测设各个建(构)筑物的位置。

9-2 测设的基本工作有哪几项？测设与测量有何不同？

答：测设的基本工作有：①已知水平距离的测设；②已知水平角的测设；③已知高程的测设。

测设就是根据已有的控制点或地物点，按工程设计要求，将待建的建筑物、构筑物的特征点在实地标定出来。因此，首先要算出这些特征点与控制点或原有建筑物之间的角度、距离和高差等测设数据，然后利用测量仪器和工具，根据测设数据将特征点测设到实地。

9-3 在地面上欲测设一段25.000m的水平距离AB，所用钢尺的尺长方程式为

$$l_t = 30 - 0.0060 + 1.2\times10^{-5}\times30(t-20℃)\mathrm{m}$$

测设时温度为25℃，经简单量测得到A、B两点间的高差$h=-0.400$m。所施于钢尺的拉力与检定时拉力相同。试计算测设时在地面上应量出的长度l。

答：先求3项改正数

尺长改正：$\Delta l_d=\dfrac{-0.0060}{30}\times25.00=-0.0050(\mathrm{m})$

温度改正：$\Delta l_t=1.2\times10^{-5}\times25.00(25-20)=+0.0015(\mathrm{m})$

倾斜改正：$\Delta l_h=-\dfrac{(-0.400)^2}{2\times25.00}=-0.0032(\mathrm{m})$

距离测设时，3项改正数的符号与量距时相反，故测设长度为

$l=D-\Delta l_d-\Delta l_t-\Delta l_h=25.000+0.0050-0.0015+0.0032=25.0067(\mathrm{m})$

9-4 测设点的平面位置有哪些方法？各适用于什么场合？各需要哪些测设数据？

答：点的平面位置的测设方法有直角坐标法、极坐标法、角度交会法和距离交会法。

(1) 直角坐标法是根据直角坐标原理，利用纵、横坐标之差，测设点的平面位置。直角坐标法适用于施工控制网为建筑方格网或建筑基线的形式，且量距方便的建筑施工场地。

(2) 极坐标法是根据一个水平角和一段水平距离，测设点的平面位置。极坐标法适用于量距方便，且待测设点距控制点较近的建筑施工场地。

(3) 角度交会法适用于待测设点距控制点较远，且量距较困难的建筑施工场地。

(4) 距离交会法是由两个控制点测设两段已知水平距离，交会定出点的平面位置。距离交会法适用于待测设点至控制点的距离不超过一尺段长，且地势平坦、量距方便的建筑施工场地。

9-5 已测设直角AOB，并用多个测回测得其平均角值为90°00′48″，又知OB的长度为180.000m，问在垂直于OB的方向上，B点应该向哪个方向移动多少距离才能得到90°00′00″的角？

答：$BB'=OB'\cdot\tan\Delta\beta\approx OB'\cdot\Delta\beta/\rho=180\times48/206\,265=0.042(\mathrm{m})$

9-6 利用高程为9.531m的水准点A，测设设计高程为9.800m的室内±0.000标高，水准仪安置在合适位置，读取水准点A上水准尺读数为1.035m，问水准仪瞄准±0.000处

水准尺，读数应为多少时，尺底高程就是±0.000 标高位置？

答：$b=H_A+a-H_{设}=9.531+1.035-9.800=0.766(m)$

9-7 A、B 是平面控制点，已知其坐标与方位角为：$A(1000.00,1000.00)$，$\alpha_{AB}=125°48'32''$，放样点设计坐标为 $P(1033.640,1028.760)$，求用极坐标法放样 P 点的测设数据，并简述测设过程。

答：$\alpha_{AP}=\arctan[(1028.76-1000)/(1033.64-1000)]=40°31'49''$

$\beta=\alpha_{AB}-\alpha_{AP}=125°48'32''-40°31'49''=85°16'43''$

点位测设方法的步骤为：①在 A 点安置经纬仪，瞄准 B 点，按逆时针方向测设 β 角，定出 AP 方向；②沿 AP 方向自 A 点测设水平距离 D_{AP}，定出 P 点，做出标志。

9-8 要在 BA 方向测设一条坡度为 $i=-2\%$ 的坡度线，已知 B 点的高程为 37.566m，BA 的水平距离为 110m，则 A 点的高程应为多少？

答：$H_A=H_B+i\times D_{AB}=37.566+(-2\%)\times110=35.366(m)$

第 10 章 工业与民用建筑施工测量

10-1 建筑场地上的平面控制网形式有几种？各适用于什么场合？

答：建筑场地上的平面控制网的形式有：导线网、建筑基线、建筑方格网。

施工控制网的布设形式，应以经济、合理和适用为原则，根据建筑设计总平面图和施工现场的地形条件来确定。对于地形起伏较大的山区建筑场地，则可充分扩展原有的测图控制网，作为施工定位的依据；对于地形较平坦而通视较困难的建筑场地，可采用导线网；对于地形平坦而建筑面积不大的建筑小区，常布置一条或几条建筑基线，组成简单的图形，作为施工测量的依据；对于地形平坦，建筑物多为矩形且布置较为规则的密集的大型建筑场地，通常采用建筑方格网。总之，施工控制网的布设形式应与建筑设计总平面图的布局一致。

10-2 民用建筑施工测量包括哪些主要工作？

答：民用建筑施工测量的主要工作包括：建筑物的定位和放线、基础工程施工测量、墙体工程施工测量及高层建筑施工测量等。

10-3 轴线控制桩和龙门板的作用是什么？如何设置？

答：由于在开挖基槽时，角桩和中心桩要被挖掉，为了便于在施工中恢复各轴线位置，应把各轴线延长到基槽外的安全地点，并做好标志。其方法有设置轴线控制桩和龙门板两种形式。

(1) 设置轴线控制桩。轴线控制桩一般设置在基槽外 2～4m 处，打下木桩，桩顶钉上小钉，准确标出轴线位置，并用混凝土包裹木桩，如附近有建筑物，亦可把轴线投测到建筑物上，用红漆做出标志，以代替轴线控制桩。

(2) 设置龙门板。在建筑物四角与隔墙两端，基槽开挖边界线以外 1.5～2.0m 处，设置龙门桩。龙门桩要钉得竖直、牢固，龙门桩的外侧面应与基槽平行。

根据施工场地的水准点，用水准仪在每个龙门桩外侧，测设出该建筑物室内地坪设计高程线（即±0 标高线），并作出标志。

沿龙门桩上±0 标高线钉设龙门板，这样龙门板顶面的高程就同在±0 的水平面上。然后，用水准仪校核龙门板的高程，如有差错应及时纠正，其允许误差为±5mm。

在 N 点安置经纬仪，瞄准 P 点，沿视线方向在龙门板上定出一点，用小钉作为标志，纵转望远镜在 N 点的龙门板上也钉一个小钉。用同样的方法，将各轴线引测到龙门板上，所钉之小钉称为轴线钉。轴线钉定位误差应小于±5mm。

最后，用钢尺沿龙门板的顶面，检查轴线钉的间距，其误差不超过1∶3000。检查合格后，以轴线钉为准，将墙边线、基础边线、基础开挖边线等标定在龙门板上。

10-4 高层建筑轴线投测的方法有哪两种？

答：高层建筑物轴线的竖向投测，主要有外控法和内控法两种。

外控法是在建筑物外部，利用经纬仪，根据建筑物轴线控制桩来进行轴线的竖向投测，亦称“经纬仪引桩投测法”。

内控法是在建筑物内±0平面设置轴线控制点，并预埋标志，以后在各层楼板相应位置上预留200mm×200mm的传递孔，在轴线控制点上直接采用吊线坠法或激光铅垂仪法，通过预留孔将其点位垂直投测到任意楼层。

10-5 工业建筑施工测量包括哪些主要工作？

答：工业建筑施工测量工作包括：厂房矩形控制网测设、厂房柱列轴线放样、杯形基础施工测量及厂房预制构件安装测量等。

10-6 何为建筑物的沉降观测？在建筑物的沉降观测中，水准基点和沉降观测点的布设要求分别是什么？

答：建筑物沉降观测是指用水准测量的方法，周期性地观测建筑物上的沉降观测点和水准基点之间的高差变化值。其主要工作有：水准基点的布设，沉降观测点的布设，沉降观测，沉降观测的成果整理。

(1) 水准基点是沉降观测的基准，因此水准基点的布设应满足以下要求。

① 要有足够的稳定性。水准基点必须设置在沉降影响范围以外，冰冻地区水准基点应埋设在冰冻线以下0.5m。

② 具备检核条件。为了保证水准基点高程的正确性，水准基点最少应布设3个，以便相互检核。

(2) 沉降观测点的布设应满足以下要求。

① 沉降观测点的位置。沉降观测点应布设在能全面反映建筑物沉降情况的部位，如建筑物四角，沉降缝两侧，荷载有变化的部位，大型设备基础，柱子基础和地质条件变化处。

② 沉降观测点的数量。一般来说，沉降观测点是均匀布置的，它们之间的距离一般为10～20m。

③ 要满足一定的观测精度。水准基点和观测点之间的距离应适中，相距太远会影响观测精度，一般应在100m范围内。

主要参考文献

[1] 金荣耀,常玉奎. 建筑工程测量[M]. 北京：清华大学出版社,2008.

[2] 中华人民共和国建设部,中华人民共和国国家质量监督检验检疫总局. GB 50026—2007 工程测量规范[S]. 北京：中国计划出版社,2008.

[3] 李青岳,陈永奇. 工程测量学[M]. 北京：测绘出版社,1995.

[4] 中华人民共和国建设部. JGJ8—2007,J719—2007 建筑变形测量规范[S]. 北京：中国建筑工业出版社,2008.

[5] 中华人民共和国住房和城乡建设部. CJJ/T8—2011 城市测量规范[S]. 北京：中国标准出版社,2012.

[6] 周建郑. 建筑工程测量[M]. 北京：中国建筑工业出版社,2011.

[7] 陈秀忠,常玉奎,金荣耀. 工程测量[M]. 北京：清华大学出版社,2013.

[8] 过静珺. 土木工程测量[M]. 武汉：武汉理工大学出版社,2003.

[9] 武汉大学测绘学院. 误差理论与测量平差基础[M]. 武汉：武汉大学出版社,2003.

[10] 潘正风,杨正尧,成效军,等. 数字测图原理和方法[M]. 武汉：武汉理工大学出版社,2004.

[11] 国家地理信息局职业技能鉴定中心. 测绘综合能力[M]. 北京：测绘出版社,2012.